普通高等教育土建学科专业"十一五"规划教材
高校城市规划专业指导委员会规划推荐教材

城市综合防灾规划
同济大学　戴慎志　编著

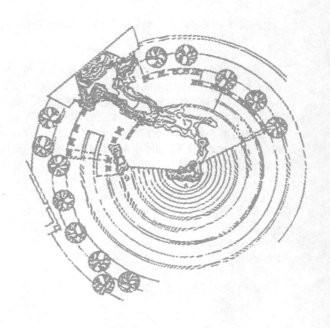

中国建筑工业出版社

图书在版编目（CIP）数据

城市综合防灾规划／戴慎志编著．—北京：中国建筑工业出版社，2011.1
普通高等教育土建学科专业"十一五"规划教材．高校城市规划专业指导委员会规划推荐教材
ISBN 978-7-112-12859-4

Ⅰ．①城… Ⅱ．①戴… Ⅲ．①城市－灾害防治－城市规划－研究 Ⅳ．①X4

中国版本图书馆CIP数据核字（2011）第007194号

本书系统地阐述了城市灾害和城市综合规划的范畴、规划设计的原则和方法，以及城市综合防灾规划管理。主要内容分为5章叙述，包括绪论、城市综合防灾规划与相关专项防灾规划的关系、城市综合防灾总体规划、城市综合防灾详细规划、城市综合防灾规划管理。

本书是城市规划学科专业教材，也适用于建筑、交通、土木、环境等学科的防灾规划教学，也可作为从事城市规划和城市防灾相关专业工作人员的专业参考书籍。

* * *

责任编辑：杨 虹 王 跃
责任设计：赵明霞
责任校对：姜小莲 张艳侠

普通高等教育土建学科专业"十一五"规划教材
高校城市规划专业指导委员会规划推荐教材
城市综合防灾规划
同济大学 戴慎志 编著

*
中国建筑工业出版社出版、发行（北京西郊百万庄）
各地新华书店、建筑书店经销
北京嘉泰利德公司制版
北京同文印刷有限责任公司印刷
*
开本：787×1092 毫米 1/16 印张：15½ 字数：380千字
2011年5月第一版 2013年11月第二次印刷
定价：**42.00元**
ISBN 978-7-112-12859-4
（20124）

版权所有 翻印必究
如有印装质量问题，可寄本社退换
（邮政编码 100037）

前言 —Preface—

进入新世纪以来，全球各类灾害频繁发生，巨灾多而损失大。城市安全防灾已成为世人关注的首要问题之一，也是城市规划与建设的关键性问题。

目前，我国的城市防灾规划正处于从单项防灾规划走向综合防灾规划的探索阶段，无论是城市综合防灾规划的范畴、内容深度、规划设计方法与程序等技术层面，还是城市综合防灾规划的组织编制与审批、实施管理、保障体系等法规政策层面，均处于探索阶段。因此，迫切需要有能系统阐述上述内容的教材和专业书籍。

本书在广泛研究国际上先进的城市防灾规划理论、方法、经验的基础上，根据我国城市防灾的实践，研究总结近年来我国已编、在编的具有综合性的城市各类防灾规划和灾后恢复重建规划，并依据已颁布的有关防灾的技术规范，结合作者参与在编的有关国家技术规范的内容精神，探索性地系统阐述了城市灾害、城市防灾、城市综合防灾规划的范畴；城市综合防灾规划与相关专项防灾规划及应急预案之间关系；各层面城市综合防灾规划的原则与方法；以及城市综合防灾规划组织编制、审批、实施管理、档案管理、保障措施等管理体制。因本书属城市规划专业教材，故侧重阐述城市规划范畴内的城市综合防灾规划。本书既可供城市规划学科和相关学科的防灾规划专业教学之用，也供城市防灾相关专业的工作人员参考。此外，科学技术在不断发展，国家和各行业将有新的规范、标准、技术规定陆续颁布实施。因此，在实际教学和应用过程中，应以正式颁布的规范、标准和技术规定为准。

本书仅起抛砖引玉之用，在向广度和深度上推进城市综合防灾规划编制的发展，提高城市综合防灾规划的法定性和可操作性；旨为切实有效地提高城市综合防灾能力，保护城市人员、财富和设施安全，起到积极作用。

由于作者水平有限，且城市综合防灾规划涉及学科面广、体制政策层面多，并属探索阶段，书中难免存在众多不足和需商榷之处，万望读者指正，提出宝贵意见，以便不断修正完善。

本书由戴慎志统稿编著，各章主要编写人员如下：

第一章：戴慎志、陈鸿、赫磊、王江波、张翰卿；

第二章：戴慎志、王江波、张翰卿、陈雄志；

第三章：戴慎志、王江波、高晓昱；

第四章：戴慎志、王江波、高晓昱；

第五章：戴慎志、边经卫、陈鸿、王江波。

江毅、毛媛媛、丁春梅、王耀宇、丁家骏、董衡苹、曹凯等参与编写和资料收集整理工作，王筱双、闫晶晶、修林涛、周群等参与图、表制作和文字整理工作。

本书撰写过程中，得到国内城市规划建设界同行和朋友们的大力支持。在此，谨向各位同行和朋友致谢。

戴慎志

2010年10月

目 录
Contents

第一章　绪论
- 001　第一节　城市灾害
- 019　第二节　城市防灾
- 025　第三节　城市综合防灾
- 029　第四节　城市综合防灾规划
- 040　第五节　城市综合防灾规划的相关理论与实践

第二章　城市综合防灾规划与相关专项防灾规划的关系
- 045　第一节　概述
- 054　第二节　城市综合防灾规划与城市主要专项防灾规划的关系
- 069　第三节　城市综合防灾规划与其他灾害防治规划的关系
- 077　第四节　城市综合防灾规划与突发公共事件应急预案的关系
- 084　第五节　城市综合防灾规划与灾后恢复重建规划的关系

第三章　城市综合防灾总体规划
- 091　第一节　城市综合防灾总体规划的内容构成与作用
- 092　第二节　市域综合防灾规划对策研究
- 096　第三节　城市综合防灾总体规划的现状分析
- 105　第四节　城市灾害风险评估与损失预测
- 113　第五节　城市总体防灾空间规划
- 127　第六节　城市疏散避难空间体系规划
- 140　第七节　城市公共设施与基础设施的防灾规划
- 147　第八节　城市危险源布局规划

第四章　城市综合防灾详细规划
- 151　第一节　城市综合防灾详细规划的类型与作用
- 152　第二节　城市控制性详细规划的综合防灾控制引导
- 160　第三节　疏散通道规划设计
- 168　第四节　避难场所规划设计

176　第五节　防灾公园规划设计
189　第六节　防灾安全街区规划
192　第七节　防灾社区规划

第五章　城市综合防灾规划管理
197　第一节　城市综合防灾规划管理体制
208　第二节　城市综合防灾规划组织编制与审批管理
215　第三节　城市综合防灾规划实施管理
223　第四节　城市综合防灾规划建设档案管理
229　第五节　城市综合防灾规划实施的保障措施

235　参考文献

第一章 绪论

第一节 城市灾害

一、灾害的定义与分类

(一) 灾害的定义

灾害是天文系统、地球系统和人类系统物质运动的特殊形式,是指一切对人类生命、财产和生存条件造成较大危害的自然和社会事件。这些事件的发生往往是由于不可控制因素或可控制而未加控制的因素引起的。也可以说,灾害是由自然因素、人为因素或二者兼有的原因所引发的对人类生命、财产和人类生存发展环境造成破坏损失的现象或过程,对人类生存发展及其所依存的条件和环境造成严重危害的非常事件和现象。灾害不是单纯的自然现象或社会现象,而是自然与社会现象共同作用的结果,是自然系统与人类物质文化系统相互作用的产物。

灾害 (disaster) 是以生存环境受到破坏、经济损失、人员伤亡的

结果体现的。灾害的引发和发生过程要有一定数量的、存在相关联系、相互制约的致灾因子（hazards），致灾因子的相互作用导致了灾害的发生。1994年5月，在日本横滨召开的世界减灾大会上，对致灾因子与灾害做出了明确的定义：致灾因子为可能引起人民生命伤亡及财产损失和资源破坏的各种自然与人文因素；灾害则是因致灾因子所造成的人员伤亡、财产损失的情况。

（二）城市灾害定义

城市灾害是指由于发生不可控制或未加控制的因素造成的、对城市系统中的生命财产和社会物质财富造成重大危害的自然事件和社会事件。简言之，所谓城市灾害就是"承灾体"为城市的灾害。城市灾害是从灾害的分布空间考虑，灾害发生的地点或灾害的影响范围涉及城市，就称其为城市灾害。目前，影响范围较大的城市灾害，多数是自然事物本身发展与演化叠加人类开发活动带来的负面作用而形成的灾害。

二、灾害分类与概况

（一）灾害分类

灾害的过程往往是很复杂的，有时候一种灾害可由几种灾因引起，或者一种灾因会同时引起好几种不同的灾害。因此，灾害类型的确定要根据起主导作用的灾因和其主要的表现形式而定。根据导致灾害发生的各个致灾因子的特性以及来源，可以分为两个主要方面：一是自然界客观事物本身的发展与演化形成的；二是人类的开发活动带来的负面作用；由此，灾害分为自然灾害和人为灾害。

1. 自然灾害

自然灾害是指以自然变异为主而产生的并表现为自然态的灾害。自然灾害也就是指由于自然异常变化造成的人员伤亡、财产损失、社会失稳、资源破坏等现象或一系列事件。它的形成必须具备两个条件：一是要有自然异变作为诱因，二是要有受到损害的人、财产、资源作为承受灾害的客体。自然灾害是人与自然矛盾的一种表现形式，具有自然和社会两重属性。

2. 人为灾害

人为灾害是指人类社会系统或自然社会综合系统运动发展的一种极端表现形式，是人为因素给人、自然社会带来的危害。人为灾害的产生或是由于人们的心理、生理上的极限，或是由于个人及社会行为的失调，或是由于人类对自身及其生存环境缺乏认识而造成的。因此，人为灾害的发生并不都是必然的、客观的、不可避免的，它的产生及其预防取决于人类和人类活动自身。

实际上，有些灾害是自然界客观事物本身发展与演化叠加人类开发活动负面作用而成的，我们很难准确地划清两者之间的界限。自然灾害常常是人类行为失误的促发因素，如高温导致的火灾；浓雾引发的交通事故；而人为活动如工程开发、过量抽取地下水，也可引起滑坡、堤面沉陷和地震等自然灾害的发生，因此，上述两类灾害之间有密切联系，不可割裂看待。

此外，有些灾害产生的原因可能是自然原因，也可能是人为原因；也有可能是自然原因与人为原因共同作用而引发的。

(二) 自然灾害的种类

1. 气象灾害

气象灾害是指由于气象原因引发，危害人类的生产和生命财产的安全，并造成一定损失的灾害。气象灾害的特点是种类多、范围广、频率高、持续时间长、群发性突出、分布的地域性和时间性强、连锁性强、灾情重等。气象灾害的类型很多，包括风灾、干旱、雷电、降水灾害、气温灾害等。

台风，国际标准名称为热带气旋，在我国是指生成于北太平洋西部和南海海域的热带气旋，是一种在大气中绕着自己的中心急速旋转的、同时又向前移动的空气漩涡。它在北半球作逆时针方向旋转，在南半球作顺时针方向旋转。热带气旋是指发生于热带海洋上强热浓厚的暖心气旋性漩涡，是对热带气压、热带风暴、强热带风暴和台风的统称；因其强弱不同而有不同称呼。中国气象局规定，其近中心最大风力达 6 级以上者统称为"台风"，其中，仅中心最大风力 6～7 级者称为"热带低压（或弱台风）"；8～11 级者称"台风"；12 级及其以上者称"强台风"。自 1989 年 1 月 1 日起，我国采用国际热带气旋的名称与等级标准，"台风"特指其中心附近地面或海域 12m 高处最大风力 ≥ 12 级（或 ≥ 64nm/h，或 ≥ 32.7m/s）的热带气旋。台风在世界其他地区也被称为"飓风"、"风暴"、"气旋"等。台风是我国主要的灾害性天气之一，其带来的大风、暴雨等灾害性天气常引发洪涝、风暴潮、滑坡、泥石流等灾害。

龙卷风是指由强雷暴云底伸出来的漏斗状云，当伸达到地面或水面时，往往引起强烈的旋风，这种旋风在气象上称为龙卷风，这是一种出现在强对流云内的具有垂直轴的小范围强烈旋转的涡旋，生消迅速，常伴随出现强风、大雨、雷电、冰雹等天气，是一种破坏力最强的小尺度风暴。

大风是指瞬时风速 ≥ 17m/s，或风力达到 8 级以上的风。产生大风的原因包括冷锋南下、风暴发展、寒潮暴发、台风过境等。大风会对农业、交通、水上作业、建筑设施、施工作业等造成危害。我国是受大风灾害较严重的国家，北方春季寒潮大风和南方夏秋季台风大风，都给当地带来严重的损失。

雷暴大风是指强雷暴发生时，若近地面附近发生 ≥ 6 级的风力，气象上称为雷暴大风。雷暴大风是由于雷暴云中下沉的冷空气强烈辐散造成的，但并不是有雷暴天气就有雷暴大风出现。若雷暴云中的下沉气流所造成的近地面层的冷堆与其周围空气冷差较大，则雷暴大风的风力就越强。

雷暴是指发生在积雨云中的放电、雷鸣现象，是一种中小尺度的强对流性天气系统，出现时常伴有狂风、暴雨甚至冰雹、龙卷风等灾害性天气。

雷电是指积雨云中正负荷电中心或云中荷电中心与大地之间的放电过程；它是雷暴天气的产物。雷电会对人身安全、建筑、电力和通信设施等造成危害。

干热风，在我国被称为"火风"、"旱风"、"热南风"，在美国有"干风"之称，是指出现在温暖季节的一种干而热的风。这种风的指标种类很多，有的强调高温低湿及其突变，有的强调风速对加剧高温干旱的作用。在我国，一般把日最高气温≥30℃，最小相对湿度≤30%，并伴有3级以上风的综合性天气现象，作为干热风的标准。干热风会导致植株体内水分失调，农作物秕粒增多甚至枯死。

黑风暴又称黑风、黑毛风、黑尘暴、黄毛风，是指一种大范围的强烈的沙尘暴或沙暴天气，常发生于春夏两季大陆增温时，由地面大风和强烈的垂直湍流将干燥地表的沙尘大量卷入空中，形成尘云，天空昏暗，能见度十分恶劣，有时白昼漆黑如夜。黑风暴对航空、交通运输、农牧业生产均有严重影响。

沙尘暴是指大量沙粒和尘土被强风吹起卷入空中，使空气混浊，水平能见度不足1000m的现象；会对农牧业、交通、环境、人体健康等造成危害。

霾是指空气中悬浮的微小尘粒、烟粒或盐粒使能见度显著降低的天气现象，会对交通、环境、人体健康等造成危害。

干旱是指当单一气团长期盘踞于某一区域，常使其控制下的大气处于稳定状态，雨雪等降水量显著下降的天气现象；表现为河流水位下降甚至干涸，土壤和空气非常干燥，会对农牧业、林业、水利以及人畜饮水等造成危害。

暴雨泛指降水强度很大的雨。通常，1小时内的雨量≥16mm的雨，或12小时内的雨量≥30mm的雨，或24小时内的雨量≥50mm的雨，均为暴雨。按其雨量的大小可分为：暴雨（50mm≤日降水量＜100mm）、大暴雨（100mm≤日降水量＜200mm）、特大暴雨（日降水量≥200mm）。暴雨，特别是大范围持续性暴雨和集中的特大暴雨，常常导致径流陡增，河水猛涨，水库溢崩、山洪暴发、山体滑坡等灾害。

暴雪一般是指24小时内累积降水量达10mm或以上，或12小时内累积降水量达6mm或以上的固态降水，会对农牧业、交通、电力、通信设施等造成危害。

冰雹简称"雹"，是指由冰晶组成的固态降水，会对农业、人身安全、室外设施等造成危害。

霜冻是指春秋季节由于冷空气的入侵，地面和植物表面温度下降到足以引起农作物遭受伤害或死亡的短时间低温冻害。

冰冻，是指雨、雪、雾在物体上冻结成冰的天气现象，会对农牧业、林业、交通和电力、通信设施等造成危害。

雾害是指大气中的水汽经长夜辐射冷却，常会在近地层形成雾滴使能见度降低，影响飞机起降、汽车和火车行驶、江海船舶航行，对电力和人体健康等造成危害。

寒潮是指强冷高压控制下的大范围冷空气团聚集到一定程度后，在有利的天气形势下，大规模向特定方向倾泻的过程。寒潮侵袭时，常使经过地区先后出现剧烈降温、大风、霜冻等灾害性天气，有时还伴有雨或雪。寒潮强度在我国以西北、东北、华北地区最强，向长江中下游地区和华南地区渐次减弱。寒潮所带来的大风、降温等天气现象，会对农牧业、交通、人体健康、能源供应等造成危害。

高温是指日最高气温在 35℃ 以上的天气现象，会对农牧业、电力、人体健康等造成危害。

2. 洪涝灾害

洪涝灾害是人们通常所说的洪水灾害和涝灾的总称。

洪水是指河流在较短时间内发生的水位明显上升的大量水流；洪水往往来势凶猛，具有很大的自然破坏力，淹没河中滩地，漫溢两岸堤防。洪水给人类正常生活、生产活动带来损失与祸患。

涝灾是指田野积水难以迅速排泄，影响作物生长的现象；往往是长期阴雨或暴雨，或洪水暴涨、江河横溢，使地势低洼、地形闭塞的地区大量积水的后果。

按洪水灾害的形成机理和成灾环境特点，将常见洪水灾害概括为以下几种类型：溃决型、漫溢型、内涝型、蓄洪型、山地型、海岸型、城市型等。

3. 海洋灾害与海岸带灾害

海洋灾害是指海洋自然环境发生异常或激烈变化，导致海上或海岸发生的灾害。主要包括风暴潮灾害、巨浪灾害、海水灾害、海雾灾害、海啸灾害等突发性的自然灾害。海岸带灾害包括海岸崩塌、海岸侵蚀、海岸淤进等。

风暴潮灾害是指由强烈的大气扰动如强风或气压骤变等强烈的天气系统对海面作用导致水位急剧升降的现象，使沿岸一定范围出现显著的增水或减水，又被称为风暴增水或气象海啸。

巨浪灾害是由 6 级以上风产生的、有效波高在 4m 以上的波浪。热带风暴、台风、温带气旋、寒潮偏北大风等是我国沿海海域产生巨浪的主要天气系统。

海水灾害主要是指海水浸染灾害，也称海水入侵灾害。海水浸染灾害，主要是指由于海水发生侵蚀和污染所引发的一系列灾害。海水浸染灾害对农业、工业生产、人畜饮水影响很大。一方面，它破坏供水水源，使人民生活受到影响，一些地区耕地无淡水灌溉，造成粮食、蔬菜、水果减产或绝收；海水入侵还会导致土地盐碱化。另一方面，一些地区水资源被破坏后，工业生产使用高矿化咸水，产品质量下降，设备腐蚀；有的工厂企业被迫搬迁或远距离输水，增加了成本；滨海地区海水入侵还影响海港建设、油田开采以及日益发展的旅游事业。

海雾灾害是指在海洋影响下生成于海上或海洋区域的雾。海上航行，常因海雾而受阻，甚至造成海难。

海啸是指由水下地震、火山爆发、水下塌陷和滑坡等地壳运动所引起的巨浪，在涌向海湾内和海港时所形成的破坏性的大浪，被称为海啸。海啸是一种灾难性的海浪，通常由震源在海底下50km以内、里氏震级6.5以上的海底地震引起。海啸的传播速度与它移行的水深成正比。在太平洋，海啸的传播速度一般为每小时200～1000km。海啸不会在深海大洋上造成灾害，正在航行的船只甚至很难察觉这种波动。海啸发生时，越在外海越安全。一旦海啸进入大陆架，由于深度急剧变浅，波高骤增，可达20～30m，这种巨浪可带来毁灭性灾害。例如，2004年12月26日发生在印度尼西亚苏门答腊岛附近海域的海啸，在全世界造成近30万人丧生。

海岸崩塌是指发生在海岸的崩塌。主要发生在陡峭的岩岸或黄土类土组成的海岸，诱发动力主要是海浪和潮流的拍打、掏蚀作用。大规模海岸崩塌不但破坏滨岸建筑，而且会形成涌浪，威胁港口和船只安全。

海岸侵蚀是指受海蚀作用，一些地区海岸发生坍塌、滑坡，出现明显后退的现象。海岸侵蚀除受海平面升降、海浪、潮流、海岸地壳运动、河流入海径流量和输沙量影响外，还与人类建港、建坝、挖沙等活动有关。

海岸淤进是指河流携带大量泥沙在入海口附近停积下来，形成三角洲、水下三角洲、沙坝、沙嘴等，造成河口附近的海岸不断向海域推进的现象。另外，由于海岸侵蚀破坏形成的坍塌物质，被海岸和沿岸流运移后，在一些岸段沉积下来，也造成个别岸段的淤进。海岸淤进常使港口废弃、航道受阻、河流泄洪能力降低，有时还破坏生态环境，影响海产养殖和海滨旅游。

4. 火灾与爆炸

火灾是指火失去控制的燃烧所造成的灾害。凡是具备燃烧条件的地方，如果用火不当，或者由于某种事故或其他因素，造成火焰不受限制的向外扩张，就可能形成火灾。

根据火灾发生的场合，火灾主要可分为建筑火灾、森林火灾、工矿火灾及交通工具火灾等类型。

在各类火灾中，建筑火灾对人们的危害最严重、最直接，因为各种类型的建筑物是人们生产和生活的主要场所，也是财富高度集中的场所。可以说，建筑火灾一直是火灾防治的主要方面。

森林火灾是指森林大火造成的灾害。其主要特点有：延烧时间长、火烧面积大、火强度大，受可燃物种类、环境、地形、气象等条件影响大，对森林的危害严重。

爆炸是指物体体积急剧膨大，使周围气压发生强烈变化并产生巨大声响和破坏的现象。爆炸是自然界中经常发生的一种物理或化学现象，它是系统内的巨大势能在瞬间内以极高的速度释放或骤转化的现象。物理爆炸是指由物理状态的突变而产生的迅速释放能量的过程，如蒸汽锅炉或高压气瓶的爆炸。化学爆炸是指物质在外力作用下发生急剧的化学变化和化学分解放出大量热并产生气体的现象，如甲烷、乙炔以一定的比例与空气混合所产生的爆炸。核爆炸是指核裂变或核聚变时突然释放出极其巨大能量的过程。

5. 地质灾害与地震

地质灾害是指由于自然变异或人为作用导致地质环境或地质体发生变化，对社会和环境造成危害的地质现象。地质灾害主要包括地震、火山爆发、崩塌、滑坡、泥石流、地面沉降、地面塌陷、地裂缝等。

地震是指地壳任何一部分的快速震动。地震是地壳运动的一种形式，是地球内部经常发生的自然现象。地球上板块与板块之间相互挤压碰撞，造成板块边沿及板块内部产生错动和破裂，是引起地面震动的主要原因。大地震动是地震最直观、最普遍的表现。由地震诱发的各种次生灾害包括海啸、沙土液化、喷沙冒水、城市大火、河流与水库决堤等。

火山爆发是指伴随有强烈爆发现象的火山喷发活动。火山爆发通常喷出火山碎屑物，爆炸越强烈，喷出的碎屑物越多。火山爆发突发性强，常造成严重灾难。

崩塌又称塌方、山崩，是指陡峻斜坡上的岩土体在重力作用下突然脱离母体，迅速崩落滚动，而后堆积在坡脚或沟谷的现象。崩塌包括岩崩和土崩。崩塌体完全脱离母体，发生的垂直位移量远大于水平位移量，崩塌形成的碎屑堆积物零乱无序。

滑坡是指岩体或土体在重力作用下沿着贯通的剪切破坏面整体向下滑移现象，也称为垮山、走山、地滑、土溜。滑坡很少脱离母体，总是有一部分残留在滑床之上，且其水平位移量一般大于垂直位移量；滑坡体在一定程度上保存原有岩层层序和结构，表面出现不同方向的裂缝。滑坡的机制是某一滑移面上剪应力超过了该面的抗剪强度所致。影响因素包括河流冲刷、地下水活动、地震及人工切坡等。

泥石流是指在山区沟谷中，由大量降水和冰雪融水等急促地表径流激发的含有大量泥沙、石块等固体物质，并有强大冲击力和破坏作用的特殊洪流。现有很多关于泥石流的分类方法，如从泥石流诱发原因分为洪水泥石流，冰川泥石流、火山泥石流，地震泥石流等；从侵蚀原因分为水力类泥石流、土力类泥石流或滑坡泥石流等。泥石流由于携带大量泥沙和石块，具有容积大、流速高、流量大、突发性强等特点，因而具有很强的破坏力，严重地危及当地的工农业生产、交通及城乡居民的生活，给国家经济建设和人民生命财产造成极大的损失。

地面沉降，又称为地面下沉或地陷，是指在自然条件和人为作用下所形成的地表高程不断降低的环境地质现象。导致地面沉降的自然动力因素主要包括地壳升降运动、地震、火山运动以及沉积物自然固结压实等；人为动力活动主要包括开采地下水、油气以及煤、盐岩等矿产资源，修建地下工程，进行灌溉，对局部施加静荷载和动荷载等。

地面塌陷是指在一定条件下，因自然动力或人为动力造成地表浅层岩土体向下降落，从而在地面形成陷坑的动力地质现象。地面塌陷可以发生在松散的土层，也可发生在基岩，还可发生在两类岩石共同发育的地方。土层塌陷主要发生在黄土、黄土状土以及冻土之中；基岩塌陷主要发生在碳酸盐岩、钙质碎屑岩、蒸发岩、火山熔岩等岩石中。在各类塌陷中，以发生在碳酸盐岩中的岩溶塌陷分布最广泛。

地裂缝是指地表岩土体在自然或人为因素作用下，产生开裂，并在地面形成一定长度和宽度的裂缝的一种地质现象。当这种现象发生在有人类活动的地区时，便可成为一种地质灾害。地裂缝的形成原因十分复杂，地壳运动，地表水、地下水活动，人类社会经济活动等是造成地面开裂的主要原因。

6. 生物灾害

生物灾害，是指由于动植物的活动和变化造成的灾害。狭义的生物灾害是由生物体本身活动带来的灾害现象，是纯自然现象；灾源是生物，如蝗灾、鼠灾、兽灾等。广义的生物灾害是包括人类不合理活动导致的生物界异常而产生的灾害，即生态危机问题，包括植被减少、生物退化、物种减少、盲目引种等。

农作物病虫害，包括农作物的病害和虫害，是指农作物在生长、发育、收获、运输和贮存等过程中受到生物侵染，非生物不良条件影响以及有害动物的侵害，使作物生理上、组织上和形态上发生不良变化，作物产量减少，品质降低等。全世界每年因病虫害损失作物占产量的1/3。

鼠害是指鼠类造成的危害。其表现为粮食损失、传播鼠疫等。

传染病是指由各种病原体引起的能在人与人、动物与动物或人与动物之间相互传播的一类疾病。病原体中大部分是微生物，小部分为寄生虫，寄生虫引起者又称寄生虫病。有些传染病，防疫部门必须及时掌握其发病情况，及时采取对策，因此发现后应按规定时间及时向当地防疫部门报告，称为法定传染病。

传染病传播途径包括空气传染、飞沫传染、粪口传染、接触传染、垂直传染、血液传染等方式。传染病的特点是有病原体，有传染性和流行性，感染后常有免疫性。

中国目前的法定传染病有甲、乙、丙3类，共39种。

甲类传染病也称为强制管理传染病，包括鼠疫、霍乱等。

乙类传染病也称为严格管理传染病，包括传染性非典型肺炎、艾滋病、病毒性肝炎、脊髓灰质炎、人感染高致病性禽流感、麻疹、流行性出血热、狂犬病、流行性乙型脑炎、登革热、炭疽、细菌性痢疾、阿米巴性痢疾、肺结核、伤寒和副伤寒、流行性脑脊髓膜炎、百日咳、白喉、新生儿破伤风、猩红热、布鲁氏菌病、淋病、梅毒、钩端螺旋体病、血吸虫病、疟疾、甲型 H1N1 流感（原称人感染猪流感)。

丙类传染病也称为监测管理传染病,包括流行性感冒、流行性腮腺炎、风疹、急性出血性结膜炎、麻风病、流行性斑疹伤寒、地方性斑疹伤寒、黑热病、包虫病、丝虫病,除霍乱、细菌性和阿米巴性痢疾、伤寒和副伤寒以外的感染性腹泻病,手足口病等。

7. 生态灾害

生态灾害是指生态系统的平衡被改变后,带来各种始料未及的恶果。生态灾害包括草原生态灾害、森林生态灾害、土壤生态灾害、海洋生态灾害、大气生态灾害等。导致生态灾害的产生有自然因素,但更为重要的是人为因素。

例如,草原生态灾害主要包括草原退化、草原土壤次生盐渍化等。森林生态灾害主要包括森林退化、森林死亡、森林污染、森林虫害、森林火灾、过度砍伐等。土壤生态灾害主要包括土壤侵蚀、森林破坏、沙漠化、盐渍化、土壤肥力下降等。

土地沙漠化是指在沙漠边缘干旱和半干旱地区,降水量稀少,一般在400mm以下;蒸发量又较大,在200mm以上;气候干燥且多风,草皮一旦被破坏掉,土壤就会发生严重的风蚀,造成土地沙漠化。土地沙漠化大都是由于现代人类的生产活动所引起的,在干旱和半干旱地区,人类滥垦草原,过度放牧出现下面的发展趋势:滥垦、过度放牧、草场质量下降、产草量减少、载畜量降低、植被覆盖率减少、风蚀加重、沙漠化。

土壤盐碱化或称土壤盐渍化是指土壤中积聚盐分形成盐碱土的过程。除在滨海地区,由于受海水浸渍影响而发生盐碱化外,一般的土壤盐碱化主要发生在干旱和半干旱地带地表径流和地下径流滞留排泄不畅而地下水位较高的地区。由于气候干旱,地面蒸发作用强烈,土壤母质和地下水中所含盐分随着土壤毛细管水上升而积聚于地表。此外,在极干旱地区,即使地下水位很深,高矿化地表径流携带的盐分,也能使土壤发生盐碱化。在不合理的耕作灌溉条件下,地下水位上升,易溶盐类在表土层积聚,也能引起土壤盐碱化。土壤盐碱化不利于耕作,会造成农业减产。

水土流失是指地表土壤被雨水冲刷随同流失的现象。土质疏松的丘陵区、山区或沙土质平原坡地,在植被破坏或耕作不合理的情况下,往往引起严重的水土流失。水土流失不仅使土壤肥力减退,影响作物或植物生长,甚至将整个表土层丧失掉,使整个生态系统完全毁灭,而且流失的泥沙淤塞河道,抬高河床,沉积在水库和湖泊里,缩短水库或湖泊的寿命,增加洪水灾害的威胁。

(三) 世界和亚洲自然灾害的概况

近年来,全球频发的自然灾害给人类社会造成了巨大的生命和财产损失,自然灾害成为各国面临的共同挑战。根据国际灾害数据库的统计,在全球五大洲中,亚洲是过去100年受自然灾害影响最重的地区,其次是美洲,再次是欧洲,非洲和大洋洲的损失最小。对亚洲来讲,经济损失最重的灾害包括地震、洪水、海啸、台风。亚洲的自然灾害发生数量在2000年之后进入一个高峰期。例如2001年印度的地震，死亡人数约为 1.7 万人；2003 年伊朗的地震，死亡人数为 3 万人；2004 年印尼的海啸，死亡近 30 万人；2005 年巴基斯坦的地震，死亡约 7 万多人；2008 年缅甸的台风，死亡近 14 万人；2008 年中国的地震，死亡 8 万多人。

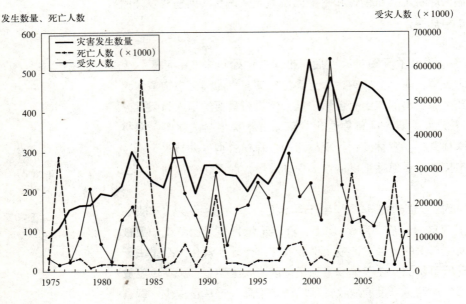

图 1-1 1975 ~ 2009 年的世界自然灾害发生与损失态势图

从图 1-1 可以看出，在 1975 年以后的 30 多年间，全球的灾害发生数量呈现快速增长的趋势；死亡人数从 1975 年到 1980 年一直是下降趋势，从 1990 年中期开始又呈现出缓慢增长的趋势；受灾人数从 1975 年到 1990 年中期呈逐渐增长趋势，而之后则呈现出逐步下降的趋势。

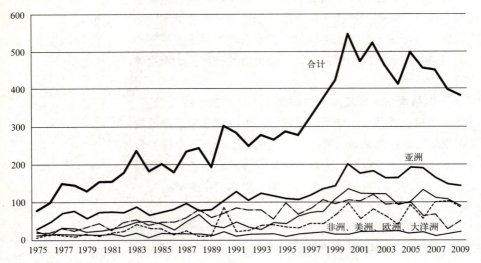

图 1-2 1975 ~ 2009 年世界自然灾害发生数量变化态势图

从图 1-2 中可以看出，近 30 多年以来，全世界的自然灾害及各类事故的上升频率在加快。亚洲地区的自然灾害数量远远高于全球其他各大洲；就亚洲地区本身而言，30多年来，自然灾害的数量也是呈现逐渐递增的态势，特别是2000年之后，灾害数量明显上升。

根据联合国减灾署（UN/ISDR）的统计数据，1975～2007年的自然灾害的经济损失如图1-3所示，其中1995年、2005年的自然灾害损失超过2000亿美元，并随着时间推移，其损失越来越大，1990～2007年近20年时间，除有个别年份外，其他所有年份的经济损失都超过了500亿美元（图1-3）。

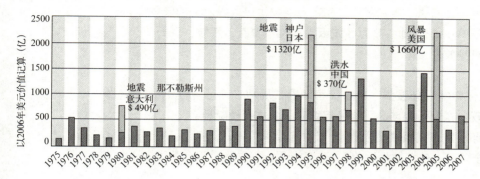

图1-3 1975～2007年世界自然灾害造成的经济损失

根据国际灾害数据库的统计，从1975～2009年，全球自然灾害在灾害数量方面，亚洲占到39%，美洲占24%，非洲占19%，欧洲占13%，其他占5%（图1-4）。

在受灾人数方面，亚洲占89.4%，是遭受灾害最严重的地区；而其他各大洲的比例均较低。

在死亡人数方面，亚洲也占到了59%，非洲占29%，美洲和欧洲各占到7%和5%。

在经济损失方面，亚洲占到43.6%，美洲占37.3%，欧洲占15.9%，大洋洲和非洲各占1.7%和1.5%。

（四）中国自然灾害的概况

中国是世界上自然灾害最为严重的国家之一。伴随着全球气候变化以及中国经济快速发展和城市化进程不断加快，中国的资源、环境和生态压力加剧，自然灾害防范应对形势更加严峻复杂。中国的自然灾害呈现灾害种类多、分布地域广、发生频率高、造成损失重四大特点。

1. 灾害种类多

中国的自然灾害主要有气象灾害、地震灾害、地质灾害、海洋灾害、生物灾害和森林草原火灾。除现代火山活动外，几乎所有自然灾害都在中

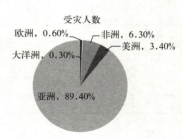
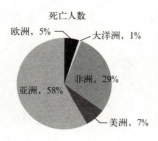
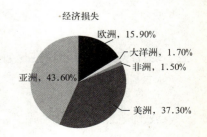

图1-4 1975～2009年世界各洲灾害发生与损失比例

国出现过。

2. 分布地域广

中国各省（自治区、直辖市）均不同程度受到自然灾害影响，70%以上的城市、50%以上的人口分布在气象、地震、地质、海洋等自然灾害严重的地区。2/3以上的国土面积受到洪涝灾害威胁。东部、南部沿海地区以及部分内陆省份经常遭受热带气旋侵袭。东北、西北、华北等地区旱灾频发，西南、华南等地的严重干旱时有发生。各省（自治区、直辖市）均发生过5级以上的破坏性地震。约占国土面积69%的山地、高原区域因地质构造复杂，滑坡、泥石流、山体崩塌等地质灾害频繁发生。

3. 发生频率高

中国受季风气候影响十分强烈，气象灾害频繁，局地性或区域性干旱灾害几乎每年都会出现，东部沿海地区平均每年约有7个热带气旋登陆。中国位于欧亚、太平洋及印度洋三大板块交会地带，新构造运动活跃，地震活动十分频繁，大陆地震占全球陆地破坏性地震的1/3，是世界上大陆地震最多的国家。森林和草原火灾时有发生。

4. 造成损失重

1990～2008年19年间，平均每年因各类自然灾害造成约3亿人次受灾，倒塌房屋300多万间，紧急转移安置人口900多万人次，直接经济损失2000多亿元人民币。

据不完全统计，近十年来，中国每年因自然灾害造成的直接经济损失都在1000亿元以上，每年因灾害造成的直接经济损失，约占国民生产总值的3%～6%。2001～2005年中国因自然灾害造成的人员伤亡和经济损失统计见表1-1。

2001～2005年中国自然灾害的损失　　　　　表1-1

年份	死亡人口（人）	紧急转移安置人口（万人）	倒塌房屋（万间）	直接经济损失（亿元）
2005年	2475	1570.3	226.4	20421
2004年	2250	563.3	155	1602
2003年	2259	707.3	343	1884.2
2002年	2384	471.8	189.5	1637.2
2001年	2538	211.1	92.2	1942.2

根据民政部救济司的统计，1998～2007年中国各年份受灾人口数量如图1-5所示，每个年份都在3.5亿人以上。

三、城市灾害种类与特性

（一）城市灾害分类

1. 自然灾害与人为灾害

城市灾害大体包括两大类：一类是自然灾害；另一类是人为灾害，两者

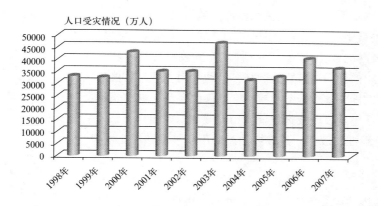

图1-5 1998～2007年中国各年份受灾人口数量图

为互馈关系。如地震、水灾、风灾等灾害，大多是由自然原因引起的；而突发性的城市自然灾害常常引起火灾、交通事故、工厂停产等一系列人为的次生灾害与衍生灾害。人为灾害又包括两类，一是人为事故性灾害，又称技术灾害，是由于人们认识和掌握技术的不完备或管理失误而造成的巨大破坏性影响，如重大交通伤亡事故、重大生产性灾害事件、生命线系统事故、危险化学品泄漏、爆炸、火灾等，在现代社会有日益增多的态势；二是人为故意性灾害，又称社会秩序型灾害，如战争、恐怖袭击、社会骚乱与暴动等，主要由人类的故意行为引起。

2. 城市主灾与次生灾害

城市灾害往往是多灾种关联而持续发生，各灾种间有一定因果关系。发生在前，造成较大损害的城市灾害称为城市主灾；发生在后，由主灾引起的一系列灾害称为城市次生灾害。城市主灾的规模一般较大，常为地震、洪水、火灾、战争等大灾。次生灾害在开始形成时一般规模较小，但灾种多，发生频率高，作用机制复杂，发展速度快，有些次生灾害的最终破坏规模甚至超过主灾。

（二）城市灾害特性

1. 高频度与群发性

城市系统构成复杂，致灾源多，从而导致城市灾害总体上呈现出高频度与群发性特点。如对于"事故"型的灾害，如交通事故、火灾、煤气中毒等，发生的频度较高，而且城市规模与灾害发生次数基本呈正相关关系；对于地震、洪水等大灾，则体现出群发性特点，范围广，次生灾害多，危害时间长，形成灾害群，多方面关联而持续地给城市造成损害。

2. 强连锁性和高扩张性

一种灾害发生常诱发出一连串的灾害现象，这种现象叫灾害链。城市灾害的另一个特点是发展速度快，许多小灾若得不到及时控制，会发展成大灾；而对大灾不能进行有效抗救，会引发众多的次生灾害。由于城市各系统间相互依赖性较强，灾害发生时往往触及一点，会波及全城，形成"多米诺骨牌"效应。例如1995年的日本神户地震，由电力系统短路发生的火花引爆了城市煤气管网破裂泄漏的煤气，造成巨大的火灾；又如1986年厄瓜多尔地震引起了滑坡，

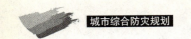

滑坡阻塞河道形成了一道天然水坝，而水坝的突然崩垮导致了洪水泛滥。再如，日本1923年发生的关东大地震中，造成最大损失的却是地震引起的次生火灾。

由于城市各类功能设施网的整体性强，当一种功能失效时，常波及其他系统的功能的失效，如建筑物的倒塌造成管线破坏、交通受阻。城市居民对城市功能的依赖性很强，一旦功能失效，极易引起社会秩序的混乱。城市是社会发展的动力源，那些在国民经济建设中发挥重要作用的城市，如国家首都、金融中心城市，一旦发生了灾难性的破坏，其破坏的影响不仅涉及该城市本身，甚至可以波及整个国家。

3. 高灾损性与难恢复性

城市人口和经济的密集性、空间集约性决定了城市灾害损失巨大的特性。城市是人口与财富聚集之处，一旦发生灾害，造成的损失很大。虽然，现代城市进行自我保护的能力有所增强，但许多灾害学家和经济学家都认为，现代城市承受大地震、洪水、台风、火灾打击的能力并不强，一次中型灾害可能使一个城市的发展进程延缓多年。而且，城市的防护重点目前还集中在人员的安全上，对财物，尤其是固定资产的防护手段较少。因而，尽管在灾害中人员的伤亡总体上呈下降趋势，但在同等灾情下，城市经济损失仍有快速上升的势头。

城市灾害除了危害人类生命、健康，破坏房屋、道路等工程设施，造成严重的直接经济损失外，还破坏了人类赖以生存的资源与环境。资源的再生能力和环境的自净能力是有限的，一旦遭到破坏，往往需要几年、几十年，或几百年才能恢复，甚至有的永远无法恢复。资源环境的恶化不但直接危害当代人的生存与发展，而且贻害子孙后代，恶化他们的生存发展条件，给人类带来的影响是极其深远的。

4. 强区域性

城市灾害的区域性特点主要表现在两个方面：一方面，城市灾害是区域性灾害的组成部分，尤其是较大的自然灾害，常有多个城市受同一灾害影响，灾害的治理防御不仅是一个城市的任务，单个城市也无法有效地防抗区域性灾害。另一方面，城市灾害的影响往往超出城市范围，扩展到城市周边地区和其他城市，这种影响不仅是物质的，还包括精神的。灾后的灾民安置与恢复重建工作，也是一个区域性的问题。

（三）城市灾害的主要灾种

1. 地震

我国地处环太平洋地震带与欧亚地震带之间，构造复杂，地震活动频繁，是世界上大陆地震多发的国家之一。20世纪以来，我国已发生6级以上的破坏性地震650多次，其中7～7.9级地震98次，8级以上9次。1949年以来，发生7级及7级以上地震49次，死于地震的人数达28万人，倒房700余万间，每年平均经济损失约为16亿元。现在，全国地震基本烈度7度以上地区占国土总面积的32.5%，有46%的城市和许多重大工业设施、矿区、水利工程位于受地震严重危害的地区。

我国的地震绝大多数是构造地震，其次为水库地震、矿震等诱发性地震。地震的分布基本上是沿活动性断裂带分布的，有一定的方向性。地震集中的地带称为地震带。我国西部主要的地震带有近东西向的北天山地震带、南天山地震带、昆仑山地震带、喜马拉雅山地震带和北西向的阿尔泰山地震带、祁连山地震带、鲜水河地震带、红河地震带等。中国东部最强烈的地震带走向为北北东的台湾地震带，向西依次是东南沿海地震带、郯城—庐江地震带、河北平原地震带、汾渭地震带和东西向的燕山地震带、秦岭地震带等。

我国地震的破坏性具有以下特点：震灾频次高、灾情重、引发严重的次生灾害、成灾面积广、突发性强、有明显的地区差异，例如我国西部地区地震活动相对较强，东部地区相对较弱，但东部地区的人口密度大于西部，且东部地区多冲积平原，所以震灾东部重而西部轻。此外，地震灾害的损失程度与社会和个人的防灾意识密切相关。

2. 水灾

历史数据研究发现，在 1949～2000 年中，洪水灾害在中国各大城市普遍存在且呈上升势头，尤其以长三角、珠三角和成渝等几个城市群较为明显，北方大中城市的洪灾次数也在波动中上升。总体特征是：长江流域仍然是洪水高发区，依次为珠江流域、松花江流域、海河流域及辽河流域，黄河及淮河洪灾也不可忽视。洪水灾害对人类造成的损失和不利影响主要体现在经济发展、生态环境、社会生活和国家事务四个方面。

3. 地质灾害

中国地质环境监测院的研究报告给出了近些年我国突发性地质灾害所造成的人员伤亡、地域分布特征及造成人员伤亡之危险性分区。其中高危险区有：云南、贵州、四川大部、广西大部、广东北部、湖南中西部、湖北西部、陕西大部、山西西部、甘肃南部及青海部分地区，面积在 200 多万平方公里以上，死亡人数占全国死亡人数的 95%。全国受多种地质灾害侵扰的城市近 60 座，县级市以下的城镇近 500 个，如四川的松潘、南坪，云南的兰坪、元阳，新疆的库车等因崩塌、滑坡等地质灾害，不得不搬迁重建。

例如，2010 年 8 月 8 日，甘肃舟曲发生特大泥石流灾害，泥石流冲进县城，并截断河流形成堰塞湖，县城的 2/3 受威胁，有 5 万人受灾。泥石流宽 500m，长达 5km，所经之处的村庄被夷为平地。此外，泥石流还对公路、铁路、水利、水电工程、矿山有巨大的危害。

又例如中科院的 2004 年科学发展报告指出：自 20 世纪 80 年代以来，我国地面沉降已由沿海城市向内地城市大面积扩展，由浅部向深部发展。地面沉降这种地质灾害，已成为影响大中城市安全健康发展的制约因素。中国几大直辖市都在下沉：天津的塘沽地区 20 世纪 90 年代比 60 年代海拔高度降低了 3m，海河呈现了海水倒灌的态势；上海地面平均以每年 10mm 的速度下降；北京有五个地区（东郊八里庄—大郊亭、昌平沙河—八仙庄、大兴榆垡—礼贤、东北郊来广营、顺义平各庄等地）出现较大的地面塌陷，最严重的地表以每年

20～30mm 的速度下沉。

4. 城市气象灾害

气象灾害有台风、暴雨、冰雹、大雾、雪灾、沙尘暴、雷击、高温高湿等。每年全国因气象灾害造成的损失占总损失值的 70%，约占国内生产总值的 1% 以上，受灾害影响人口在 4 亿以上。城市气象灾害加重的原因：史无前例的大规模人口迁移与城市化过程对自然界产生巨大的副作用，如城市内的自然植被遭砍伐，城市成了地球上稠密的生态破坏网点，失去了维护环境的功能；城市建筑与道路及不透水地面，阻断了雨水渗入土层的通道，正是这种对自然界的本质破坏，使灾害伴随城市的成长而增加；快速的城市化，而缺乏科学、合理城市综合防灾规划与建设，城市防御气象灾害能力下降。

5. 火灾与爆炸

当前我国火灾主要有以下特点：重特大火灾发生频率高、公共聚集场所火灾比较严重，火灾造成的群死群伤事件多发生在公众聚集场所，大空间建筑恶性火灾增多，物质储存场所及各类堆场火灾突出，私营企业、个体工商户等小型经营场所火灾所占比例较大，城乡居民住宅火灾呈多发态势。电气及用火不当是引发火灾的元凶；同时，故意纵火案件也不容忽视。

在我国，工矿企业的火灾与爆炸事件较为严重，由瓦斯爆炸引发的特大煤矿火灾屡有发生，例如 2003 年 5 月 23 日，云南丽江煤矿瓦斯爆炸，24 名矿工遇难；2003 年 11 月 4 日江西丰城煤矿瓦斯爆炸，死亡 48 人；2004 年 2 月 11 日，贵州六盘水煤矿发生瓦斯爆炸，24 人死亡。

6. 恐怖袭击

城市安全防灾的另一个敌人是愈演愈烈的恐怖主义。2001 年 "9·11" 恐怖袭击和不断的炸弹事件使世人紧绷神经,恐怖主义组织为了实现自己的目的，无所不用其极。无论是东京的奥姆真理教的地铁沙林毒气事件，还是激进组织的人体炸弹，城市几乎成为无法摆脱的攻击对象。不得不无奈地承认，城市危机随时都可能发生。所以，城市大应同时具备防恐怖袭击、防化学武器、防高新技术战争的综合能力。

总体上来讲，我国的城市灾害类型较多，但是不同地区存在一定的差异性。表 1-2 是我国部分特大城市遭受的主要自然灾害类型风险。

我国部分特大城市遭受的主要自然灾害风险　　　　　表 1-2

城市名称	主要自然灾害					
	洪水	地震	台风及风暴潮	崩塌滑坡泥石流	地面沉降地面塌陷地裂缝	缺水
北京	●	●			●	●●●
天津	●●●	●●	●●●		●●●	●●●
沈阳	●●	●	●		●	●●●

续表

城市名称	主要自然灾害					
	洪水	地震	台风及风暴潮	崩塌 滑坡 泥石流	地面沉降 地面塌陷 地裂缝	缺水
长春	●●	●				●
哈尔滨	●					●
上海	●●●	●	●●●		●●●	●
南京		●	●			
武汉	●●				●	
广州	●●●	●	●●●			●
成都	●	●				
重庆	●			●●●		●
西安		●●			●●●	●●●

说明：灾害风险程度等级：● 表示一般风险；●● 较严重风险；●●● 严重风险。

四、城市灾害对城市的影响

（一）直接影响与间接影响

1. 直接影响

财产损失是城市灾害的最主要直接影响之一。例如，大量建构筑物倒塌或遭受结构性破坏；道路桥梁等交通设施、港口、航道设施等变形、垮塌、沉陷、毁坏等；通信系统、供电系统等生命线工程在地震、洪涝、滑坡、泥石流、风暴潮等自然灾害中出现变形、开裂、沉陷、淤埋、泄漏等；工厂及其机械设备、室内的办公用品等因浸泡、淤埋、腐蚀而流失、变质、毁坏；粮食作物、经济作物因浸泡、缺水、冷冻、雹砸、虫食等造成减产或绝收。

城市灾害能给人体造成伤亡、伤残等生理伤害。世界上每年都有数亿人受灾，有上万人因灾死亡。城市灾害对不同人群的影响程度存在差异性，例如，妇女、儿童、老人、残障人容易受灾害的影响，他们是承灾人群中的弱势群体，而青壮年男性则是相对不易受灾害损伤的群体。

资源损失的灾情相对于人员、财产的损失灾情来说，具有滞后性和隐蔽性，通常需要一段时间以后才能被认识到，但它们的影响范围和持续时间往往更广泛和长远。如1987年大兴安岭森林大火造成的生态环境破坏至少需要50年才能恢复。同时，不同的资源类型，所受到的影响也不同。

2. 间接影响

城市灾害的间接影响主要体现在对人、社会生活、生产秩序等方面。

城市灾害会引起压力、焦虑、压抑以及其他情绪和知觉问题。在大地震、洪水、龙卷风、大火灾以及其他自然灾害过后，受害者表现出抑郁、惊恐、惊慌无助、悲痛、沮丧、绝望恶念、焦虑、强烈的避免提及事件的愿望、睡眠障碍、

社会退缩、轻生和其他情绪问题，这些问题通常会持续一年，甚至数年。城市灾害给灾民带来的实质性创伤和精神障碍，是城市灾害产生的严重后果，容易造成社会失稳。因此人是防灾救灾中的首要防救对象。

同时，由于建筑物倒塌和被损坏，引起大量灾民无处安身，流离失所，严重的甚至引起大量的人口移民。

再者，城市灾害除扰乱了家庭以及个体生活外，还会导致停工停产、交通通信中断、物资生产的流通、商贸金融、社会结构和管理等方面的损失。

此外，城市灾害还会引起极少数的打砸抢事件，以及由于灾情不明、救援缓慢、救灾物资分配不公等诸多原因导致的民怨、谣言甚至聚众闹事、暴动等事件。

（二）直接灾损与间接灾损

1. 直接灾损

灾损是指由于灾害发生而带来的损失。直接灾损是指灾害带来的直接损失，主要表现形式为人员伤亡、建构筑物倒塌倾覆或遭受破坏，以及由此造成的直接财产损失等。

长期以来，人类经常受到各种灾害的严重危害。据联合国统计，近70年来，全世界死于各种灾害的人口约458万人。地震造成的人口死亡尤甚，已发生过4次造成20万人以上死亡的大地震。

2008年汶川大地震确认69207人遇难，374468人受伤，失踪18194人（截至2008年8月4日12时）。

2008年我国南方雪灾部分地区出现入冬以来最大幅度的降温和雨雪天气，雪灾已造成湖南、湖北、贵州、安徽等10省区3287万人受灾，倒塌房屋3.1万间；因灾直接经济损失62.3亿元。

1998年7月下旬至9月中旬，长江流域发生全流域性大洪水，以及东北的松花江、嫩江泛滥。江西、湖南、湖北、黑龙江四省受灾最重，共有29个省、市、自治区都遭受了这场无妄之灾，受灾人数上亿，近500万间房屋倒塌，2000多万公顷土地被淹，经济损失达1600多亿元人民币。

2. 间接灾损

间接灾损是指由于灾害发生所带来的间接方面的损失，其主要表现形式为交通中断、经济瘫痪、贸易中断、社会秩序混乱、动荡骚乱、失业以及心理危机等。

以1976年的唐山大地震为例，地震造成的直接经济损失达54亿元，而间接经济损失高达100亿元以上。1995年1月17日日本阪神地震，共计造成了6000多人死亡和超过1000亿美元的损失，其中建筑物和设施破坏等直接经济损失为480多亿美元。其中，由于处于震中区的大阪是日本的重要港口，因此震后由交通中断、经济瘫痪、进出口贸易中断等因素造成的间接经济损失达600亿美元，而且还造成了严重的社会心理动荡、失业等问题。由此可以看出，在很多情况下，城市灾害所带来的间接损失会大于直接损失。

第二节　城市防灾

一、城市防灾范畴与任务

（一）城市防灾范畴

"祸兮福所倚，福兮祸所伏"，出自我国两千多年前的《老子》一书。这里所说的"祸"，意即"灾害、灾难"。古人以朴素的辩证法认识到福与祸的对立转化关系，意味着除害即兴利，减灾即增产与减少死亡。

"防灾"，是指在一定范围和一定程度上防御灾害发生和防止灾害带来更大损失与危害。防灾实际上还包括对灾害的监测、预报、防护、抗御、救援和灾后恢复重建等。

"减灾"，简单地理解就是减少或减轻灾害的损失。减少灾害是指减少可以避免的灾害；但是对于有些灾害特别是重大自然灾害是难以完全避免的，这就要尽量减少灾害损失。衡量减灾是否成功的标准包括两个方面的内容：一是人为的灾害或可防御的灾害不再发生，即采取措施减少灾害发生的次数和频率；二是不可完全避免的灾害给人们带来的损失达到最低限度。减灾也可以产生经济效益，减少损失实质上也是增加财富。

"抗灾"，是指在自然灾害来临之时，人们为了抵御、控制、减轻、降低灾害的影响，最大限度地减轻减少损失而采取的各种行为和措施。包括：抗洪、抗旱、抗冰雹、抗霜冻、抗病虫害等。主要内容有：紧急抢险、转移疏散、抢收抢种、积极防御等。

"救灾"，是指运用经济技术手段，通过有效的组织和管理，减少灾害的经济损失和人员的伤亡，尽快恢复工农业生产以及社会生活的正常秩序的活动。救灾作为人们在紧急状态下的救援活动，主要有专业救治、消防与救护，以及资金与物资的投入等形式。

"灾后重建"，包括重建家园和恢复生产。重建家园指在遭受毁灭性灾害后进行的重新建设。恢复生产是灾后进行的各种生产性活动，为减轻灾害损失，保证社会秩序稳定和人民生活正常化。

防灾重过程和措施，减灾重结果，两者在目的层面上是一致的。又如，在通常的习惯中，人们常常将防灾与减灾视为是同一个概念，不专门去研究两者的区别；因此，本书暂且不区分防灾与减灾的差异之处，姑且认为，防灾等同于减灾。

在《城市规划基本术语标准》（GB/T 50280—98）中，城市防灾（urban disaster prevention）的概念是指为抵御和减轻各种自然灾害和人为灾害及由此而引起的次生灾害，对城市居民生命财产和各项工程设施造成危害的损失所采取的各种预防措施。

综合以上观点，本书中的城市防灾涵盖灾前预防、灾中应急救援和灾后重建等不同阶段，包括各种全面的、连续的减少城市灾害损失的专门性工作。

(二) 城市防灾目标与任务

1. 城市防灾目标

建立比较完善的减灾工作管理体制和运行机制，灾害监测预警、防灾备灾、应急处置、灾害救助、恢复重建能力大幅提升，公民减灾意识和技能显著增强，人员伤亡和自然灾害造成的直接经济损失明显减少。

2. 城市防灾任务

(1) 加强自然灾害风险隐患和信息管理能力建设

全面查明重点区域主要自然灾害风险隐患，基本摸清减灾能力底数，建立自然灾害风险隐患数据库，编制城市灾害高风险区及重点区域灾害风险图。建立自然灾害灾情统计体系，建成市、区县两级灾情上报系统，健全灾情信息快报、核报工作机制和灾害信息沟通、会商、通报制度，建设灾害信息共享及发布平台，加强对灾害信息的分析、评估和应用。

(2) 加强自然灾害监测预警预报能力建设

在完善现有监测站网的基础上，适当增加监测密度，建设卫星遥感灾害监测系统，构建自然灾害立体监测体系。推进监测预警基础设施的综合运用与集成开发，完善灾害预警预报决策支持系统。注重加强频发易发灾害和极端天气气候事件的监测预警预报能力建设。建立健全灾害风险预警信息发布机制，充分利用各类传播方式，准确、及时发布灾害预警预报信息。

(3) 加强自然灾害综合防范防御能力建设

全面落实各项减灾专项规划，建设好各类减灾骨干工程，提高大中型工业基地、交通干线、通信枢纽和生命线工程的防灾抗灾能力。按照土地利用总体规划要求和节约集约利用土地原则，统筹做好农业和农村减灾、工业和城市减灾以及重点地区的防灾减灾专项规划编制与减灾工程建设，全面提高灾害综合防御能力。

(4) 加强城市自然灾害应急抢险救援能力建设

建立健全统一指挥、综合协调、分类管理、分级负责、属地管理为主的灾害应急管理体制，形成协调有序、运转高效的运行机制。基本形成纵向到底、横向到边的自然灾害救助应急预案体系。加强中央和地方抗灾救灾物资储备网络建设，提升救灾物资运输保障能力，加强各类骨干抢险救援队伍和专业救援队伍建设，改善减灾救灾装备。建立完善社会动员机制，充分发挥民间组织、基层自治组织和志愿者队伍在综合减灾工作中的作用。

(5) 加强流域防洪减灾体系建设

坚持全面规划、统筹兼顾、标本兼治、综合治理的原则，逐步建成以堤防为基础、干支流控制性水利枢纽、蓄滞洪区、河道整治相配合，结合干垸行洪、退田还湖、水土保持等工程措施及防汛抗旱指挥系统和防洪调度管理、洪水风险管理等非工程措施建设，构建较为完善的流域防洪减灾体系，保障流域防洪安全。

(6) 加强巨灾综合应对能力建设

加强对巨灾发生机理、活动规律及次生灾害相互关系研究，开展重大自然变异模拟和巨灾应急仿真实验。建立健全应对巨灾风险的体制、机制、政策措施和应对方案，开展应对巨灾的演练。推进农业、林业保险试点，探索建立适合中国国情的巨灾保险和再保险体系。加强巨灾防御工程建设。

(7) 加强城乡社区减灾能力建设

完善城乡社区灾害应急预案，组织社区居民演练。完善城乡社区减灾基础设施，创建全国综合减灾示范社区，全面开展城乡民居减灾安居工程建设，在多灾易灾的城乡社区建设避难场所，建立灾害信息员队伍，加强城乡社区居民家庭防灾减灾准备，建立应急状态下社区弱势群体保护机制。

(8) 加强减灾科技支撑能力建设

加强减灾关键技术研发，研究制定国家综合减灾中长期科技发展战略。加快遥感、地理信息系统、全球定位系统和网络通信技术的应用。加大综合减灾科技资金投入。加强减灾学科建设和人才培养，建设综合减灾的人才培养基地。建设综合减灾的技术标准体系，提高综合减灾的标准化水平。

(9) 加强减灾科普宣传教育能力建设

强化地方各级人民政府的减灾责任意识。将减灾知识普及纳入学校教育内容，纳入文化、科技、卫生"三下乡"活动，开展减灾普及教育和专业教育，加强减灾科普教育基地建设。建设国家减灾科普教育支撑网络平台。编制减灾科普读物、挂图或音像制品，推广地方减灾经验、宣传成功减灾案例和减灾知识，提高公民防灾减灾意识和技能。

二、城市防灾与城市建设的关系

城市灾害的发生，是从城市产生之时就已存在的现象。远古以来的众多城市文明，在各种自然的和人为的灾害和危机的冲击下毁于一旦，而更多的城市文明则在成功应对灾害和危机的进程中不断发展和趋于成熟。

（一）城市防灾要求

城市是由于人类在集居中对防御、生产、生活等方面的要求而产生的，并随着这些要求的变化而发展。中国的汉字"城"，其象形的篆体字就表示在土地上用兵器"戈"来保卫政权。中国古籍中记述"筑城以卫君,造廓以守民"，城和廓就是指保卫城市的城墙。

不仅中国，西方的早期城市也是如此。从社会的观点来看，城墙突出了城里人同城外人的差别，突出了开阔的田野同完全封闭的城市二者的差别；开阔的田野会受到野兽、流寇和入侵军队的侵扰，而封闭的城市中人们则可以安全地工作和休息，即使在战祸时期也如此。加之有了城市内部的水源和丰富的谷物贮备，这种安全感可以说是绝对的了。

城市的安全功能不仅体现在战争防卫上，同时也体现在对自然灾害的防御上。城市对安全选址极为重视，美索不达米亚城市的效能极大地增强了城市本身吸引人、滋养生命的特性，那里的城市大多建址于大型台地上，因而可以避免周期性洪水的袭击，较周围广大的农村地区处于优越的地理位置。因此，并不是乌特那皮什提姆方舟，而是上古的城市，在洪水到来时充当了抵御没顶之灾的主要工具。

（二）城市建设作用

城市在为人们提供安全保障的同时，也在生产灾难。古代城市中高密度的人口，产生的废弃物得不到及时有效的处理，进一步污染饮用水，使疾病的流行成为现实。"疾病袭击一个城市，蹂躏着人口，引起巨大的痛苦与社会不安，然后人们大批死去。"人们不知道它发生的原因，也不知道如何采取行动，离开城市，或许是在无数次灾难中获取的有限的、有价值的经验。

城市在国家和地区经济、社会中地位重要，有些城市的单纯军事意义也很突出，因此历来都被优先选择作为军事打击的目标。为战争防御而强迫性集中，构筑城墙是冷兵器时代城市空间有效的防护方式。随着火炮等热兵器的发展，尤其是空袭在战争中被采用，城墙的军事防御功能彻底丧失，由于经济原因形成的城市集中性的空间在现代战争中成为不利的因素。同样在面对自然灾害时，这种集中也会带来更大的生命和财产损失。

科学技术带有难以避免的两重性。它在带给人类巨大的财富和现代文明的同时，也给人类带来了相应的灾害。现代城市的安全运行越来越依赖于电力、通信和网络系统，一次事故可能使整个城市陷于瘫痪。

工业社会的进步往往是以重大技术灾害为代价的，现代工业社会生产的安全性得不到重视，给人口密度较大的城市居民造成极大威胁。1984年12月3日，印度博帕文一工厂发生毒气泄漏，由于政府和公众均缺少应对危机的意识和能力，致使这起事件造成了二万人死亡、十万人终身残疾的后果。

城市也是社会矛盾集中的地方，城市犯罪、暴动和骚乱不断在城市上演。进入21世纪，不断发生的恐怖事件，正将城市变成恐怖主义发泄仇恨和对现实社会不满的试验场。在大规模国家间的战争由于各种原因受到制约之后，恐怖主义对生活在城市的人们构成新的威胁。

（三）城市防灾与城市建设的相互关系

国际红十字会的报告指出，人口、企业和交通工具的集聚，带来了机会，但也使得城市常常成为居住和工作的危险场所。城市既呈现出一系列的潜在危险，也体现出相应的安全性。我们经常在谈到大城市易损性的时候忽视了它的资源。尽管大城市边缘贫民窟的居民，和那些生活在小城市贫困地区的居民类似，不像富有邻里那样容易获得资源，事实上，大城市作为整体还是拥有更多增强城市耐灾性的资源。

由此可见，在城市建设过程中，需要注意城市防灾的建设，保障城市的公共安全；而城市防灾的确保，反过来又会促进城市建设的可持续发展。

三、城市防灾与城市规划的关系

追溯历史，城市规划起源于卫生防疫。通过预先规划来解决城市的下水道修建、垃圾堆放、城市布局和绿化带问题，以期通过城市规划解决"城市病"问题。而在现代城市的发展建设中，过多地考虑了城市的经济发展问题，对城市防灾问题考虑过少，仅把城市防灾减灾作为一项配套工程考虑，使城市布局上存在应对灾害的功能缺陷。

当今世界，城市灾害已经成为阻碍人类社会和谐发展的重要因素之一。新世纪以来，城市灾害的频繁发生引起了学术界广泛的关注，尤其是2003年SARS以后，城市规划界开始重新审视城市规划与城市灾害的关系，希望通过城市规划手段来减少城市灾害的发生。纵观现代城市规划的进程，不难看出城市规划的发展与城市灾害之间关系密切，现代城市规划的进步史同时也是一部协调人类建设活动与城市灾害的历史。所以说，通过城市规划手段应对城市灾害的发生由来已久，但是随着人类改造自然能力的不断加深，人类建设活动与城市灾害之间的关系也变得越发复杂，城市灾害的防治已经不单单是城市规划一个领域所能够解决的事情。但是，城市灾害作为现代城市规划出现的本源之一，城市规划仍然在防治当代城市灾害上占有重要的地位。

从城市规划与建设的角度来讲，城市防灾是指城市应对广域性的重大灾害，在灾前预防、灾害抢救、灾后重建等各阶段中，应该进行的各项城市防灾规划、城市防灾设施建设及城市防救灾管理工作。也就是说，通过城市规划及公共设施建设能够增进城市空间及城市服务设施的防灾功能，并且能够有效促进规划、设施与防救灾管理工作相结合。

城市规划是最有效的防灾手段。城市的建设用地选择、布局形态、交通系统、绿地生态、市政设施的规划都与城市的综合防灾密切联系。同时城市防灾也是城市规划的重要目标，没有安全作为基础，其他的城市功能将无从谈起。

城市防灾在城市规划中的地位得到了法律上的保障。2007年10月28日，第十届全国人民代表大会常务委员会第三十次会议通过的中华人民共和国《城乡规划法》中对综合防灾也有明确的规定。

目前，我国的综合防灾减灾正在渐渐成为城市规划的一项重要内容。我国2006年4月1日起施行的《城市规划编制办法》将"建立综合防灾体系的原则和建设方针"列入了城市规划的编制内容中。

四、城市防灾与区域减灾的关系

（一）城市灾害与区域灾害的关系

城市灾害是区域灾害的组成部分，区域性灾害影响的重点是城市。

城市发生的自然灾害往往是区域灾害的组成部分，如台风和地震等灾种。台风或飓风有很大的影响范围，并对其行进路线上的区域和城市造成影响，主要是强风、海浪和强降水引发的洪涝和地质灾害。地震除了影响震中地区，还对周边地区造成不同程度的破坏和影响。以汶川大地震为例，它造成的重灾区

约10万km², 其中严重灾区2.9万km²; 破坏城镇19座, 其中城市6座, 县城88座, 乡镇1204座; 破坏公路4743条, 33492km; 破坏堤防1054km（数据截止到2008年6月初的统计）。

城市灾害对区域也会造成影响。城市是区域的生产中心、生活中心、服务中心和交通枢纽, 聚集大量人员和财富, 城市的等级越高, 规模越大, 城市灾害的影响越大。发生在任何地方的危机, 都可能迅速扩散, 冲击其他国家。例如, 2005年11月13日, 中国石油天然气集团公司下属吉林石化公司双苯厂发生了爆炸事故。据事后调查, 该事故直接原因是由于当班操作工疏忽大意, 未及时关闭阀门。该失误操作导致进料系统温度超高, 长时间后引起爆裂, 随后引爆了三台硝基苯储罐, 两台硝酸储罐和两台苯储罐及其他一些附属装置。严重的爆炸事故不仅带来人员伤亡, 而且使100多吨苯、硝基苯等有毒化学物质泄漏。这些泄漏出来的有毒化学物质一部分随爆炸和燃烧挥发到空气中, 另外大部分则随消防用水流入松花江的吉林市段。自此, 绵延80km长的化学物质漂浮带沿松花江漂流, 先后经过的主要城市有哈尔滨、佳木斯等中国城市, 并且随后到达总人口有65万的俄罗斯城市哈巴罗夫斯克（Khabarovsk）。一起普通工业事故演变为城市灾害, 随着流域影响, 最后成为外交事件。

（二）城市防灾与区域减灾的关系

城市灾害的区域性特点主要表现在两个方面: 一方面城市灾害往往是区域性灾害的组成部分, 尤其是较大的自然灾害, 常有多个城市受同一灾害影响, 灾害的治理防御不仅是一个城市的任务, 单个城市也无法有效地防抗区域性灾害。另一方面, 城市灾害的影响往往超出城市范围, 扩展到城市周边地区和其他城市, 这种影响不仅是物质的, 还包括精神的, 灾后的灾民安置与恢复重建工作, 也是一个区域性的问题。汶川大地震发生后, 民政部下发紧急通知, 确定由北京等21个省份分别对口支援四川省的一个重灾县, 通知要求, 各地对口支援四川汶川特大地震灾区, 提供受灾群众的临时住所、解决灾区群众的基本生活、协助灾区恢复重建、协助灾区恢复和发展经济, 提供经济合作、技术指导等。

认清城市灾害的区域背景和区域影响, 以及城市防灾在区域防灾减灾工作中的重要意义和核心作用, 通过区域防灾减灾协作, 达到强化城市防灾能力的作用。

区域减灾工作对于减少和预防城市灾害的形成和产生有重要作用。特别是在全球气候大环境变化的背景下, 一些区域减灾工程的实施对大型自然灾害有较明显的抑制作用。例如经过长江三峡大坝的建设, 长江沿线城市的防洪水平得到显著提高。

城市防灾也是区域防灾减灾的重要组成部分, 尤其是对洪灾和震灾等影响范围大的自然灾害, 防灾工作的区域协作是十分重要的。我国已在大量研究和实践经验的基础上, 对某些灾害作了相应的大区划, 并成立了一些灾种固定或临时的管理协调机构, 城市的防灾工作必须在国家灾害大区划的背景下进行;

应根据国家灾害大区划，确定城市设防标准，同时，城市防灾工作应服从区域防灾机构的指挥协调和管理。1991年我国太湖水系发生特大洪水期间，经过区域协调，采取了一系列分洪、行洪和泄洪的措施，牺牲了一些局部利益，但有效地降低了太湖的高水位，缩短了洪水持续的时间，保障了沿湖大多数大中城市的安全，区域整体防灾取得了很好的效果。此外，市际以及市域范围的防灾协作也十分必要。我国小城镇和城郊地区的防灾设施往往较为匮乏，一旦遇到较大规模的灾害发生，经常束手无策，如果能与其周边城镇联手，配置共用防灾设施，或依托邻近规模较大、经济实力较强的城市，与之进行防灾协作，能够较快地提高这些城镇的防灾能力。

　　城市防灾是区域防灾减灾工作的重点和核心。城市人口和财富大量聚集，区域防灾策略是立足确保城市安全。城市应成为区域防灾减灾的堡垒和中坚。城市一般都是防灾指挥机构的所在地，人员机制较完善，防灾投入大，设施配置较齐全，有能力有义务为区域防灾减灾提供各种服务（防灾物资储运功能、防灾设施服务功能）。例如在汶川大地震灾后救援中，区域中心城市成都在自身受灾的情况下，迅速承担起灾后救援交通枢纽、物资集散和医疗服务中心的作用。

第三节　城市综合防灾

一、城市综合防灾范畴

（一）城市综合防灾的定义

　　城市综合防灾主要包括两层含义，一是为应对自然灾害与人为灾害、原生灾害与次生灾害，要全面规划，制定综合对策；二是要针对灾害发生前、发生时、发生后的各项避灾、防灾、减灾、救灾等各种情况，采取配套措施。因此，可将城市综合防灾的特点概括为三点：多灾种、多手段和全过程。

　　以往的城市防灾工作比较倚重工程手段，随着人们对灾害规律认识的深入，现在已越来越认识到非工程性手段的重要作用。此外，以往的城市防灾工作比较重视应急救援，而对灾前的防灾减灾重视不够，使得城市防灾工作较为被动。

　　城市综合防灾应该是从灾前、灾中、灾后整个过程来考虑城市的防灾问题。从城市规划学科的角度，可将城市防灾的手段概括为三种：工程防灾、规划防灾和管理防灾。所谓城市综合防灾应是这三种手段的综合应用。

（二）城市综合防灾体系

　　城市综合防灾体系是人类社会为了消除和减轻自然灾害对生命财产的威胁，增强抗御、承受灾害的能力，灾后尽快恢复生产生活秩序而建立的灾害管理、防御、救援等组织体系与防灾工程、技术设施体系，包括灾害研究、监测、灾害信息处理、灾害预报、预警、防灾、抗灾、救灾、灾后援建等系统，是社会、经济可持续发展所必不可少的安全保障体系。

城市综合防灾涉及的灾害种类多，有自然灾害、人为和技术灾害，以及由于主要灾害引起的次生灾害。因此，城市综合防灾体系是一个综合的管理系统。简而言之，这样的管理体系应包括两个部分：软件系统和硬件系统。软件系统包括城市灾害危险性评估及区划、综合防灾减灾规划、灾害应急预案、防灾减灾宣传和培训、减灾立法，以及综合减灾示范系统。硬件系统包括城市综合减灾管理系统、各单灾种（如地震、洪水、台风、地质等）监测和预报系统、建筑抗震加固工程、火灾监视与消防系统、医疗紧急救护系统、市政工程抢修体系、交通安全管理系统，以及应急通信、运输、救济等后勤保障系统等。

二、城市综合防灾体系建设的指导思想

1. 建立城市综合防灾组织指挥体系建立"预防为主"，按照"平战结合，平灾结合"的原则，运用科学的管理手段，依靠先进的科技水平和社会防范措施，加快建立和健全城市综合防灾体系，提高城市整体防灾抗毁和救助能力，确保城市社会安全和建设安全。

2. 建立城市防灾减灾组织领导机构

加强城市防灾减灾组织领导机构的建设，统一组织、协调和指挥城市防灾减灾工作。加强政府对城市安全的综合协调、社会管理和公共服务职能，改革城市防灾减灾工作的管理体制，建立长效机制和现代化的城市综合减灾防灾组织体系。

3. 建立城市系统综合防灾环境

在城市规划设计时，应建立适应于减灾、避灾、抗灾、救灾和防灾的城市空间结构和用地布局，健全城市的生命线工程系统，即交通运输系统、水供应系统、能源供应系统和信息情报系统。重点加强防洪、消防、抗震和人防工程建设。

4. 建立城市防灾减灾应急预案

城市防灾减灾应急预案是应对城市突发事件，如自然巨变、重特大事故、环境公害及人为破坏的应急管理、指挥、救援计划。通过建立城市的最大风险评价体系，把握城市所有灾害的状态和隐患程度，制定预案和分层管理措施。

三、城市综合防灾体系的构成要素和主要系统

（一）城市综合防灾体系的构成要素与组构方式

1. 构成要素

按照灾害发生发展的时间，综合防灾可分为灾前、灾中与灾后三个阶段。其中，灾前包括防灾研究、监测与预警系统以及防灾专业设施系统与支持系统等；灾中包括综合防灾组织指挥系统（领导机构、咨询机构、指挥设施）和综合防灾支持系统（治安系统、储运系统、社会保障与福利系统、医疗救护系统、法律体系及宣传教育系统）等；灾后包括城市综合防灾专业设施系统（消防专业设施系统、防洪防涝专业设施系统、抗震防灾专业设施系统、防风防潮专业

设施系统、人防专业设施系统)、城市综合防灾生命线系统(交通系统、通信系统、能源系统、给水系统)等。

在灾害发生发展的时间过程中，在灾前、灾中、灾后三个阶段，均涵盖了应对多种常见灾害的综合性措施。灾种的广泛性在一定程度上代表了防灾的综合性。

2. 组构方式

城市综合防灾体系按照"理论—实践"以及"核心—外围"的方式组建。其中理论基础为防灾研究以及监测与预警系统。弄清楚各种灾害发生发展的机理以及与城市载体的作用方式，将对防灾的应对起到积极的指导作用。在此基础上，从组织体系、物质空间（防灾设施与基础设施）、辅助体系三个层面进行防灾应对的具体实践。另外，从"核心—外围"组构方式来看，核心为城市规划领域的物质空间，包括防灾设施与基础设施，围绕着核心其外围由三个部分构成，分别为防灾研究、监测与预警系统，防灾组织指挥系统，防灾支持系统。本书中阐释城市综合防灾体系，兼用以上两种观点。

(二) 城市综合防灾体系的主要系统

1. 防灾研究、监测与预警系统

防灾研究、监测与预警系统是城市综合防灾体系的根基，是基础的也是最重要的组成部分。此部分集中全社会科研精英，运用最先进的科技，研究灾害发生、发展的客观规律，掌握监测灾害、预报灾害的基本技术，为组织指挥、防灾设施、生命线工程与防灾支持等顺利开展提供理论支撑与科学指导。此部分一般由国家级的研究中心、研究机构为核心，联合大学团队与高科技企业协同攻关，产学研一体化。

2. 防灾组织指挥系统

防灾组织指挥系统是综合防灾体系的灵魂和大脑，是其他体系得以正常运转的指挥棒。对应着不同的政体与政府组织形式，组织指挥系统亦有不同的架构方式。本部分是灾害应对的组织、协调中枢，决策防灾专业设施与防灾生命线系统，并对防灾支持系统提出要求。

3. 防灾专业设施系统

防灾专业设施系统是综合防灾体系中最直接的防灾专业设施，其他系统通过本部分来发挥防灾救灾的直接效用。由于灾害的不同类型，本部分对应着不同的实施主体，由不同的部门分头负责实施。

4. 防灾生命线系统

防灾生命线系统是综合防灾体系中与防灾专业设施并重的防灾专业支持设施。其对于救灾、灾后安置与恢复具有重要的作用。一方面支持组织指挥系统的实施，另一方面支持防灾专业设施效能的发挥，同时还是灾民生活的必备生存物质。

5. 防灾支持系统

防灾支持系统是以上各大系统得以正常运转的催化剂。在综合防灾体系中，将不属于以上四方面的所有部分纳入防灾支持系统。在经济、社会、法律、教育等领域进行与综合防灾相关的建设，统筹城市全力，完善防灾体系。

四、城市综合防灾体系构成的主要影响因素

（一）城市灾害情况

我国从城市层面上关注灾害始于20世纪90年代联合国"国际减灾十年"活动。由于"9·11"事件，国内外公共安全危机事件频发，因而对城市灾害这一问题又有了新变化和新认知。城市是所有自然与人为灾害的巨大承载体，城市越现代化，其致灾易损性就越大，城市就显得异常脆弱。城市灾害几乎包含着灾害类型的全部，其灾害机理充满复杂的规律性。城市可持续发展的不可持续致灾要素归纳为：地震、水灾、气象灾害、火灾与爆炸、地质灾害、公害致灾、"建设性"破坏、高新技术事故、古建筑防灾、城市流行病灾、交通事故、工程质量事故等。建设部1997年公布的《城市建筑综合防灾技术政策纲要》中认定地震、火灾、风灾、洪水、地质破坏为现代城市主要灾害源。

（二）城市行政与管理体制

城市管理是指以城市这个开放的复杂巨系统为对象，以城市基本信息流为基础，运用决策、计划、组织、指挥、协调、控制等一系列机制，采用法律、经济、行政、技术等手段，通过政府、市场与社会的互动，围绕城市运行和发展进行的决策引导、规范协调、服务和经营行为。广义的城市管理是指对城市一切活动进行管理，包括政治的、经济的、社会的和市政的管理。狭义的城市管理通常就是指市政管理，即与城市规划、城市建设及城市运行相关联的城市基础设施、公共服务设施和社会公共事务的管理。

城市基础设施、公共服务设施和社会公共事务的运行构成了城市经济社会发展的环境，城市管理在城市经济社会发展中具有基础性的作用。作为城市管理主体的城市政府，按照特定的目标和管理原则，采用特定的手段和组织形式，对管理对象的运动过程进行计划、组织、指挥和控制等各项职能活动。城市管理包括前期规划管理、中期建设管理与后期运行管理三个部分。灾害以其复杂性、普遍性与联系性，城市综合防灾需要协调各个部门、组织与机构，极大地考验着城市的管理水平。

（三）城市经济基础条件

灾害的发生具有偶然性与不可预见性。因此，对于灾害的防御及应对具有超前性与备灾性。灾害事件为非常遇状态，其发生一般为小概率事件。防灾体系建设就是依托常态的设置，考虑一定的余量与保证率，在正常状态下增加投资，以备灾时的替代。因此，城市经济实力的强弱，直接与防灾体系的完善相关联。经济实力越强，就越有可能增加防灾体系投入，提高城市的防灾应对水平，这又可提高城市的防灾抗毁能力，保障城市经济的更好更快发展；反之，经济实力较弱，则没有多余的资金投入防灾体系，则势必导致城市防灾能力不强，如遇灾害发生，会影响甚至拖累城市经济的发展。总之，城市经济实力对

于构建城市综合防灾体系具有决定性作用。

（四）城市防灾技术水平

城市防灾系统的建设、防灾能力的提升不同于应对一般的事件。由于灾害发生的特殊性以及城市系统的负责性，基于传统认识的城市防灾体系建设已经不能满足现代城市的防灾需求。因此，城市防灾理应随着变化了的新情况、出现的新问题而同步发展，更需要在研究的基础上推陈出新，将理论、知识在极短的时间内转化为生产力，投入到城市的防灾系统建设上。因此，现代社会城市的防灾技术水平和科技实力将起到至关重要的作用。

（五）民众意识和社会团体

社会民众防灾知识的普及，防灾意识的提高，防灾能力的培养，将是最简单、最有效的提高城市防灾能力的措施。这一点已经在美国、日本等经济发达、灾害频繁的国家得到了证实。民众防灾能力的提升，将会极大地减少灾时的人身伤亡。社会团体以灵活、高效、低耗的方式在灾前、灾中、灾后迅速集结，是正规防灾力量的有效补充，对展开灾区自救、互救，争取救援时间具有不可比拟的优势。

第四节　城市综合防灾规划

一、城市综合防灾规划范畴

（一）城市综合防灾规划范畴

城市综合防灾规划，是指城市在面临越发多样化复杂化的灾害类型时，通过风险评估明确城市的主要灾种和高风险地区，针对灾害发生的前期预防、中期应急、后期重建等不同阶段，制定包括政策法规型、管理型、经济金融保险型、教育型、空间型、工程技术型等全方位对策类型，对城市灾害管理体制进行整合，全社会共同参与规划的编制与实施过程，并对单项城市防灾规划提出规划的基本目标和原则的纲领性计划。

简言之，城市综合防灾规划，实质上是一种有关城市防灾安全的公共政策，它具有公共物品属性；目的是通过多种手段措施，科学应对对城市长期发展有全局性影响的主要灾害类型，降低城市的综合风险水平，提升城市的综合防灾能力，保障城市民众的生命财产安全，促进城市社会经济的可持续发展。

（二）城市综合防灾规划的主要特征

城市综合防灾规划体现出全社会、全过程、多灾种、多风险、多手段的特征。

城市灾害的起因不同，选择采取的对策也不同。针对自然灾害和人为事故性灾害，防范的直接对象是物（具有相对的稳定性），属一般的防灾范畴；而针对人为故意性灾害，防范的直接对象是人（具有主观能动性），应该属于防卫的范畴。这三种灾害一旦发生，应急处理的程序方法基本是相同的。城市综合防灾首要的特点就是要多灾种考虑问题，不仅关注自然灾害，也要关注人为灾害；不仅关注一般的防灾问题，也要关注防卫的问题。

以前的城市防灾比较突出工程手段的重要性，随着人们对灾害规律认识

的深入，现在已越来越强调非工程手段的作用。笔者从城市规划学科角度，概括城市防灾手段有三种：工程防灾、规划防灾和管理防灾。规划防灾强调与城市空间布局和设计相关的防灾措施，所谓城市综合防灾应该是这三种手段的综合应用。

以前，城市防灾工作比较强调灾后的应急救援，而对灾害发生前的减灾重视不够，使得城市防灾工作较为被动。城市综合防灾应该是从灾前、灾中和灾后整个过程来考虑城市的防灾问题。

1. 全社会

全社会，是指城市综合防灾规划的编制与实施，需要城市中各个行政部门、企事业单位、军队武警警察，以及街道社区、居民等共同参与。城市综合防灾规划不能仅仅依靠政府的力量，综合防灾也不仅仅是政府的事情，而是事关城市所有居民的共同利益的大事，事关全体居民生活工作空间环境的基本安全问题。同时，全社会的共同参与也能够在规划的编制过程中容易发现现实中存在的突出问题或安全隐患，从而提高对策的针对性。

在全社会参与的背后，实际上还体现了城市综合防灾一个最重要的特性，就是防灾事务管理权力的统一性，城市综合防灾需要对各相关单位的管理权限进行整合，建立能够良性运转的城市综合防灾行政管理体制，统一调配各类防救灾资源，协调各方面的关系，从而提升城市整体的综合防灾能力。

2. 全过程

全过程，是指城市综合防灾规划贯穿灾害发生、高潮、湮灭的全过程，分别制定灾前预防、灾中应急、灾后重建的措施，并对三个阶段的工作做出周密的安排和良好的衔接。同时，通过统一部署和各部门相互协调，进行综合评估，定期反馈，实施更新的全过程。

3. 多灾种

多灾种，是指城市综合防灾规划需要应对的灾害类型多，但是并不是所有灾害类型都要纳入城市综合防灾规划的范畴，而只有那些在经过科学评估后，对城市长期性的可持续发展有着全局性、经常性、重大影响的主要灾害，才是城市综合防灾规划应该考虑的规划对象。

4. 多风险

多风险，是指城市面临的各种灾害的风险等级多，城市综合防灾规划需要对各种风险进行科学评估，合理处置。城市综合防灾规划需要重点应对的是风险等级高和中的级别，特别是高级别的风险，是重中之重。当然，不同灾害的风险等级具有动态性，因此，城市综合防灾规划需要对风险的动态变化有一定的预测，并能够及时制定相应的对策。

5. 多手段

多手段，是指在对策方面，采用多种手段措施进行综合防灾，包括各种工程性和非工程性措施。其中，包括土地使用、空间布局、法规政策、金融保险、新技术应用、宣传教育、公众参与等众多非工程性措施，得到更多的关注。

二、城市综合防灾规划的类型与编制体系

从体系范畴角度,城市综合防灾规划可以分为全方位的城市综合防灾规划和城市规划中的城市综合防灾规划两个类型,两者的规划内容和侧重点各有不同。

全方位的城市综合防灾规划是城市范围内防灾工作的综合安排,一般由城市应急管理部门为主体组织编制。城市规划中的城市综合防灾规划是城市规划领域内要考虑的城市防灾问题,一般由城市规划管理部门为主体组织编制。

城市规划中的城市综合防灾规划是城市规划与城市综合防灾规划的交集。它既是城市规划的组成部分,对城市土地使用中各个方面的工作提出防灾方面的要求,并为城市各个专项防灾规划提供接口;它又是城市综合防灾规划的组成部分,为综合防灾体系中各个子系统的防灾设施留出用地,并进行空间布局上的整合(图1-6)。

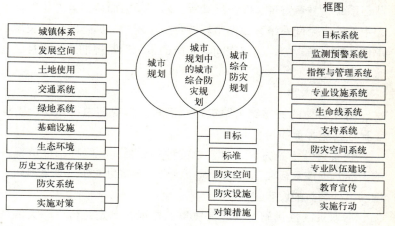

图1-6 城市综合防灾规划与城市规划的关系框图

(一)全方位的城市综合防灾规划

1. 规划范畴

全方位的城市综合防灾规划,也可以称为是城市规划体系外的城市综合防灾规划,也就是城市综合防灾专项规划,一般由城市政府中统一的灾害管理部门牵头,开展组织编制工作。

全方位的城市综合防灾规划是在单灾种城市防灾规划基础上编制的,是一种覆盖不同灾种、不同防灾阶段、不同防灾手段的防灾规划形式。

城市中各单项防灾规划主要针对各单项灾种制定相应的对策;而全方位的城市综合防灾规划主要针对城市中的主要灾害类型,提出全方位的系统性对策措施。全方位的城市综合防灾规划与各单项城市防灾规划的交集体现在目标、对策、资源整合和实施保障等方面。

全方位的城市综合防灾规划也涉及灾中的应急救援工作,就其与应急预案的关系而言,全方位的城市综合防灾规划更侧重于灾中应急救援的基本原则、重大防救灾空间设施的布局、灾害信息平台的建立、指挥系统和管理体制的整合等方面的框架性工作。而应急预案则建立详细的针对不同等级突发公共事件所需要的响应行动程序,问题的设定和对策制定更为具体和细致。

全方位的城市综合防灾规划与灾后恢复重建规划的关系,主要体现在规划目标、城市用地的选址、土地使用方面的减灾对策等方面。灾后恢复重建规

划实质上不是一个独立的规划类型，它是一个在城市的特殊时期、特殊背景下，由于特殊的原因而制订的城乡总体规划。它一方面比较重视近期灾后重建项目的布局，而另一方面，又基于安全减灾的原因，对城市的用地选择和总体空间格局进行战略性的调整。它既非常重视城市的防灾减灾问题和生态环境修复问题，又非常重视灾后的产业调整和土地的功能布局。

2. 编制体系

全方位的城市综合防灾规划的编制体系包括：目标系统、监测预警系统、指挥管理系统、专业设施系统、生命线系统、支持系统、防灾空间系统、专业队伍系统、教育宣传、实施行动等。从空间层面讲，全方位的城市综合防灾规划中的防灾空间系统又包括市域综合防灾规划、城市综合防灾规划、各企事业单位防灾业务规划、防灾空间与设施的紧急运营规划、防灾社区规划，以及家庭防灾计划等。

3. 编制内容

对全方位的城市综合防灾规划而言，其规划内容体现出工程性措施和非工程性措施并重的特征。

在工程性措施方面，与各单灾种规划相同，同样都很重视各专业领域内的工程防灾技术标准；但是，城市综合防灾规划更加注重宏观性、全局性的关键性指标参数的设定。

在非工程性措施方面，其侧重点体现在制定综合性防灾的法规政策、完善综合防灾管理体制、建立区域防灾协调联动机制，灾害观测与预警、综合防灾研究计划、新技术开发应用计划、开展综合防灾的宣传教育、志愿者培训、专业防灾队伍的建设，各单位企业和基层社区的防灾要求，灾前、灾中、灾后的衔接，与各单灾种规划的协调、重点项目优先计划、规划实施策略和年度推进计划等方面。

其中，就灾前预防、灾中应急的措施而言，主要包括以下内容。

灾前防治工作：①建立全市性灾害防治基本对策；②实施防灾演练与提升防灾意识；③建立各类主要灾害数据库；④建立灾害预测研究体系；⑤建立救灾运输网络系统；⑥建立化学灾害应变体系；⑦建立整合式综合防灾安全预警系统。

灾中应急救援工作：①成立灾害防救委员会；②成立灾害应变中心；③成立紧急救难队。

由于灾害发生后，受到救灾人力严重不足及救灾装备器材不足影响，易造成偏远地区抢救困难，而且通信联络及专业人才缺乏。因此将结合民力成立专责救难队，建立无线电通信系统及购置卫星电话，来提升救灾能力。

（二）城市规划中的城市综合防灾规划

1. 规划范畴

城市规划中的城市综合防灾规划可以称为是城市规划体系内的城市综合防灾规划，是指在一定时期内，对有关城市防灾安全的土地使用、空间布局，以及各项防灾工程、空间与设施进行综合部署、具体安排和实施管理。

同时，城市规划中的城市综合防灾规划也是能够实现防灾目标的城市规划。城市规划若欲实现防灾的目标，首先须将城市视为一个综合体，并将防灾视为其所须达成的诸多目标中的一项来进行城市的规划。在此须厘清一个观念，即城市规划不能完全以防灾为目标，而是在拟定城市规划时须纳入对防灾的考虑。亦即，以防灾的观念为契机，来推动城市规划。

城市规划中的城市综合防灾规划，一般由城市政府中的城市规划主管部门牵头，开展组织编制工作。其规划内容体现出明显的规划防灾和空间策略的特征，例如，重视土地使用、空间布局、设施规划、灾前预防；体现出城市规划法规体系与防灾法规体系的良好结合。

规划防灾在一定程度上能够比单纯的工程防灾更为彻底地解决城市面对的灾害风险。通过控制一些具有关键意义的区域和空间位置，最大限度地减少洪涝灾害程度，达到安全的目标。例如，在危险区，要协调区域内的土地利用活动和正确的开发建设标准，调整现有过度开发的政策；在较少易损性的区域，开发和再开发将被鼓励和支持；对生命线设施系统提出防灾建议。整合了这些规划方法的城市综合防灾规划，有助于把防灾工作的关注重点从关注应急救援上，转变到关注与土地利用规划整合的灾前减灾上来。这是一个重要的转变，必须向决策者和民众说明，在危险成为灾害前就进行处置是多么重要（图1-7）。

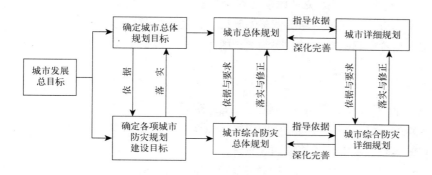

图1-7 城市规划中的城市综合防灾规划与城市规划的关系框图

2. 编制体系

从城市规划的法定规划体系和空间层面来分，城市综合防灾规划可以分为两个层次：总体规划层面和详细规划层面，即城市综合防灾总体规划和城市综合防灾详细规划，分别对应城市规划体系中的城市总体规划和城市详细规划。其中，城市综合防灾总体规划包括针对市域范围的综合防灾规划和针对中心城区范围的城市综合防灾规划；城市综合防灾详细规划包括城市综合防灾控制性详细规划和防灾设施与空间规划设计（图1-8）。

（1）城市综合防灾总体规划

城市综合防灾总体规划的主要任务是通过收集大量城市现状资料，对灾

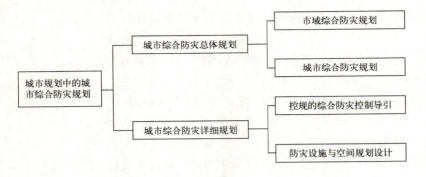

图1-8 城市规划中的城市综合防灾规划的编制体系构成

害风险形势进行科学分析，找出城市综合防灾工作中的问题和不足，通过调整土地利用、空间和设施布局，形成良好的城市防灾空间设施网络，制定工程性和非工程性防灾措施，提升城市综合的防灾能力，以降低灾害风险，减少潜在灾害对城市造成的损害。

城市综合防灾规划的主要规划内容包括现状调查与问题研究、城市现状综合防灾能力评估、城市灾害综合风险评估与潜在损失预测、规划目标与原则、城市总体防灾空间结构、防灾分区、疏散避难空间系统规划、防救灾公共设施布局规划、市政基础设施系统防灾规划、重大危险源和次生灾害防治规划、特定地区的综合防灾规划、实施建议等。

城市综合防灾规划的规划范围是城市行政管辖的地域范围，与城市总体规划的规划范围相一致。

城市综合防灾规划与城市总体规划的关系体现在两个方面，一是基于多灾种风险评价的用地评定是城市总体规划的用地调整的基础和依据；二是在城市总体规划确定的总体空间结构布局的基础上，明确城市的防灾分区和防灾空间结构。

1）市域的综合防灾规划

市域的综合防灾规划，站在市域的高度，偏重大尺度的空间范围，注重市域性、流域性的防灾问题的解决、防灾空间设施的布局，以及市域防灾管理联动机制的建立。其规划更具有宏观性、战略性和政策性。

A. 规划任务。结合市域的自然环境特点、行政区划、空间形态与结构、道路交通系统、重大基础设施布局等要素，科学布局市域性防灾空间和设施据点，形成高效的市域综合防灾网络，建立市域防灾快速联动与支援机制，提升市域的综合防灾能力。

B. 规划内容。包括市域交通网络、市域避难设施系统、市域供水系统、市域供电系统、市域通信系统、市域救灾物资储存网络、市域防灾快速联动机制等。其中，市域稳定的自来水供水计划的目的是提高自来水供给稳定性，其措施包括自来水公司的市域备用系统建设，以及供水设施的更新计划；市域防灾快速联动机制的目的是要建立起市域相互协助灾害快速反应机制，将损失降到最低，加快恢复重建工作的开展。

2) 中心城区的城市防灾综合规划

在中心城区，城市综合防灾规划的主要任务是通过收集大量城市现状资料，对灾害风险形势进行科学分析，找出城市综合防灾工作中的问题和不足，通过调整土地利用、空间和设施布局，形成良好的城市防灾空间设施网络，制定工程性和非工程性防灾措施，提升城市综合的防灾能力，以降低灾害风险，减少潜在灾害对城市造成的损害。

在总体规划层面，城市综合防灾规划的主要规划内容包括现状调查与问题研究、城市现状综合防灾能力评估、城市灾害综合风险评估与潜在损失预测、规划目标与原则、城市总体防灾空间结构、防灾分区、疏散避难空间系统规划、防救灾公共设施布局规划、市政基础设施系统防灾规划、重大危险源和次生灾害防治规划、特定地区的综合防灾规划、实施建议等。

(2) 详细规划层面

1) 城市控制性详细规划的综合防灾控制导则

在控制性详细规划层面，城市综合防灾规划的规划范围是城市局部地区，用地规模从十几公顷到几十平方公里不等，小到城市街区、大到城市片区。

在控制性详细规划阶段，需要重点解决的问题是在局部地区，对城市综合防灾总体规划中确定的重要防灾空间和设施项目进行落地，规划社区级的防灾空间和设施，对各防灾分区中存在的防灾安全问题进行深入研究，提出空间性解决办法，并为下阶段的城市规划和项目建设提供防灾依据。

主要规划内容包括如下四个方面：

A. **明确规划目标与策略。** 充分分析规划地区现状存在的综合防灾问题，确定该地区的综合防灾规划总体目标，在总体目标的基础上，确定该地区的总体防灾策略。

B. **防灾空间结构的优化。** 落实上位规划，即城市综合防灾总体规划的要求，将第一层级、第二层级防灾分区的界线进行明确，将总规中确定的防灾空间设施进行落地和细化。划分第三层级防灾分区。

C. **防灾分区的规划对策。** 在合理确定防灾规划三级分区的基础上，确定各防灾分区的控制内容和指标，提出分地块的控制指标，完成规划管理图则，便于规划管理。制订土地利用防灾计划，特别是特定地区的防灾规划，需要提出土地利用调整和空间布局的规划控制措施，使规划更有针对性。在第三级防灾分区中继续进一步细分地块，判断每个地块的风险程度，制定规划策略。

D. **防灾安全线的划定。**

2) 防灾设施与空间规划设计

城市防灾设施与空间规划设计的规划对象主要是具体的空间、地段、街区和场地。侧重于各类防灾空间的规划与设计，其规划的地域空间范围更小，内容更具体，任务更明确。规划任务主要是解决具体空间地段上的综合防灾问题，提高该地段的综合防灾能力，进行具体空间地段的防灾规划设计等。根据空间的功能性质来分，综合防灾规划的类型，包括避难场所详细规划、疏散通道详细规划、防灾公园规划设计、防灾安全街区规划与防灾社区规划等。

三、城市综合防灾规划编制的依据

（一）以依法批准的上位规划为编制依据

城市综合防灾规划因其规划范围大小不同，其控制范围也是有区别的。一般来说，上位规划的范围大，下位规划的范围小。下位规划必须以上位规划控制要求作为规划编制的依据。否则，就会造成上下规划之间的脱节，最终是城市综合防灾规划实施的失控。

以上位规划为依据，具体来说，就是城市总体规划层面的综合防灾规划必须以全国和所在省、自治区的区域综合防灾体系规划为依据；城市详细规划层面的综合防灾空间设施规划必须以所在城市的城市综合防灾规划和城市总体规划为依据。

以上位规划为依据，前提是这项规划必须是依法批准并有效的，两者缺一不可。未经依法批准的综合防灾规划没有法律效力，不能指导下位规划编制；因超过规划期限或因现实情况已经发生了变化，上位综合防灾规划必须作调整的，也不能指导下一层次综合防灾规划的编制。

（二）以城市规划建设和相关防灾法规标准为编制依据

城市综合防灾规划依法编制，就是以与城市规划建设和防灾有关的法律、法规、技术标准进行编制。就目前我国城市规划有关法律、法规情况来看，这些法律、法规主要有:《城乡规划法》、《城市规划编制办法》及其实施细则、《城镇体系规划编制审批办法》等，以及与防灾有关的国家与行业标准和规范。如《防震减灾法》、《防洪法》、《消防法》、《人防法》以及各单灾种防治规划方面的技术规范和标准。各省、自治区、直辖市颁布的地方性城市规划法规和有关的城市规划编制技术规定，以及相关防灾规划编制技术规定，也是城市综合防灾规划编制的依据。

（三）以党和国家的方针政策，城市政府和城市规划主管部门以及相关防灾工作行政主管部门的指导意见为编制依据

城市综合防灾规划的编制是一项政策性很强的工作，一些重大规划问题必须以党和国家有关方针政策为依据。就某一个城市而言，经城市政府批准的城市社会、经济发展的长远规划，已经充分体现政府对城市经济、社会发展的指导意见，应作为城市综合防灾规划编制的依据。此外，上级人民政府对下级政府组织编制的综合防灾规划提出指导性意见，上级政府的城市规划主管部门亦可根据城市综合防灾规划编制情况的需要，对规划的边界条件、规划的内容深度、技术要求等提出具体的指导意见，这些都是规划编制的依据。

（四）以城市或地区的现状条件和自然、地理、灾害特点为编制依据

城市综合防灾规划编制的重点内容是，对城市规划区域内的各种防灾空间和设施系统进行统筹安排，使其保持科学合理的防灾空间结构和布局，因此

不能脱离该城市的自然地理和灾害特点等，应当对这些情况进行充分调查研究，综合分析。同时，一个城市不是孤立存在的，城市中的一个地区更不能孤立存在，城市和地区的周边条件对拟规划城市和地区会发生联系，产生影响，应作为编制规划的依据。

四、城市综合防灾规划的发展动态

（一）国外城市综合防灾规划概况与发展态势

1. 美国

1993年之前，美国并没有出现一个针对多灾种的、综合的减灾规划；转折点是在1993年10月，国会修正的《罗伯特·斯塔福德减灾与紧急援助法案（The Stafford Act）》，该法案扩大了减灾工作的范围。1994年10月，该法案再次进行修正，主要体现在结合了《城市防卫法案1950（Civil Defense Act of 1950）》中的大部分内容，同时加入50项新规定。值得注意的是，该修正案允许联邦紧急事务管理署（FEMA）实施一个针对所有灾害的方法来预防灾害。2000年，国会通过的《减灾法案2000（DMA2000）》进一步修正了《罗伯特·斯塔福德减灾与紧急援助法案》，要求制订一个国家性的灾前减灾计划，并改进减灾管理。

《减灾法案2000》要求州和地方必须有一个批准的减灾规划，以获取联邦紧急事务管理署发放的减灾基金。该法案要求的减灾规划是针对所有的自然灾害；由于2001年9·11事件的发生，联邦紧急事务管理署又要求加上人为灾害，如恐怖主义等。

按照《减灾法案2000》的规定，美国的减灾规划体系按行政区的级别可以分为两个等级，即：州的减灾规划和地方减灾规划。州的减灾规划主要包括标准的州的减灾规划（Standard State Mitigation Plan）和加强的州的减灾规划（Enhanced State Mitigation Plan）。

州的减灾规划是针对州境内的灾害事件进行管理的综合行动计划。标准的州的减灾规划的主要内容如下：前提、计划过程、风险评估、减灾战略、地方减灾规划的协调、规划维护过程等。加强的州的减灾规划的前提是遵照标准的州的减灾规划的要求；它整合了其他规划的相关内容，是一个综合的州的减灾规划；它还包括项目实施能力、减灾计划的能力、对减灾行动进行评估、对可利用减灾基金的有效使用，以及对一个综合减灾计划的承诺。

在地方层面，地方减灾规划（LHMP Local Multi-Hazard Mitigation Plan）的任务是制定和改善总体减灾政策和计划，以保护城市居民、财产、公共设施、基础设施和环境，减少自然灾害和人为灾害的影响。具体目标包括保护生命和财产；提高公众关注度；加强合作关系；提高紧急服务的效率；保护环境和历史。

在《基于减灾法案2000的减灾规划编制导则（Multi-Hazard Mitigation Planning Guidance Under the Disaster Mitigation Act of 2000）》中，规定了美国地方减灾规划的基本内容，即前提条件、规划过程、风险评估、规划策略、规划维持等。

此外，许多地方还制定了应急行动规划（Emergency Operations Master Plan and Procedures），主要是针对灾中及灾后的救援工作制定的；但是，此类规划不属于《减灾法案 2000》所定的减灾规划体系，它是一个具体的行动规划。

美国的地方减灾规划的编制与实施有两个很重要的背景，一是完善的法律体系。法律的保障是美国地方减灾规划有效运行的前提。美国从联邦到州、到地方，都制定有关减灾规划的各种法律规章。特别是综合性减灾基本法的制定和实施，为整合各种类型的减灾计划奠定了法律基础。在国家层面的综合性防灾法律包括《减灾法案 2000》、《罗伯特·斯塔福德减灾与紧急援助法案》、《紧急事务管理与援助法令》等。二是统一的灾害管理行政体系。当前美国的灾害管理体制采用多灾种集中统一管理的模式，这一点上不同于我国的单灾种管理模式。当多种灾害同时发生或者多种次生灾害接连发生时，多灾种集中统一管理模式可以避免单灾种管理带来的管理混乱、效率低下的问题。《罗伯特·斯塔福德减灾与紧急援助法案》授权给联邦紧急事务管理署（FEMA）负责大部分的联邦灾害应急行动计划。其主要任务是领导应对所有灾害的预防工作，在灾害发生后有效地管理联邦的应急行动和重建工作；同时，还发起灾前减灾行动计划，培训应急行动人员，管理国家洪水保险计划和美国消防局。

2. 日本

1959 年 9 月，日本发生了伊势湾台风灾害，造成 5000 多人死亡。鉴于这次灾难的经验教训，日本政府于 1961 年制定了《灾害对策基本法》。该法作为日本防灾管理的指导性根本大法，对防灾体制的建立、防灾计划的制定、灾害预防、灾害应急对策以及灾后重建对策等都做了明确的规定。根据《灾害对策基本法》（1961 年版本）第 34 条第 1 项的规定，编制防灾基本计划。防灾基本计划是由中央防灾会议制定的有关防灾的基本性计划，是其他各类防灾计划编制的依据。该计划提供一个全面长期的灾害预防计划，并把确定的事项放在防灾业务规划和地域防灾计划中。其使命是履行确保地域防灾计划和防灾业务计划的编制和实施情况、定期的检查、与防灾有关的学术研究成果的结合，并确定防灾的重要课题。

防灾基本计划的主体内容包括：建立防灾体系的最上位计划、防灾体制的确立、防灾事业的促进、灾害复兴的迅速化和适当化、防灾相关科学技术和研究的振兴，防灾业务计划与地域防灾计划中的区域减灾重点事项。根据该计划，指定行政机关和公共机关制订防灾业务计划，地方公共团体编制地域防灾计划。

防灾基本计划的内容框架包括总则、各单灾种对策、其他灾害对策，以及重点事项等。其中，总则部分包括防灾基本计划的目的与构成、防灾的基本方针、防灾条件下的社会结构变化与应对、防灾计划的效果及推进。重点内容是各单灾种的对策部分；各单灾种的对策按照预防、应急、灾后修复和复兴的时间顺序分别展开叙述。

在防灾基本计划开始实施后，1971年，防灾基本计划曾经修订过一次，其后二十多年里都没有修订过。但是，从1995年阪神大地震到2008年的13年时间里，共修订了9次。最新的版本是2008年2月18日的版本。

（二）国内城市综合防灾规划概况与发展态势

1．中国台湾地区

我国台湾地区主要借鉴参考日本的经验，发展形成了自己的城市灾害防救规划编制体系。

1994年，台湾地区行政当局颁布了《灾害防救方案》，作为全地区执行防救灾工作之依据，开始提出建立防救灾体系，但仍未提出明确的防灾规划内容。

1994年1月17日洛杉矶大地震后，台湾地区内政部门开始草拟《天然灾害防救方案》。同年4月26日华航名古屋空难后，日本有关单位处置应变明快适当，执行效率高，值得借鉴。于是将《天然灾害防救方案》扩大修正为《灾害防救方案》，以应对各种天然灾害及人为灾害。1994年8月4日颁布《灾害防救方案》。依据方案的规划，为健全防灾体制，建构整体之防灾组织网路，统一划分各层级防灾会报、救灾指挥组织，用以推行防灾之相关业务，依照行政体制，设立全地区、省（市）、县（市）及乡（镇、市、区）四级防灾体制，并于发生灾害时，设立对应的救灾指挥组织。

1995年日本阪神大地震的发生，引起了台湾各界的极大关注。

1996年台湾行政当局研考会将《灾害防救方案》列为重点执行项目，并提出应在都市计划时考虑防灾问题。

1997年，在《都市计划定期通盘检讨实施办法》修订版的第七条中，明确规定"都市计划定期通盘检讨应就都市防灾避难所、设施、消防救灾路线、火灾延烧防止带等事项进行规划与检讨"，第一次明确了规划部门在防灾方面的工作内容，这也是都市计划防灾空间系统规划最直接的法规来源。自此以后，各地在对都市发展进行检讨时，均依此规定进行。但是，这个条文毕竟过于简单，缺乏实施细则，使许多都市防灾计划流于形式，无法落实。

1999年9月21日，台湾集集大地震是一个重要的转折点，台湾地区各级职能部门加大对都市防灾的重视程度，极大地促进了防灾规划的发展。2000年颁布实施《灾害防救法》，是台湾地区第一部综合性的防灾基本法规，计有8章，包括总则、灾害防救组织、灾害防救计划、灾害预防、灾害应变措施、灾害善后复原重建、罚则、附则，共52条。其中，灾害防救计划包括灾害防救基本计划、灾害防救业务计划及地区灾害防救计划。各项灾害防救计划均包括灾害预防、灾害紧急应变对策、灾后复原重建等内容。

2000年，台湾地区建筑研究所参考了日本、美国和其他国家防灾经验，汇总岛内相关研究成果，编制完成《都市计划防灾规划手册汇编》，明确提出了都市防灾规划作业内容和作业流程。以此为标志，都市计划防灾空间系统规划正式形成。之后，经过大量的实践和研究，建研所又对该手册进行补充，于

2007年出版了《都市防灾空间系统手册汇编增修》。

防灾空间系统规划主要包括六大系统，即避难、疏散、医疗、消防、物资、警察等。避难场所分为紧急避难场所、临时避难场所、临时收容场所和中长期收容场所。防救灾动线系统包括紧急通道、救灾输送信道、消防信道、避难信道。医疗据点可以分为临时医疗场所和中长期收容场所；物资支持据点分为发放据点和接受据点。消防据点主要以消防分队作为消防指挥所，配合防灾避难圈的单元划分，分派每一消防分队的服务范围。物资据点分为物资接收场所和物资发放场所。警察据点包括警察局、警察分局和派出所，进行情报信息的汇集与灾后秩序的维护。除了六大系统外，还包括防灾避难圈的划设。

2. 中国大陆地区

目前，我国大陆的城市防灾规划基本上还处于单灾种规划阶段，防灾规划和应急规划仍作为相对独立的体系发展。应急规划较早出现在人防和抗震等领域，2003年非典事件后，应急预案编制通过自上而下的推动，基本形成覆盖各灾种和部门的完整体系。国家已经颁布实施《突发事件应对法》和《国家突发公共事件总体应急预案》，各级政府和各个行业部门也陆续开始制定各类应急预案。但是，在综合防灾规划方面，始终进展缓慢，已公布的综合性的防灾减灾规划，仅在国家层面有所涉及，例如1998年国务院颁布实施《中华人民共和国减灾规划》(1998～2010年)；2007年，国务院办公厅公布了《国家综合减灾"十一五"规划》，《国家综合减灾"十二五"规划》也正在编制过程中。在城市层面，多灾种的综合防灾规划有一些探索，但还未形成较统一的编制规范。城市规划领域中的城市综合防灾规划，在近年开始逐步地探索；而专业部门的城市综合防灾规划，则由于国家大法和专门的行政管理机构的缺失，实践案例较为少见。这也是我国开展城市综合防灾规划工作的困难性所在，与美国、日本和我国台湾地区相比，大陆地区开展综合防灾立法方面的工作较晚，更需要及早制定综合防灾的基本法，并加快城市综合防灾规划规范或标准的出台，以推动城市综合防灾规划的编制实施，提高城市的整体防灾能力，减少灾害损失。

第五节　城市综合防灾规划的相关理论与实践

一、安全城市理论与实践

(一) 安全都市：日本神户复兴计划

"安全都市"的构想源自于日本，主要从城市规划的调整开始，并落实到空间规划的层面，尤其是在遭受阪神大地震的重创后，根据此次灾害所得资料修正以往的调查资料，并对于整个城市规划系统提出修正，通过城市防灾规划与地区防灾系统的落实，以建立理想的安全都市。

1995年日本阪神大地震后，《神户市复兴计划》中有一项重要的复兴目标，就是安全都市的建构。神户市以安全都市理念建立的安全防灾都市包含四个主要的方面：①基本的考虑；②防灾生活圈规划；③防灾都市基盘；④防灾管理。

基本的考虑方面包含：①自主性生活圈的形成；②日常性灾害的调和；③市民、专业者、政府责任的分担。

防灾生活圈为确保安心的生活空间，可规划为：①近邻生活圈；②生活文化圈；③区域生活圈，并确立各生活圈内的指挥所及防救灾据点。

防灾都市基盘为确保都市安全的基本架构，规划内容为：①防灾绿轴；②防灾据点；③海陆空广域防灾据点体系；④都市生命线网络。

防灾管理可提高救灾能力，包含：①灾害预防计划；②灾时的救灾紧急应变计划；③救援复原、灾后的救援及重建计划；④防灾教育。

（二）安全都市指导方针：亚洲地区都市减灾计划

亚洲防灾中心（Asian Disaster Preparedness Center，简称 ADPC）近年来积极投入亚洲都市减灾计划（Asian Urban Disaster Mitigation Program，AUDMP），努力去减低亚洲地区受到灾害侵害都市的民众、公共设施和避难场所。2002 年，亚洲都市灾害减轻计划，针对安全都市（Safer Cities）指导方针作了一系列的案例研究，说明民众、小区、城市、政府机关和商业团体在遭受灾害前，如何建造一个安全都市。这一系列研究是提供给决策者、计划者、都市和小区的领导者和训练员，用来汇总经过证明的意见、工具、政策选择和策略，研究都来自真实经验的案例分析，作为减轻都市灾害的开端，在亚太地区成为良好的策略实施和学习课程。

（三）安全都市体系：中国台湾地区

我国台湾地区的都市防灾安全都市体系旨在建立一个安全都市为主要目标，其规划包含计划层面和执行层面，内容架构划分为四个向度，包括：①都市防救灾基本计划；②都市防救灾实质规划；③都市基盘建设与防救灾整备；④安全都市防灾管理（图 1-9）。

（四）安全城市：中国大陆地区

安全城市，是指对自然灾害、社会突发事件等具有有效的抵御能力，并能在环境、社会、人身健康等方面保持一种动态均衡和协调发展，能为城市居民提供良好秩序、舒适生活空间和人身安全的地域社会共同体。

"安全城市"寻求从多目标角度解决城市安全问题，它强调在城市安全实现的过程中，也要保证城市其他目标的实现。同样的安全事件发生，由于城市自身的原因会产生不同的灾害后果。随着人们对城市安全问题认识的加深，安全研究的重点逐渐从安全危险(或事件)转移到作为承灾体的城市系统本身。"安全城市"强调从城市系统本身考虑城市安全问题的对策，注重城市自身安全能力的建设。城市安全问题的复杂性决定了城市安全问题的解决也必须是多种手段的综合应用。

"安全城市"的含义是，通过城市自身空间和组织结构的优化，从而能够有效应对各种充满不确定性的针对城市安全的威胁（图 1-10）。

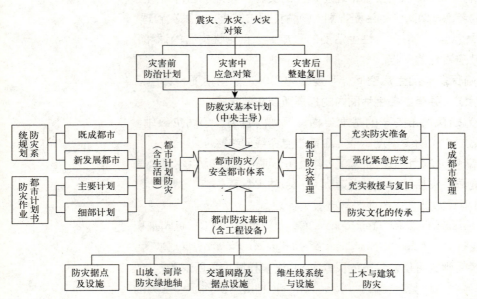

图 1-9 安全都市体系示意图

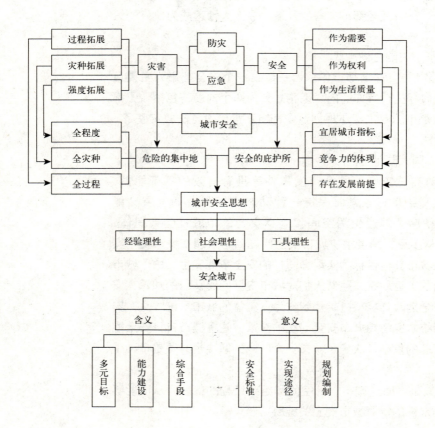

图 1-10 安全城市的概念框架图

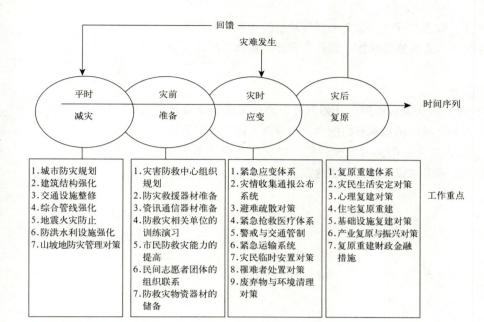

图1-11 灾害风险管理内容框架示意图

二、灾害风险管理周期理论与实践

美国联邦紧急事务管理署（FEMA）提出，灾害风险管理的工作内容与灾害循环周期关系密切，可分为减灾阶段（mitigation）、灾前准备阶段（preparedness）、紧急应变阶段（response）、复原重建阶段（recovery）四个阶段（图1-11），各阶段的工作内容与特性如下：

（一）减灾阶段

指灾害发生前一切关于预防灾害发生、减低灾害强度及降低灾害造成损失的工作。本阶段工作包含：评估灾害发生原因、发生概率、灾害形态，评估灾害可能产生的损失与危害，及降低灾害发生概率或潜在的损害。故执行的程序包含：①灾害潜势分析；②灾感度分析；③灾害危险度评析；④灾害境况模拟；⑤减灾策略的评估与执行。

（二）灾前准备阶段

本阶段的工作目标，是在现行环境、体制、资源状况下，规划与设计面临灾害时能采取的相关处置作为（夏冠群，2000），目的在于能于灾害发生前，借由事前的灾害境况模拟与处置程序的规划，将灾害造成的影响与损失降至最低，其主要工作内容如下：①灾害防救应变计划的研拟；②灾害紧急应变演习与训练；③防救灾资源与人员组织的规划与配置。

（三）紧急应变阶段

本阶段主要工作，着重于灾害来临时的应变及对损害的处置。工作的目标在于如何快速且有效地掌握即时资讯，如何提出警讯、传递与沟通，及如何因应实际灾害提供有效的配置救助人力与资源；主要工作内容包含：①即时性的灾害资讯汇集、传递、沟通与评估；②灾害预警系统的建置；③相关人力资源的确认与掌握；④救灾人力及资源配置；⑤救灾资源的管理与配置；⑥灾情回报与损失评估。

（四）复原重建阶段

本阶段工作目标在于确认灾害损失，及如何有效地将灾害受体与相关人员组织复原，使其在最短时间内恢复原有机能，并提高抗灾能力，以防止二次灾害的发生；主要工作内容为：①灾害损失评估；②灾区环境消毒与整理；③受灾户的安置与补助；④公共设施复原或重建。

第二章 城市综合防灾规划与相关专项防灾规划的关系

第一节 概述

一、城市综合防灾规划与各单项城市防灾规划的总体关系

（一）目标范围

从目标角度讲，全方位的城市综合防灾规划、城市规划中的城市综合防灾规划、各单项城市防灾规划，在总体目标和长远目标上是一致的，即都是要保障城市整体空间的安全。但是，在阶段性、区域性的具体目标上，还是有所不同。

（二）对策实施范围

从对策角度讲，全方位的城市综合防灾规划的对策类型包括空间型对策、管理型对策、法律型对策、经济金融保险型对策、宣传教育型对策、工程技术型对策等。城市规划中的城市综合防灾规划主要是制定空间性防灾对策；两者在空间层面上有重叠，但是相对而言，两者的侧重点各有不同。

城市规划中的城市综合防灾规划的核心是空间型防灾对策；其工作重点是制定各类防灾空间设施的规划目标、原则、标准、用地布局、规模容量等。就空间层面的防灾对策而言，城市规划中的城市综合防灾规划在空间方面的深度应该略深一些，但是在其他类型的防灾对策上，就略浅一些。

全方位的城市综合防灾规划虽然也包括空间型对策，但是，只是制定空间型对策的基本原则、目标和特别重要的防灾空间的布局；在空间方面，关注是整体的、特别重要的空间设施的布局问题。在其他类型的防灾对策上，全方位的城市综合防灾规划要全面许多，涉及除了空间型对策以外的各类防灾对策。其核心是管理型对策，即各项防灾事务管理权力的整合；工作重点是提出城市整体的综合防灾规划目标和原则，明确划分各相关单位的责任和权力，制定高效的城市综合防灾规划的实施运作机制，协调各单项防灾规划的关系，整合各类防灾资源，制定规划实施的保障体制，全方位提升城市的综合防灾能力。

各单项防灾规划的工作内容包括工程技术型对策、空间型对策，以及部分管理型对策；以工程技术型对策为主，空间型对策为辅，管理型对策的分量更轻。究其原因在于，各专业部门编制的各单项灾种的防治规划，由于行政权限所限，缺乏对城市各类防救灾资源进行统一调配的能力。

（三）资源整合范围

从资源整合的角度讲，城市规划中的城市综合防灾规划，是从空间层面进行整合防救灾资源；而全方位的城市综合防灾规划是从管理层面整合防救灾资源，包括空间资源、管理资源、人力资源、财力资源、物资资源等，以提高城市整体应对各种灾害的综合能力。各单项防灾规划是从工程技术层面解决防灾问题。由此可见，城市综合防灾规划的作用体现在对各类城市防救灾资源的全面整合上。

二、全方位的城市综合防灾规划与各单项城市防灾规划的协调关系

城市综合防灾规划与各单项城市防灾规划之间的关系，主要体现在目标、对策、资源整合、实施保障方面（图2-1）。那么，具体而言，全方位的城市综合防灾规划与各单项城市防灾规划的工作交叉点体现在防灾规划的目标、原则、基本标准、重要设施的布局、灾害信息共享平台的构建、灾害监测与预警、防灾技术的研究与推广计划、资金、救灾物资等保障措施的实施方面。

（一）灾种选择与风险评估

以城市抗震防灾规划为例，两者在针对的灾害类型上是不同的。城市抗震防灾规划主要针对的是地震及其次生灾害；而广义

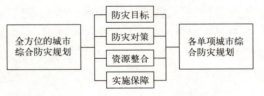

图2-1 全方位的城市综合防灾规划与各单项城市综合防灾规划的关系示意图

的城市综合规划除了地震这一灾害种类之外，还包括火灾、水灾、地质灾害、风灾等其他灾害类型，所覆盖的范围要广泛得多；当然还需要根据不同灾害对城市影响大小的不同而有所区别。全方位的城市综合防灾规划针对的主要灾害类型是对城市有全局性、经常性影响的、高风险的重大灾害类型。城市主要影响灾种的确定，需要对城市所有的灾害类型的影响地域范围、发生频率、损失大小、持续时间等特征进行充分的分析和评价，从而找出最主要的影响灾种类型，以及受这些灾种影响最严重的空间地域范围。

对于城市抗震防灾规划而言，对灾种的分析，基本上是地震灾害的主要次生灾害类型的判断，以及地震及其主要次生灾害的影响范围。这些工作也是风险评估的主要工作内容，风险评估是全方位的城市综合防灾规划和城市抗震防灾规划共同包括的内容，只是侧重点不同。

（二）对策的阶段性

在灾害对策的阶段性方面，全方位的城市综合防灾规划包括灾前预防、灾中应急救援、灾后恢复重建三个阶段的对策策略。在三个阶段的对策中，最重要的是灾前的预防措施；其次是灾中的应急救援；再次是灾后的恢复重建。

在灾前预防阶段，需要对城市历史上发生过的历次重大灾害进行经验总结和教训分析，对其他地区的有重大影响的灾害事件的经验教训进行总结，对现有城市防救灾工作中的优势和劣势进行深入分析，结合当地的自然地理环境特点和社会经济条件，需要制定十分详细和周密的预防措施。

在灾中应急阶段，目前我国各地的现实情况是基本依靠应急预案；这在汶川大地震之后表现得非常突出。各个预案都是由各个专业部门分别制定的，预案的类型包括应对各单灾种的应急预案和城市突发事件总体应急预案。这里的核心问题有两个，一是统一的防灾事务管理部门的成立、管理权力的集中、综合防灾管理体制的建立，灾前预防与灾中应急的良性对接是全方位的城市综合防灾规划能够顺利高效实施的基础；二是应急预案侧重于灾时的应急救援，侧重于政府救援；但是，如何在灾前就能开展一系列的防灾知识的宣传和防灾演习，提高民众的防灾和救援技能，以便在灾害来临时，尽可能地降低损失。广泛动员民间力量，做好防灾宣传教育的工作，大力开展防灾社区的建设，是全方位的城市综合防灾规划需要重点考虑的问题。

在灾后重建阶段，全方位的城市综合防灾规划主要是提出重建规划的目标和原则，以及重建规划实施的保障机制。这里一个很重要的方面是，需要针对灾后重建过程中的灾民救助、灾区援助、经济赔偿、土地重整、金融保险等工作需要事先能够制定一系列的法律法规，以及地方的规章制度。以便在灾害发生之后，很多救灾重建工作的开展有法可依。

对于以城市抗震防灾规划为代表的各单项防灾规划而言，其工作的重心基本上都是在灾前的预防阶段，灾中的应急救援主要依靠各单项灾种的应急预案，灾后的重建工作基本上都没有涉及。

（三）城市综合防灾管理信息平台

城市综合防灾规划的顺利实施，在一定程度上，有赖于城市综合防灾管理信息平台的成功构建。城市综合防灾管理信息平台的功能包括三个方面：一是所有灾害信息的汇总整理、统计与分析，灾害的监测，预警的发布等；二是日常所有防灾规划的编制审批管理、防救灾建设项目的建设质量跟踪管理和日后的运营维护管理；三是灾中的应急救援工作的组织、救灾命令的传达、救援物资设备和人员的调配、灾情信息的发布、救灾安置工作的进展、灾后重建工作的进展、相关法规政策规划的公示、信息发布、防灾知识和技术的展示等。

对于城市综合防灾规划而言，其管理信息平台的建立，包括了所有灾种的信息和所有类别防灾规划的信息，是一个全覆盖的平台。而对于各单项防灾规划的管理信息平台来讲，只是城市综合防灾管理信息平台的一个重要组成部分。

（四）保障措施

全方位的城市综合防灾规划的重要内容之一是各类防救灾资金、经济赔偿与援助、灾害金融保险制度、灾害援助与救助的法律法规政策的制定出台、防救灾物资与设备等保障性设施的布局和管理体制等。对各单项防灾规划而言，保障措施也是组成内容之一，但是，就目前的规划实践来看，对这些内容不够重视，其分量还是偏弱，内容偏少。全方位的城市综合防灾规划中的保障措施，内容需要更为全面，需要为城市的综合防灾工作制定一个总体的保障制度体系，为各单项防灾规划的保障措施制定一个基本目标和原则。

三、城市规划中的城市综合防灾规划与各单项城市防灾规划的协调关系

城市规划中的城市综合防灾规划的核心是空间型防灾对策；其工作重点是制定各类防灾空间设施的规划目标、原则、标准、用地布局、规模容量等（图2-2），这也是其与各单项防灾规划相交叉的地方。各单项防灾规划中有关空间性的内容和措施，需要与城市综合防灾规划相协调。城市综合防灾规划中的空间性对策是制定各单项防灾规划的原则和对策框架，各单项防灾规划的空间性对策应以不违反城市综合防灾规划为原则。当然，各单项防灾规划的部分成果也是编制城市综合防灾规划的基础依据。具体而言，在灾害区划与防灾分区、城市防灾设防标准的确定、城市用

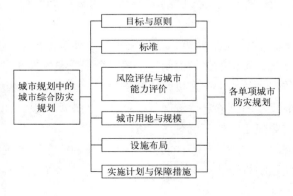

图 2-2　城市规划中城市综合防灾规划与各单项城市防灾规划的关系示意图

地选址的安全性、城市重要设施的安全优化等方面，两者具有重叠性。例如各单项防灾规划中的防灾分区是在各单项灾种的灾害区划基础上进行划分的，城市综合防灾规划的防灾分区是在综合各单项防灾规划的防灾分区的基础上进行划分的，也就是说，城市综合防灾规划是在结合了多灾种的灾害区划的基础上进行划分的。就防灾标准而言，各单项防灾规划中制定的设防标准是编制城市综合防灾规划的依据；而城市综合防灾规划中明确的需要重点考虑的重要公共设施的设防问题，也是各单项防灾规划应该特别注意的地方。

（一）总体目标与防灾标准

城市规划中的城市综合防灾规划与各单项防灾规划在总体目标上是一致的，都是从保证城市的总体安全，减少灾害带来的损失；两者在具体目标上存在一定程度的差异。

新中国建立以来，我国城镇经历了无数次灾害的侵袭，也具有大量战胜和克服灾害的经验，包括不重视设防的惨痛教训。无数事实教育我们："设防的城市"应该是城市诸多目标中最重要的一个。

城市防灾设防标准的确定是城市规划中的城市综合防灾规划和各单项防灾规划都要明确的主要规划内容之一。不论是各单项城市防灾规划还是城市综合防灾规划，设防标准的确定是基于外部风险评价的影响，它不能仅仅从成本效益出发，而更多的是从城市自身社会发展的角度考虑。

（二）风险评估与城市防灾能力评价

城市综合防灾规划的首要任务就是要在城市面临的众多灾害类型中，把那些影响范围大、发生频率高、造成损失严重、风险程度高或者潜在风险高的灾害种类选出来，对各个灾害的分布位置和风险程度进行叠加，得到城市的综合灾害风险图。从这张风险图上可以看出，每个城市区域内所面临的高风险的灾害种类，以及这些灾害的影响范围等关键要素信息。多灾种的综合风险图是进行城市综合防灾规划和城市总体规划的重要依据。避难场所和疏散通道系统的布局，防救灾公共设施的布局，土地利用的合理开发都需要在科学的灾害风险评估的基础上进行。

各单项城市防灾规划的风险评估只需要针对单一灾种及其次生灾害进行评估，内容的广度上不如城市综合防灾规划，但是，深度上要比城市综合防灾规划的要深。

城市防灾能力评价是指针对城市防灾救灾减灾的各项硬件和软件设施，评价其在灾害来临时能够发挥出其应有能力的效果。对城市规划中的城市综合防灾规划而言，城市防灾能力评价就是城市综合防灾能力评价，需要评价城市中针对不同灾害类型的、在不同阶段使用的、不同部门的防灾救灾设施的效力情况。而对各单项城市防灾规划而言，只是针对单一灾害类型及其主要次生灾害的防灾救灾设施。各单项城市防灾规划中的城市防灾能力评价应是城市综合防灾规划中城市综合防灾能力评价的基础和重要组成部分。

(三) 城市用地安全与防灾分区

1. 城市选址的安全性

城市选址的安全性，对于城市未来的可持续发展至关重要。各单项防灾规划是从单灾种的风险角度，评判某地区的风险程度高低；而城市综合防灾规划是从多灾种的角度，综合评判某地区的综合风险程度高低。城市综合防灾规划对于土地的风险评估，是基于各单项灾种防治规划的风险评估的。城市规划和项目用地的选择，特别是那些重要公共设施的布局，必须在经过多个主要影响灾种的综合评价后，方可慎重确定。

平原广阔、水陆交通便利、地形有利、水源丰富、地形高低适中、气候温和、物产丰盈以及良好的山川河湖等自然条件是中国古代城市选址首先注重的因素，反映了古人尊重、崇尚自然的观念和善于利用自然的优良传统，尤其是在处理城乡关系、确定城市规模和功能布局等方面的思想与经验更突出地体现了当时城市规划科学的成就。

城市选址总原则是：实事求是、保证安全、技术可行、经济合理、近远结合、立足迁建、兼顾发展，综合考虑政治、经济和社会环境的效益。

城市新城或城市新区选址一般会有两种方案：一种方案是避开灾害易发地区进行城市新区的选址。适用于：灾害危险程度很高，一旦发生灾害危害很大，用地防灾处理成本过高，且城市发展空间充裕的情况。另一种方案是对于灾害易发地区进行防灾或减灾处理后进行城市新区建设。适用于：灾害危险可以通过工程处理和防灾设施建设有效控制，防灾工程成本处于可以接受的范围内，或者城市缺少别的可以发展的空间的情况。

城市的灾后重建是特殊的城市选址问题。历史上，一些有名的城市因为大规模自然灾害的发生而遭受重大打击，有时候甚至接近于毁灭；其中比较著名的案例有唐山（地震）、东京（关东地震和第二次世界大战轰炸）、墨西哥城（地震）、神户（地震）、纽约（9·11恐怖袭击）等。这些城市的重建过程中，如何选择城市建设用地？一种方案是原址恢复重建，城市布局形态没有大的改变。这种情况比较适合于灾害打击较轻的城市，城市的主体没有遭受毁灭，原址重建成本较低。但重建的用地性质可以根据防灾要求作新的考虑，建筑和各种设施的防灾性能会有所提高。原址重建还有一个因素是民众对于原来城市的认同感和归属感，不愿意离开原来的家园。例如纽约、神户、东京。另一种方案是总体上原址重建，但城市布局形态发生了很大变化。这种情况一般出现在一些遭受毁灭性打击的城市，城市原有的人员和建筑大部分遭到摧毁，而且如果不调整布局，对于防灾十分不利。重建中对于城市原址的灾害危险程度重新评估，重建的地区避开灾害危险地段。

2. 灾害区划与防灾分区

(1) 灾害区划

自然灾害在区域和城市空间上的分布存在着差异性，地区之间的分布具有由量变到质变过渡的性质。按此可分为不同的灾害区，并按从属关系得出完整的区域灾害划分的等级系统，即为自然灾害区划。灾害区划是灾害学研究的重点内容之一。

灾害区划的目的包括认识区域自然灾害发生发展的时空分布规律；认识区域自然灾害发生的类型、强度、造成的损失等基本问题；灾害区划是进行各类防灾规划的基础。针对单灾种的灾害区划是进行各单项灾种防治规划的基础，针对多灾种的灾害区划是进行综合防灾规划的基础。

灾害区划包括单灾种区划和多灾种区划。单灾种区划的灾害类型包括地震、洪水、地质灾害等；多灾种区划则包括了多种灾害类型。目前，我国在灾害区划针对单项灾种、在区域层面开展的研究相对较多；而针对多灾种、在城市层面的研究相对较少。

1）单灾种区划

以地震灾害为例。我国是地震强烈国家之一。我国位于地震区（地震基本烈度为6度和6度以上的地区）的城市占我国城市总数的80%以上，其中，大中城市中，有80%位于地震区；而且大中城市有一半以上位于地震基本烈度为7度和7度以上的地区，其中，北京、天津、西安、兰州、太原、包头、呼和浩特等百万人口以上的大城市都位于基本烈度为8度的高烈度区内。一旦发生强烈地震，造成的损失将是十分严重的。

2）多灾种区划

1994年中国科学院地理研究所根据中国主要气象灾害分析的10种气象灾害资料，首先通过春、夏、秋、冬各季主导气象灾害的频率分布，构成各季节气象灾害地域组合类型，再依据综合区划原则，确定出各季综合灾害区：春季划分成6个综合灾害区，夏季划分成5个综合灾害区，秋季则分成4个综合灾害区，冬季划分成3个综合灾害区。

2005年，北京师范大学环境演变与自然灾害教育部重点实验室依据灾害系统理论和中国自然灾害数据库，构建了综合城市化水平指标和综合自然灾害强度指标，运用数字地图技术，在模型与图谱互馈过程中，实现了中国城市承灾体与致灾因子的综合定量评价，编制了中国城市自然灾害区划图。将中国区划为3个一级区，即沿海城市灾害区、东部城市灾害区和西部城市灾害区，以及15个二级区和22个三级区。

总体而言，一类地区主要分布在中国西部，少数在西南和北部，经济欠发达、自然灾害直接经济相对损失（多年灾害平均直接经济损失与国内生产总值之比）中等或较强、抗灾能力较弱。该地区是我国最干旱的地区，为典型大陆性气候，河流多属内陆水系；人口密度较低。主要灾害是干旱、雪灾、地震，其次为沙尘暴、滑坡、泥石流、山洪；主要影响农牧业生产。

二类地区为大部分分布在中国中部，少数在东北、华北、西南等地，经济发展水平中等、自然灾害直接经济相对损失中等、抗灾能力中等。该地区北部受极地反气旋影响较大，南部为亚热带多雨区，为大江大河中游地区；人口密度中等或较大。主要灾害是干旱、洪涝、地震、冻害、风雹、农业病虫害，其次为滑坡、泥石流、森林自然灾害；主要影响农业、工业、交通运输。

三类地区分布在中国东部沿海地区，经济较发达、自然灾害直接经济相对损失中等或较弱、抗灾能力较强。受副热带高压与热带气旋影响最大，为大江大河下游地区；人口密度大。主要灾害是洪涝、干旱、台风、风暴潮，其次为风雹、泥石流、地面沉降；主要影响工业、城市、农业。

(2) 防灾分区

防灾分区是指根据城市的自然地理环境条件、灾害分布特征、行政区划、人口经济社会条件等综合因素，对城市空间中的防救灾空间和减灾设施进行科学配置，把城市空间划分为不同的防灾单元。

灾害区划是进行防灾分区的重要基础，但不是唯一条件。防灾分区的开展还必须考虑城市的其他因素。

防灾分区是在灾害区划的基础上进行的。各单项防灾规划如此，城市综合防灾规划也如此。当然，城市综合防灾规划还需要根据不同灾害的区划结果、各单项防灾规划的防灾分区结果，综合考虑，进行城市的综合防灾分区工作。

(四) 重要防救灾公共设施与生命线系统管线设施

城市中重要公共设施的安全优化，是城市规划中的城市综合防灾规划的重要工作内容。因为这些设施如果在灾害中遭受重大破坏，则对城市造成严重损失，给灾后的及时恢复和顺利重建工作带来很大障碍。各单项防灾规划是从单灾种的角度，考虑城市建筑包括重要公共设施的安全问题；而城市综合防灾规划，则需要从多灾种的角度出发，考虑重要公共设施的安全优化问题。

1. 城市重要公共设施的类型

①大量人群聚集和占用的设施：中小学校、大型的住宅公寓和办公建筑、体育场馆、剧院、百货商场或购物中心、交通枢纽，如火车站、长途汽车站、地铁枢纽站、机场等。

②救灾设施：医院、消防、警局、应急指挥中心、政府机关等。

③重要的政府功能：中央、省级、市县级政府大楼等。

④有突出象征价值的代表性公共设施：与国家力量和价值紧密联系的著名构筑物和场所，国家和历史纪念碑、宗教机构、大众文化中心。

⑤重要的工业和商业设施：重要的制造工厂、金融区、炼油厂和银行；它们的破坏可能会严重削弱经济。

⑥基础设施中的节点：大桥、机场、地铁站、海运港口、变电站、主要的道路交叉口。这些部分的破坏会导致基础设施网络的连续破坏。

⑦在网络中有特殊地位的建筑或其他结构设施：例如，在卫生系统中主要的研究性医院，区域医学中心或者跨越大湖、大河的连接不同区域的重要桥梁或隧道。

⑧特别易损的结构和场地：包括位于地震断裂带、地质灾害易发区、沿

着飓风影响海岸布置或者毗邻固定的或可移动危险物质的结构设施,以及形态奇异、过高、过长、过大的建构筑物。

⑨存在较大内部危险的设施:固定位置的危险物质生产、储藏以及转移设施;核电站、大坝等,它们的破坏将会导致场地附近的灾难性影响。

⑩特别易损的公共设施:医院、保健疗养设施、护理场所、老年公寓、养老院、精神病治疗机构、残疾人学校和服务中心、中小学校、应急庇护所。灾害发生时,处于其中的人群与正常人群相比,缺乏自我救助的能力。

2. 优化内涵

提高城市重要目标安全性的途径很多,考虑应对多灾种的损害,要进行全方位的安全保障。针对自然灾害要有合理的选址、针对事故灾害要进行安全的用地布局、针对故意破坏要进行周界的防卫保护。从目标本身考虑,需要提高其工程结构的耐灾性;从城市规划角度考虑,应更加关注通过城市内部空间结构优化的方法来提高城市的耐灾性。下面分别就空间特征呈点状的公共设施和空间呈网络状的生命线的优化进行讨论。

以公共设施为例,设施多重化是公共设施优化的重要原则。城市的重要功能应由多种设施加以保障。同类设施的冗余配置和小型化也有利于安全的保障。设施安全的一个重要原则就是要减少处于危险中的重要元素的集中,由一个中心设施提供的服务同那些由几个小一点的设施提供的服务相比总是更加危险。日本的中央灾害通信系统就是一个典型的例子。考虑到流量太大或者灾害导致的破坏引起公共电话线路被堵塞,日本内阁办公室为了保障指定部门和公共组织之间的通信,准备了中央灾害管理无线通信系统。另外准备了固定的电话和传真热线通信网络,一个能够传输可视数据的线路被准备用来接收通过直升机等获得的图像,使得远程会议能够举行。一个利用卫星通信线路的通信系统也已经被建设作为地面通信网络的补充。

以生命线系统为例,城市生命线网络在自然灾害时易损,并影响广大地区。网络系统扩展得越大,易损性就越大。网络可靠度的提高牵涉到选择多样性的提供。要有多个供给源,供给线路也要有多种选择机会。例如,城市供热管网按照热源与管网的关系可分为区域网络式与统一网络式两种形式。前者为单一热源与供热网络相连;后者为多个热源与网络相连,较前者具有更高的可靠性,但系统复杂。生命线系统实行分散化和自立化也有利于其耐灾性。系统的规模越大,破坏后影响的范围就越大,修复越不容易。因此,适当实行小型化、分散化和自立化,对系统的防灾减灾是有利的。生命线系统的安全可靠性在很大程度上取决于网络的拓扑结构形式。对于大型复杂的生命线工程系统,即使单元结构具有较高的安全可靠度,还是经常会出现丧失服务功能(如断水或断气)的网络节点。通过在必要的位置增设或删除管段使网络系统功能达到最优,是拓扑优化的基本含义。唐山在灾后重建中生命线系统的规划很好体现了这些原则。供水采用多水源分区环形供水方案,用水量大的企业采用自备水源,尽量保留城市土井。

供电采用多电源环路供电的方法，将京、津、唐四个电站用 22 万伏高压线路并网使用，防止一处电源破坏而全部停电。通信采用有线与无线相结合，机房分开建设的方法利于灾时的通信联络。

（五）实施对策与保障措施

就实施对策与保障措施的类型而言，城市规划中的城市综合防灾规划和各单项城市防灾规划是一致的，都包括具体的规划实施行动计划、实施建议，以及涉及各部门协调的保障性措施。例如，灾害的科学技术研究、灾害监测与预警、灾害相关知识的宣传与教育、避难技能的培训、灾害信息平台的建立、救灾物资的储备，以及储备设施的规划建设等。

第二节　城市综合防灾规划与城市主要专项防灾规划的关系

一、城市综合防灾规划与城市抗震防灾规划的关系

（一）城市抗震防灾规划的内容要点

1. 法规依据

编制城市抗震防灾规划的依据包括：《中华人民共和国防震减灾法》、《中华人民共和国城乡规划法》、《中华人民共和国突发事件应对法》、《破坏性地震应急条例》、《建设工程抗御地震灾害管理规定》、《城市抗震防灾规划管理规定》、《中国地震动参数区划图》、《建筑抗震设计规范》、《构筑物抗震设计规范》、《建筑抗震鉴定标准》、《城市抗震防灾规划标准》、《建筑工程抗震设防分类标准》、《工程场地地震安全性评价技术规范》、《地震应急避难场所场址及配套设施》、《室外给水排水和燃气热力工程抗震设计规范》；其他依据还包括：省防震减灾条例、省破坏性地震应急预案、省城市总体规划抗震防灾专业规划编制要点、城市总体规划、城市国民经济和社会发展规划、城市（主城区）地震动参数小区划工作报告、国家其他有关技术标准，建设部和省市其他相关规定。

2. 目标与原则

编制城市防震减灾规划，应贯彻"预防为主，防、抗、避、救相结合"的方针，遵循统筹安排、突出重点、合理布局、全面预防的原则，以震情和震害预测结果为依据，并充分考虑人民生命和财产安全及经济社会发展、资源环境保护等需要，以人为本，平灾结合、因地制宜、突出重点、统筹规划，采取合理可行的对策，尽可能地提高抗震防灾意识，最大限度地减轻未来地震灾害的损失。

城市抗震防灾规划的防御目标应根据城市建设与发展要求确定，必要时还可区分近期与远期目标，并应达到以下基本防御目标：

①当遭受多遇地震影响时，城市功能正常，建设工程一般不发生破坏；

②当遭受相当于本地区地震基本烈度的地震影响时，城市生命线系统和重要设施基本正常，一般建设工程可能发生破坏但基本不影响城市整体功能，

重要工矿企业能很快恢复生产或运营;

③当遭受罕遇地震影响时,城市功能基本不瘫痪,要害系统、生命线系统和重要工程设施不遭受严重破坏,无重大人员伤亡,不发生严重的次生灾害。

同时,对于城市建设与发展特别重要的局部地区、特定行业或系统,可采用较高的防御要求。

3．主要内容

防震减灾规划的主要内容应当包括:总则、震情形势和防震减灾规划总体目标、城市用地、基础设施、城区建筑、地震次生灾害防御、避震疏散、信息管理系统等。具体内容如下:

①地震的危害程度估计,城市抗震防灾现状、易损性分析和防灾能力评价,不同强度地震下的震害预测等。

②总体抗震要求:城市总体布局中的减灾策略和对策、抗震设防标准和防御目标、城市抗震设施建设、基础设施配套等抗震防灾规划要求与技术指标。

③建设用地评价与要求:城市抗震环境综合评价,包括发震断裂、地震场地破坏效应的评价;抗震设防区划,包括城市用地的抗震适宜性分区和危险地段、不利地段的确定,提出用地布局要求;城市规划建设各类用地选择与相应的城市建设抗震防灾要求。

④重要建筑、超限建筑、新建工程建设、人员密集的教育、文化、体育等设施、基础设施规划的布局、建设与改造要求,建筑密集或高易损性城区改造,火灾、爆炸等次生灾害源,避震疏散场所及疏散通道的建设与改造等抗震防灾要求和措施。

⑤规划的实施和保障:包括防震减灾技术、信息、资金、物资等实施保障措施。

此外,还包括地震监测台网建设布局,地震应急救援措施等。

例如,《武汉市抗震防灾规划(2010—2020)》的主要内容如下:

①前言。

②总则:规划编制目的、规划编制依据、规划范围和期限、规划目标、指导思想和原则、规划编制模式、规划工作区划分。

③基本概况:自然条件、行政区划、经济发展水平、土地利用与城市建设、城市总体规划概况。

④地震活动分析及地震动参数分区:区域地震带分布、区域地震活动、区域地震构造环境、近场地震环境、场地地震动参数分区。

⑤抗震防御目标、设防标准及基本体系:地震灾害的基本特征、城市抗震防灾工作回顾、武汉市抗震防灾的SWOT分析、抗震防御目标、抗震设防标准、抗震防灾基本体系。

⑥抗震防灾分区:分区目的、分区的影响因素分析、案例研究、分区原则、分区方案。

⑦城市用地抗震防灾规划：地震工程地质条件、城市用地抗震防灾类型分区、场地地震破坏效应及地质灾害的影响、工程抗震土地利用评价、城市用地抗震适宜性分区、城市用地抗震防灾措施。

⑧城区建筑抗震防灾规划：城区建筑基本概况、城区建筑抗震性能评价、抗震薄弱区划定、建筑物震害损失估计、城区建筑抗震防灾措施。

⑨地下空间抗震防灾规划：地下空间概况、地下空间规划概况、地下空间抗震性能评价、地下空间抗震防灾措施及建议。

⑩次生灾害防御规划：主要地震次生灾害的类别及防御重点、现状次生灾害危险源抗震性能评价、地震次生灾害危险性分析、次生灾害防御措施。

⑪避震疏散场所规划：避震疏散模式及场所分类、避震疏散场所规划标准及避震人口核算、避震疏散场所布局规划、避震疏散责任区划分、避震疏散场所建设要求。

⑫基础设施保障规划：城市基础设施抗震综述、供水系统抗震防灾规划、供电系统抗震防灾规划、交通系统抗震防灾规划、消防系统抗震防灾规划、通信邮政及广播电视系统抗震防灾规划、抗震救灾应急指挥及物质保障规划。

⑬地震监测环境保护：地震监测台网现状、地震监测环境保护要求。

⑭近期建设规划。

（二）城市综合防灾规划与城市抗震防灾规划的相互关系

地震灾害，对我国大部分城市来讲，都是主要的灾害类型，也是对城市的长期发展有全局性影响的主要灾种之一。对已经编制完成抗震防灾规划的城市而言，抗震防灾规划的成果是编制综合防灾规划的重要支撑；对目前尚未编制抗震防灾规划的城市而言，城市综合防灾规划将为未来的抗震防灾规划提出原则和目标。

抗震防灾规划主要从以下几个方面影响综合防灾规划：城市现状抗震防灾能力评估、风险图绘制、建筑物抗震设防标准的确定、防灾分区的划设、避难场所和疏散通道体系的布局、生命线系统、次生灾害的防治规划等。

其中，城市综合防灾规划中的防灾分区、避难场所和疏散通道的布局，次生灾害的防治、与抗震防灾规划中对应设施的布局，在一定程度上有重叠；但是，综合防灾规划还需要结合其他主要灾种的影响范围，经过综合分析后才能最终确定。

1. 防灾目标与标准

城市综合防灾规划中关于应对地震灾害的目标，应与城市抗震防灾规划的基本目标保持一致；两者在应对地震灾害的最终状态和效果上是统一的。关于建构筑物的抗震设防标准，也应保持一致。例如，对于某城市建筑物的抗震设防，如果城市抗震防灾规划规定是按照七度设防，那么，城市综合防灾规划在建筑物的抗震设防标准上也应设为七度。

2. 风险评估与城市防灾能力评价

(1) 风险评估

在城市综合防灾规划中，风险评估是针对不同的灾害类型，进行综合性评价，以找出对城市影响最大的若干灾害类型，以及城市中受灾害影响最重的若干地区。

在城市抗震防灾规划中，由于针对的主要灾害对象非常明确，即地震，那么风险评估主要是找出受地震影响而带来的主要次生灾害的类型，以及其空间分布特征。

(2) 城市防灾能力

在城市综合防灾规划中，城市防灾能力是指城市综合防灾能力，即汇集城市中所有的防灾救灾资源后，所能达到的减灾水平；包括各种硬件设施和软件环境；它主要应对城市的主要影响灾种，当然，次要灾种的应对能力也不容忽视。

在城市抗震防灾规划中，城市防灾能力主要是指应对地震及其主要次生灾害的能力。

城市抗震防灾能力是城市综合防灾能力的重要组成部分，特别是对那些以地震为主要灾害类型的城市而言。

在具体的操作方法上，城市抗震防灾规划主要关注城市中建构筑物的抗震能力；而在城市综合防灾规划则需要关注建构筑物的各方面的防灾能力，例如除抗震能力外，还包括耐火能力、抗风能力、抗地质灾害的能力等。

3. 城市用地的防灾措施

城市用地的防灾措施，主要是指通过调整土地利用方式，来达到减灾的效果。这里包括两方面的内容，一是城市规划用地的选址，二是城市建成区土地利用方式的调整。

(1) 城市规划用地的选址

城市规划用地的选址，主要是针对新建建筑而言的，需要通过对备选用地进行安全性评价，根据评价结果来定是否可以作为建设用地来使用；避免将新建建筑设在用地安全性较差的土地上。

对城市综合防灾规划而言，城市用地安全性评价需要考虑地震、洪水、火灾、地质灾害，以及其他主要灾害的影响，综合确定城市用地的安全性。对城市抗震防灾规划而言，城市用地抗震适宜性评价则主要考虑地震灾害的影响。城市抗震防灾规划的用地安全性评价结果，是进行城市综合防灾规划进行用地安全性评价的基础。

(2) 城市建成区土地利用方式的调整

城市建成区土地利用方式的调整，主要是针对建成区中存在灾害隐患较大的地区，或者已经遭受严重灾害损失、频频受灾的地区。例如，如果建成区是地质灾害频发的地区，就需要限制该地区的建设规模，并限制将重要性等级较高的公共建筑设在此地，如果已有重要建筑建在此地，则需要制订适当的防灾计划，或搬迁、或加固改造、或置换功能等。

4. 城市重要设施的防灾措施

(1) 重要防救灾公共设施的防灾措施

在城市综合防灾规划中，各类各等级建构筑物抗震设防标准的确定，需要与抗震防灾规划中确定的标准相一致。当然，城市建筑的防灾措施除了抗震方面的考虑外，还包括防火、防空袭等方面的对策。城市综合防灾规划的建筑防灾措施，其对策涉及的面要广泛；而城市抗震防灾规划，在建筑抗震这一个点上，其深度相对要深。

在进行城市抗震防灾规划时，应结合城区建设和改造规划，在抗震性能评价的基础上，对重要建筑和超限建筑抗震防灾、新建工程抗震设防、建筑密集或高易损性城区抗震改造及其他相关问题提出抗震防灾要求和措施，例如区域性的拆迁、加固和改造的安排等。

在抗震防灾规划时，应考虑的城市重要建筑包括：现行国家标准《建筑工程抗震设防分类标准》GB 50223 中的甲、乙类建筑；城市的市一级政府指挥机关、抗震救灾指挥部门所在办公楼；其他对城市抗震防灾特别重要的建筑。应提出城市中需要加强抗震安全的重要建筑；对特定的重要建筑应进行单体抗震性能评价，并针对重要建筑和超限建筑提出进行抗震建设和抗震加固的要求和措施。

对城区建筑抗震性能评价应划定高密度、高危险性的城区，提出城区拆迁、加固和改造的对策和要求；应对位于不适宜用地上的建筑和抗震性能薄弱的建筑进行群体抗震性能评价，结合城市的发展需要，提出城区建设和改造的抗震防灾要求和措施。

对于建筑来说，一般可以按以下原则进行抗震处理：尽量选择有利于抗震的场地和地基，针对不同场地与地基，选择经济合理的抗震结构；建筑物平面布局中，长宽比例应适度，平面刚度应均匀，对建筑物应力集中的部位要在构造上加强；加强部件之间的联结，并使联结部位有较好的延性；尽量不做或少做地震时易倒塌脱落的构件；尽量降低建筑物重心位置，减轻建筑物自重；确保施工质量。

(2) 避难场所与疏散通道的防灾措施

避难场所与疏散通道，是城市综合防灾规划和城市抗震防灾规划的核心内容之一。城市抗震防灾规划中确定的避难场所与疏散通道的选址，虽然经过了地震安全性等方面的评价，但是，如果放到城市综合防灾规划中，还必须经其他主要灾害安全性的评价，才能作为综合防灾的避难场所和疏散通道。两者的差别就在于考虑的主要灾害类型不同。因为不同灾害类型的作用方式不同、影响的地域范围不同、持续时间不同等特点，其所要求的避难场所也应具有不同的特征。对城市综合防灾规划而言，避难场所和疏散通道的设置，需要考虑城市主要灾种的影响，经过综合比较分析后，而后慎重确定。

在避难场所的规划流程上，两者是相同的，都包括以下几个步骤：避难人口预测、潜在的避难用地资源调查与有效性评价、避难场所的等级划分、各等级避难场所服务半径的确定、确定人均避难用地指标、避难场所选址的确定。

例如，在进行避震疏散规划时，应对需避震疏散人口数量及其在市区分布情况进行估计，合理安排避震疏散场所与避震疏散道路，提出规划要求和安全措施。需避震疏散人口数量及其在市区分布情况，可根据城市的人口分布、城市可能的地震灾害和震害经验进行估计。在对需避震疏散人口数量及其分布进行估计时，宜考虑市民的昼夜活动规律和人口构成的影响。

对城市避震疏散场所和避震疏散主通道应针对用地地震破坏和不利地形、地震次生灾害、其他重大灾害等可能对其抗震安全产生严重影响的因素进行评价，确定避震疏散场所和避震疏散主通道的建设、维护和管理要求与防灾措施。城市的出入口数量和避难场所的出入口数量应根据城市或避难场所的等级规模来确定。

（3）重要基础设施的防灾措施

城市综合防灾规划和抗震防灾规划均需要对城市重要基础设施制定合适的防灾措施。

重要基础设施防灾措施的内容主要包括确定评价的对象和范围、找出各设施系统中的重要节点和薄弱环节、提出基础设施规划布局、建设和改造的抗震防灾要求和措施。对城市基础设施系统的重要建筑物和构筑物应按照有关重要建筑的规定进行安全性评价，制定规划要求和措施。

对城市抗震防灾规划而言，基础设施的防灾措施主要是针对抗震方面的要求；而对于城市综合防灾规划而言，基础设施的防灾措施则除了抗震外，还包括消防、防洪、防地质灾害等方面的对策。

5. 实施对策与保障措施

在实施对策与保障措施的类型方面，城市抗震防灾规划与城市综合防灾规划应保持一致。就内容而言，城市抗震防灾规划更为具体，而城市综合防灾规划更为宏观。城市抗震防灾规划中的一些原则性和框架性实施措施，也是城市综合防灾规划实施措施的重要组成部分。

二、城市综合防灾规划与城市防洪规划的关系

（一）城市水灾防治规划的内容要点

1. 法规依据

编制城市防洪规划除执行《中华人民共和国防洪法》、《中华人民共和国城乡规划法》、《中华人民共和国水法》、《中华人民共和国河道管理条例》，还应同时执行相关标准、规范的规定。现行的相关标准、规范主要有：《防洪标准》GB 50201—94、《城市排水工程规划规范》GB 50318—2000、《城市工程管线综合规划规范》GB 50289—98、《堤防工程设计规范》GB 50286—98、《泵站设计规范》GB/T 50265—97、《城市防洪工程设计规范》CJJ 50—92 等。国家规范《城市防洪规划规范》正在编制中，征求意见稿已于 2008 年 4 月公布。

2．目标与原则

城市防洪规划期限应与城市总体规划期限相一致，规划范围应与城市总体规划范围相一致。城市防洪规划应以流域防洪规划为依据，在流域防洪规划指导下开展，与流域防洪有关的城市上、下游治理方案应与流域防洪规划相一致；城市范围内的流域性工程应与流域防洪规划相统一；城市范围内行洪河道的宽度等具体参数应根据流域防洪规划要求作进一步的比选、优化。

城市防洪规划应贯彻"全面规划、综合治理、防治结合、以防为主"的减灾方针。

城市防洪工程应注重城市防洪工程措施综合效能，实行工程措施与非工程措施相结合。

3．城市防洪规划的类型与主要内容

城市防洪规划应包括下列主要内容：

①确定城市防洪、排涝规划标准；

②确定城市用地防洪安全布局原则，明确城市防洪保护区和蓄滞洪区范围；

③确定城市防洪体系，制定城市防洪、排涝工程方案与城市防洪非工程措施。

(1) 城市江河防洪规划

规划防江洪标准：确定不同规模、等级城市防江河洪水设施的规划标准；提出重点防护对象（区域）的确定及保护原则。

防洪工程设施规划，如：堤防工程、水库工程等规划技术要求，河道整治与城市行泄洪通道建设技术准、管制要求与维护措施；提出上述防洪工程设施与城市总体规划相协调及与城市道路、公路、桥梁交叉的技术要求，提出城市行泄洪通道与城市堤岸滩涂利用协调的技术要求。提出各类工程管线沿堤和跨堤敷设技术要求。

分蓄洪区：提出城市附近分蓄洪区的位置选择、范围确定、容量要求和分泄洪工程设施规划技术要求；及分蓄洪区疏散避险系统规划技术要求；以及分蓄洪区的使用原则、分蓄洪区的土地利用与各类建筑工程管制要求。

综合防治措施：提出受洪水威胁的城市中各类用地和设施的规划布局要求；城市防御灾害、减轻灾害损失的用地布局措施和工程技术准备措施；多江河城市，不同江河洪最不利遭遇时的频率组合，城市防洪与区域防洪相配合的基本措施；城市遭遇特大洪水时，城市防洪与流域防洪相配合的基本措施；北方城市凌汛时，城市防洪与流域防洪相配合的基本措施。

(2) 城市防山洪、防泥石流规划

1) 山洪防治规划

规划防山洪标准：确定不同规模、等级城市防山洪设施的规划标准；提出重点防护对象（区域）的确定及保护原则。

防洪工程设施规划：提出城市防山洪工程设施，如：水库工程、沟谷整治工程、水土保持工程、排洪渠道等的规划技术要求；提出上述防洪工程设施与城市总体规划相协调，与城市道路、公路、桥梁交叉的技术要求。

2）泥石流防治规划

泥石流防治：提出易受泥石流侵袭城市中各项用地布局要求及防止和治理泥石流的规划技术措施。

典型的泥石流沟谷从地段形态上一般分为三个区段，上部为形成区，中部为峡谷状的流通区，下部为扇形的堆积区。上游区，主要应采取治水、治泥等减轻或避免泥石流发生的预防措施；中游区应修建拦挡坝、排导沟；下游可修建泥石流停淤场。

（3）城市防潮规划

规划防潮标准：确定不同规模、等级的城市沿海防潮设施的规划防潮标准；提出重点防护对象（区域）的确定及保护原则。

工程设施规划：提出沿海城市防潮工程设施，如：海堤、护岸、防潮闸、消浪设施等的规划技术要求；提出上述防潮设施与城市总体规划相协调及城市道路、公路、桥梁交叉的技术要求。

综合防治措施：提出海潮与河洪最不利遭遇时，特别是天文潮、风暴潮与河洪同时发生情况下，城市防潮与防洪相配合的基本措施。

（4）城市防涝规划

规划排涝标准：确定不同规模、等级的城市防涝设施的规划标准；提出重点防护对象（区域）的确定及保护原则。

防涝工程设施规划：提出各类城市防涝工程设施的规划技术要求；提出上述设施与城市总体规划相协调及城市道路、公路、桥梁交叉的技术要求。

综合防治措施：提出城市防御灾害、减轻灾害损失的各类用地和设施的规划布局要求。城市内涝与外洪最不利遭遇时，城市防涝与流域防洪相配合的基本措施。

（二）城市综合防灾规划与城市防洪规划的相互关系

水灾是我国很多城市都面临的主要灾害类型，对城市的发展有长期的、全局性的影响。对已经编制完成防洪规划的城市而言，其成果是编制综合防灾规划的重要支撑；对目前尚未编制防洪规划的城市而言，城市综合防灾规划将为未来的防洪规划提出原则和目标。

防洪规划与城市综合防灾规划的关系主要体现在以下几个方面：城市防洪排涝标准的确定、城市用地防洪安全布局、城市防洪体系、城市防洪工程措施等。

1. 防灾目标与标准

城市防洪规划的基本目标与城市综合防灾规划在水灾防治方面的目标是一致的。

在防灾标准方面，城市防洪规划主要是指防洪排涝标准。

城市防洪规划中确定的防洪标准是城市综合防灾规划中的标准体系中的

重要组成内容之一。防洪标准和排涝标准是防洪排涝规划、设计、建设和运行管理的重要依据，也是体现城市综合防灾能力的重要指标之一。

2. 城市水灾风险评估与城市防灾能力评价

城市水灾风险评估是要明确城市中受水灾影响的地区的范围及其风险程度的高低。城市水灾风险评估是城市防洪规划的重要内容，也是城市综合防灾规划中风险评估的重要组成部分，特别是对那些深受水灾影响的城市而言，水灾的风险评估是不可或缺的内容。

城市防洪规划中的防灾能力评价是评价城市现状应对水灾的能力，这也是城市综合防灾规划中城市综合防灾能力评价的重要组成内容。

3. 城市用地的防灾措施

(1) 城市用地防洪安全的空间布局

对城市防洪规划而言，城市用地的安全防灾措施，首先是指城市用地防洪安全的空间布局。城市用地的防洪安全空间布局，对城市防洪规划和城市综合防灾规划都是重要的工作内容。在土地利用布局方面，可以进行洪灾危险程度区划。城市建设用地选择应避开洪涝、泥石流灾害高风险区域，该区域应划定为规划禁建区。城市防洪规划确定的过洪滩地、排洪河渠用地、河道整治用地应划定为规划限建区，区内不得建设影响防洪安全的设施，确需开发利用的用地和建设的设施必须进行防洪安全影响评价。

特别是城市综合防灾规划中将要确定作为市级和区级避难中心的用地，应避开洪涝灾害的高风险地区；因为在很多城市的江河湖泊等水体周边，会有规模较大的滨水公共绿地，通常情况下会被作为良好的避难场所备选用地；但是，如果位于洪涝灾害的潜在高风险影响区内，就不能作为避难场所来使用。

城市用地布局应遵循"高地高用、低地低用"原则。城市中心区、居住区、重要的工业仓储区及其他重要设施应布置在城市防洪安全性较高的区域；城市易渍水低洼地带、河海滩地，宜布置成生态湿地、公园绿地、广场、运动场等城市开敞空间。

当建设用地难以避免选择低洼区域时，城市用地竖向规划设计应充分考虑不同建设用地防洪、排涝的要求，采用填高、筑堤、应急排涝等工程措施；要通过分析河道设计水位、规划区现状地面高程、取土条件并确定了规划区排水标准后，提出合理的建设用地控制高程。在特定时段允许被淹的局部地区，应规划、建造避难场所并配以应急设施；应改进房屋的耐淹性；根据经济、技术条件，可采取底层架空的建筑方式。

城市用地布局应确保城市重要公用设施，包括供水、供电、供气等市政公用设施，和医疗救护、消防等公共服务设施的防洪安全。

(2) 城市防洪体系与城市防灾分区

城市防洪体系与城市综合防灾规划中防灾分区的关系非常密切。城市江河湖泊等水系的布局、各防洪工程设施体系、防护区域划分、对城市用地布局的影响等因素，是防灾分区划分的主要依据之一。城市综合防灾规划根据不同防洪体系的要求,在不同防灾分区内采取不同的土地利用方式和防灾减灾措施。

城市防洪规划应根据城市洪灾类型、自然条件、结构形态、用地布局、技术经济条件及流域防洪规划,合理确定城市防洪体系。

江河沿岸城市应依靠流域防洪体系提高自身防洪能力,山丘区江河沿岸城市防洪体系宜由河道整治、堤防和调洪水库等组成;平原区江河沿岸城市可采取以堤防为主体,河道整治、调洪水库及蓄滞洪区相配套的防洪体系。河网地区城市根据河流分割形态,宜建立分片封闭式防洪保护圈,实行分片防护。其防洪体系由堤防、排洪渠道、防洪闸、排涝泵站等组成。当城市受到两种或两种以上洪水危害时,应在分类防御基础上,形成各防洪体系相互协调、密切配合的综合性防洪体系。

城市受涝地区应按照"高低水分流、主客水分流"原则,划分排水区域,由排水管网、调蓄水体、排洪渠道、堤防、排涝泵站及渗水系统、雨水利用工程等组成综合排涝体系。城市排涝体系及其各组成部分规模应根据汇水面积计算其流量,再根据城市自身的调蓄能力,排洪渠道排洪能力等合理确定城市是以调蓄为主,还是以强排为主。根据城市条件,尽可能增大调蓄滞水能力,降低排涝泵站流量。寒冷地区有凌汛威胁的城市,应将防凌措施纳入城市防洪体系。

4. 城市重要防灾设施系统

在城市防洪规划方面,主要是指城市防洪排涝工程设施;这些设施是城市防洪规划的核心内容,同时也是城市综合防灾规划中应对水灾的重要组成部分,是提高城市综合防灾能力的重要支撑手段。

城市所处的地区不同,其防洪原则和对策也不相同。例如,在以蓄为主的地区,对策类型包括水土保持、水库蓄洪和滞洪;以排为主的地区,对策类型包括修筑堤防、整治河道等。具体的防洪排涝工程措施包括堤防布置、排洪渠道和截洪沟、防洪闸、调蓄水体、排水区的划分和排水站布局等。

在城市综合防灾规划中,需要把城市防洪规划中确定的重要的防洪排涝工程设施纳入进来,作为城市综合防灾规划中工程性设施系统的重要内容。同时,需要根据这些重要工程设施的要求,对周边的土地利用方式进行调整。

5. 实施对策与保障措施

在实施对策和保障措施方面,城市综合防灾规划和城市防洪规划都需要建立完善的、高效的水灾应急指挥和管理体系、救灾物资保障设施网络,提高城市的防灾能力;同时,大力开展防救灾方面的教育和演练,提高民众的自救和互救能力。

三、城市综合防灾规划与城市消防规划的关系

(一) 城市消防规划的内容要点

1. 法规依据

编制城市消防规划的法规依据包括《中华人民共和国城乡规划法》、《城

市规划编制办法》、《中华人民共和国消防法》、《城市消防站建设标准》、《城镇公安消防站车辆配备标准》、《消防站建筑设计标准》、《城镇消防站布局与技术装备标准》、《城市消防规划编制要点》、《消防改革与发展纲要》、《人防防火规范》、《建筑设计防火规范》、《高层民用建筑设计防火规范》等，以及城市道路交通、给水、电力等相关专业规划的规范。

2. 目标与原则

城市消防规划和管理的基本目标，是预防火灾的发生，最大限度地减少火灾损失。为城市居民的生产和生活提供安全环境，增强城市的防灾救灾能力，增强市民的安全感。在特殊情况下，如战争、地震发生时，城市消防设施则是反空袭、抗地震灾害的重要救灾措施。

消防工作实施"预防为主、防消结合"的方针，它说明了防火与灭火的辩证关系。防火与灭火是一个问题的两个方面，相辅相成，有机结合，所以在消防规划中应充分体现这个方针。

3. 主要内容

城市消防规划的基本任务，就是结合城市总体发展规划，在收集整理城市各种基础资料，综合分析城市消防工作薄弱环节和火灾等灾害事故发展趋势的前提下，拟定城市防火灾的标准，在城市布局、建筑设计中，采取一系列防火措施，减少和防止火灾灾害；对城市消防安全布局、公共消防站及消防装备、消防通信、消防供水、消防车通道等各种公共消防基础设施建设进行科学的、前瞻性的、战略性的思考和预测，对易燃易爆的工厂、仓库的布局和防范措施提出具体方案。提出近、中、远期消防建设发展目标和实施意见，推动消防安全与社会经济的协调发展，从而不断提升城市消防综合实力，满足全社会的消防安全需要。

（二）城市综合防灾规划与城市消防规划的相互关系

1. 防灾目标与标准

火灾，是我国大部分城市常见的灾害类型，防火与灭火是城市消防规划的两个方面，对城市综合防灾规划而言，也是如此，首先是防火，其次才是灭火。城市消防规划的基本目标与城市综合防灾规划在火灾防治方面是一致的。

城市消防规划中的防火灾标准和消防设施的配置标准，也是城市综合防灾规划中防灾标准体系的重要组成部分。城市消防标准是体现城市综合防灾能力的重要指标之一。

2. 城市火灾风险评估与城市防灾能力评价

火灾风险评估又称消防安全评估，是指确定关于某个火灾风险的可接受水平和（或）某个个人、团体、社会或者环境的火灾风险水平的过程。火灾风险评估为城市消防规划和建设提供科学的依据，也是城市综合防灾规划中风险评估部分的重要组成内容。火灾风险评估需要根据城市历年火灾发生情况、易燃易爆危险化学物品设施布局状况和城市性质、规模、结构、布局等的消防安全要求，对城市或区域的规划建设用地进行消防分类，评估城市或区域的火灾风险。城市建成区可分为三大类：城市重点消防地区，城市一般消防地区，防火隔离带及避难疏散场地。

就城市综合防灾规划而言，对火灾为主要灾种的城市或地区，火灾风险评估也是必不可少的内容；即使火灾不是整个城市的主要影响灾种，火灾或爆炸性危险源的布局，也是城市综合防灾规划需要重点考虑的内容。

城市防灾能力，就城市消防规划而言，亦即城市消防能力，是指城市防火和灭火的能力；主要体现在重点火灾危险源的防护措施、消防站的布局等方面。城市消防能力是城市综合防灾能力的综合组成部分。

3．城市用地的防灾措施

（1）防火分区与防灾分区

城市用地空间的防火规划，与城市功能布局、空间形态与结构、危险源分布、火灾风险评估、防火分区划分、建筑密度、建筑材料、道路宽度、防火植栽等因素有关。灭火，则主要体现在消防设施的布局上。

在城市消防规划中，根据火灾风险评估划分出来的不同防火分区，制定的消防对策也不同。在城市综合防灾规划中，防灾分区的划分需要考虑防火分区的特点，同时根据不同防灾分区中的火灾特点，采取不同的防灾对策。

消防设施布局既是城市消防规划的主要内容，消防设施还是重要的救灾设施，消防队员也是救灾队伍的重要组成部分，因此，消防设施的布局也是城市综合防灾规划的主要内容之一。

（2）易燃易爆危险化学物品场所和设施布局

危险源布局是城市消防规划和城市综合防灾规划都需要考虑的内容。各类易燃易爆危险化学物品的生产、储存、运输、装卸、供应场所和设施的布局，应符合城市规划、消防安全、环境保护和安全生产监督等方面的要求，且交通方便。应与相邻的各类用地、设施和人员密集的公共建筑及其他场所保持规定的防火安全距离。

大、中型石油化工生产设施、二级及以上石油库、液化石油气库、燃气储气设施等，必须设置在城市规划建成区边缘且确保城市公共消防安全的地区，并不得设置在城市常年主导风向的上风向、城市水系的上游或其他危及城市公共安全的地区。

城市可燃气体（液体）储配设施及管网系统应统一规划、合理布局，避免重复建设，减少不安全因素。

城市规划建成区内应合理组织和确定易燃易爆危险化学物品的运输线路及高压输气管道走廊，不得穿越城市中心区、公共建筑密集区或其他的人口密集区。

（3）老旧地区的防火要求

存在较大火灾安全隐患的老旧地区，是城市消防规划需要认真对待的地区；也是城市综合防灾规划需要重点设防的地区，特别是在详细规划层面的城市综合防灾规划。

建筑耐火等级低的危旧建筑密集区及消防安全环境差的其他地区，应采取开辟防火间距、打通消防通道、改造供水管网、增设消火栓和消防水池、提高建筑耐火等级、改造部分建筑并以耐火等级高的建筑阻止火灾蔓延等应急措施，改善消防安全条件；应纳入旧城改造规划和实施计划，消除火灾隐患。

(4) 地下空间的防火要求

目前，我国很多大城市和特大城市都在大规模开发地下空间，例如修建地铁和地下商业设施，这些地方是大规模人流集散的场所，也是火灾疏散相对比较困难的地方。地下空间的防火和避难疏散问题是城市消防规划和城市综合防灾规划均不能忽视的重点地区，特别是在详细规划层面的城市综合防灾规划。

城市地下空间及人防工程的建设和综合利用，应符合消防安全的规定，建设相应的消防设施及制定安全保障措施；应建立人防与消防的战时通信联系；有条件的消防站，可结合大型地下空间及人防工程，建设地下消防车库。

(5) 避难疏散场地

避难疏散场地是对任何类别的防灾规划都需要的空间场所。但是不同的灾害类型，对避难场所的要求不同。对城市消防规划而言，避难场所是要远离火灾危险源，火灾安全隐患极低，同时受火势辐射热损害较小的地方。对城市综合防灾规划而言，避难场所的设置需要结合包括火灾在内的城市主要灾种的影响。

城市道路和面积大于 1 公顷的广场、运动场、公园、绿地等各类公共开敞空间，除满足其自身功能需要外，还应按照城市综合防灾减灾及消防安全的要求，兼作防火隔离带、避难疏散场地及通道。

4. 城市消防工程设施

(1) 消防站的选址与布局

城市消防站布局是城市消防规划的重要内容，也是城市综合防灾规划的重要组成部分。

城市规划区内普通消防站的规划布局，一般情况下应以消防队接到出动指令后正常行车速度下 5min 内可以到达其服务区边缘为原则确定。一级普通消防站的服务区面积不应大于 $7km^2$；特勤消防站通常兼有常规消防任务，其常规任务服务区面积同一级普通消防站；二级普通消防站的服务区面积不应大于 $4km^2$。设在近郊区的普通消防站仍以消防队接到出动指令后 5min 内可以到达其服务区边缘为原则确定服务区面积，其服务区面积不应大于 $15km^2$。

结合城市总体规划确定的用地布局结构、城市或区域的火灾风险评估、城市重点消防地区的分布状况，普通消防站和特勤消防站应采取均衡布局与重点保护相结合的布局结构，对于火灾风险高的区域应加强消防装备的配置。

为了便于消防队接到报警后迅速出动，防止因道路狭窄、拐弯较多，而影响出车速度，甚至造成事故，消防站必须设置在交通方便，利于消防车迅速出发的地点，应设在服务区内适中位置和便于车辆迅速出动的主要街道的十字路口附近或主、次干道的临街地段。

在城市综合防灾规划中，城市消防站属于重要的救灾设施，每个防灾分区中，应根据当地具体情况，设施一定数量和规模的消防站，能满足该防灾分区的消防需求。

（2）消防供水设施

城市消防供水设施包括城市给水系统中的水厂、给水管网、市政消火栓（或消防水鹤）、消防水池，特定区域的消防独立供水设施，自然水体的消防取水点等。消防用水除市政给水管网供给外，也可由城市人工水体、天然水源和消防水池等供给。消防供水不足的城市区域或建筑群，例如大面积棚户区或建筑耐火等级低的建筑密集区，如无市政消火栓，无消防通道，可考虑修建消防水池。每个消防站的责任区至少设置一处城市消防水池或天然水源取水码头以及相应的道路设施，作为城市自然灾害或战时重要的消防备用水源。

（3）消防车通道

消防车通道依托于城市道路网络系统，由城市各级道路、居住区和企事业单位内部道路、建筑物消防车通道以及用于自然或人工水源取水的消防车通道等组成。消防车通道应满足消防车辆安全、快捷通行的要求，遵循统一规划、快速合理、资源共享的原则。城市各级道路应建设成环状，尽可能减少尽端路的设置。城市居住区和企事业单位内部道路应考虑城市综合防灾救灾和避难疏散的需要，满足消防车通行的要求。

5．实施对策与保障措施

在保障措施方面，城市综合防灾规划与城市消防规划有一个共同的需求，就是建立完善灾害信息平台。对城市消防规划而言，已经建立起以119接警中心为核心的网络体系，便于各级消防机构迅速出警；未来的工作主要以内涵建设为主。而城市综合防灾规划，需要建立一个综合性的灾害信息网络平台，消防的信息平台可以作为一个重要的组成部分，接入城市综合防灾的大信息平台中去，以利于资源的整合和提升综合减灾效果。

四、城市综合防灾规划与城市人防工程规划的关系

（一）城市人防工程规划的内容要点

1．法规依据

目前我国尚未有完善的人防工程规划设计规范，为预测规划期末的人防工程需求量，需要采用一些技术参数并确定各类人防工程的建设要求。技术参数主要根据《人民防空工程战术技术要求》、《人民防空工程设计规范》等人防文件予以确定；同时，可以借鉴人防工程设计实践经验。人防工程规划设计的法律法规依据主要有：《中华人民共和国人民防空法》、《中华人民共和国城乡规划法》、《土地管理法》、《矿产资源法》、《物权法》、《城市地下空间开发利用管理规定》、《城市规划编制办法》、《人民防空工程战术技术要求》、《地下工程设计规范》、《地下工程防火规范》、《地下工程防水技术规范》、《地下工程验收规范》；还有专业工程规范，如《地下铁道设计规范》、《地下车库消防规范》、

《地下工程消防安全治理标准》等。

2. 目标与原则

《中华人民共和国人民防空法》规定,"人民防空实行长期准备、重点建设、平战结合的方针,贯彻与经济建设协调发展、与城市建设相结合的原则"。

城市是人防工程的重点;国家对城市实行分类防护。城市的防护类别、防护标准,由国务院、中央军事委员会规定。人防工程建设实行人口防护和重点目标防护并重的原则。

3. 主要内容

城市人防工程规划的任务主要是:研究确定人防工程建设的原则和重点,确定城市总体防护和人防工程规划的布局,提出城市交通、通信以及其他城市基础设施的人防工程措施等。

人防工程规划的主要内容包括:

①确定城市人防工程的总体规模、防护等级和配套布局;

②确定人防工程指挥通信、人员掩蔽、医疗救护、物资储备、防空袭专业队、疏散干道等工程的布局和规模;

③已建人防工程加固改造和平时利用方案;制订城市现有地下空间战时利用和改造方案。

此外,还包括通信和警报、疏散、群众防空袭组织、防空袭教育等内容。

(二)城市综合防灾规划与城市人防工程规划的相互关系

城市综合防灾规划和人防工程规划的结合点主要体现在以下几个方面:防护分区、疏散通道、重要目标的防护、地下空间的利用、生命线系统设施的防护等。

1. 防灾目标与标准

空袭是一种特殊的城市灾害,对所有城市均有潜在的可能性,特别是诸如首都、直辖市、省会城市、经济发达的区域中心城市、边疆城市和沿海城市等。人防工程是城市综合防灾规划不可忽视的灾种之一。城市人防工程规划的基本目标与城市综合防灾规划在防空袭方面是一致的。

城市人防工程规划中的设施配置标准,是城市综合防灾规划中防灾标准体系的重要组成部分,城市人防工程能力是体现城市综合防灾能力的重要指标之一。

2. 城市用地的防灾措施

对人防工程而言,首先要确定城市各类人防工程的需求,在此基础上,根据各城市的经济建设发展情况,结合人防工程建设单位实际建设能力,制定不同规划期内的人防工程建设量;确定城市总体防护方案,以及城市防灾工程建设体系和分区结构。

人防工程的防灾分区与城市综合防灾规划的防灾分区关系密切。对于不同的防灾分区,城市人防工程规划和城市综合防灾规划,都需要根据其具体特点和需求,制定不同的防灾对策。对于重要目标,需要制定相应的防护措施和应急抢险抢修方案。重要目标包括重要的工矿企业、科研基地、交通枢纽、通信枢纽、桥梁、水库、仓库、电站、重要基础设施、危险品仓库等。同样,这些设施也是城市综合防灾规划中需要重点设防的对象。

3. 城市防灾工程设施

对人防工程而言,工程性措施主要是依托各类地下空间设施,具体包括城市人防指挥设施系统、专业队工程和救护设施、仓储设施、人员掩蔽所等。这些设施除了可以应对空袭外,还可以承担应对其他灾害防救的功能。

防空指挥设施按行政级别分为市级、区级及街道指挥所。对于城市综合防灾而言,这些设施都可以作为各级防灾救灾指挥设施的备选地点。

防空救护设施分为救护站、急救医院、中心医院三级,并结合城市医疗体系的建设统一规划建设。也就是说,日常的医疗急救设施也承担了防空袭灾害的救护功能,这些医疗设施是需要应对所有灾害类型带来的伤员救护工作的。这些设施是城市综合防灾规划中防救灾公共设施系统的重要组成部分。

人防工程中的仓储设施包括食品库、粮油库、水库、能源库以及危险品仓库等。人员掩蔽所主要依托各类地下空间设施,如地下车库、地下商场等。这些设施均以城市平时建设和发展的需求为主来进行规划建设。这些仓储设施和地下空间在城市综合防灾中也可以起到同样的作用。

4. 实施对策与保障措施

宣传和教育、培训演练是城市人防工程规划中重要的实施措施,是提升城市防空袭能力的重要手段。对于城市综合防灾规划而言,这些非工程性的措施手段,也具有非常重要的作用,有效传播各类防灾知识,提升民众的防灾技能,会在很大程度上减少灾害损失。

第三节 城市综合防灾规划与其他灾害防治规划的关系

一、城市综合防灾规划与城市地质灾害防治规划的关系

(一) 城市地质灾害防治规划的内容要点

1. 城市地质灾害防治规划的法规依据

法规依据主要包括根据 2003 年国务院颁布的《地质灾害防治条例》(国务院令第 394 号)、各省的《地质灾害防治管理办法》或《地质灾害防治规划》等。

2. 地质灾害防治规划的主要内容

地质灾害防治规划包括以下主要内容:地质灾害现状和发展趋势预测、防治原则和目标、地质灾害易发区、重点防治区、防治项目、防治措施等。

①地质灾害现状与防治工作问题分析:地质环境特点、主要地质灾害类型及其分布特征、地质灾害防治工作进展、地质灾害调查与防治存在的主要问题等。

②地质灾害防治规划的原则:坚持预防为主,避让与治理相结合和全面规划、突出重点、各有侧重的原则。坚持非工程措施为主,非工程措施与工程

措施相结合的原则。对人为诱发的地质灾害,坚持谁诱发谁治理,分级管理,属地为主。

③地质灾害易发区划分:根据不同地质灾害的类型、时空分布规律及发展趋势,结合地质环境分区,以及气候、降水和人类工程活动等触发条件,进行地质灾害易发区划分。可以将规划区划分为三类,即地质灾害易发区、地质灾害较易发区和地质灾害不易发区。

④地质灾害防治工作总体部署包括防治分区和分区部署。

防治分区:根据地质灾害易发区分布、受灾人口、人类工程活动,结合国民经济和社会发展计划及行政单元相对完整性,将规划区划分为重点、次重点、和一般三大防治区。再根据各区中主要地质灾害种类部署地质灾害的防治工作和划分为不同的防治亚区。

分区部署:划分好的地质灾害重点防治区、地质灾害次重点防治区、地质灾害一般防治区,进一步明确每一类防治区域的空间分布与工作重点。

⑤地质灾害防治的主要任务:县(市)基础调查与区划、实施地质灾害治理工程、搬迁避让工程。地质灾害预报预警信息网络建设;地质灾害监测预报网络体系建设,包括群测群防网络建设、专业骨干网络建设、省级预警应急反应系统建设。地质灾害防治示范区建设包括地质灾害防治示范县建设、岩溶塌陷灾害预防示范区建设、岩溶地面塌陷监测预报及防治示范区、地面沉降监测防治示范区、地面塌陷监测预防示范区、岩溶塌陷监测预防示范区、岩溶塌陷监测预防示范区等。积极推进地质灾害危险性评估工作、开展地质灾害多发区风险区划、加强近海海域地质环境管理与地质灾害防治工作、地质灾害监测技术与灾情评估方法研究等。

(二)城市综合防灾规划与地质灾害防治规划的关系

1. 防灾目标与原则

在我国很多城市,地质灾害是城市灾害中发生机率最高的主要灾害种类之一,也是地震、暴雨等灾害引发的主要次生灾害之一。地质灾害防治规划是城市综合防灾规划的重要组成部分,其成果是编制城市综合防灾规划的重要依据之一,特别是对地质灾害易发区和多发区,在编制城市综合防灾规划时,应当充分考虑当地地质灾害的防治要求、基本防治目标和原则。

在总体目标方面,城市地质灾害防治规划和城市综合防灾规划都是为了避免和减轻地质灾害造成的损失,维护人民生命和财产安全,促进经济和社会的可持续发展。预防为主、避让和治理结合是两者共同的原则。

2. 城市用地的防灾措施

城市地质灾害防治规划将城市用地划分成不同的防治分区,不同分区内的地质灾害严重程度不同,制定的防治对策也不同。这些内容对于城市综合防灾规划中的风险评估有较大影响。因为地质灾害源的空间分布、影响范围、风险程度状况将直接影响到城市各片区的风险程度,综合防灾规划中的风险图的绘制也需要将地质灾害的空间数据资料作为风险分析的基础数据。简言之,在综合防灾规划中风险图上的众多灾害类型的叠图中，地质灾害是重要的一个图层。

结合了地质灾害风险分析的综合灾害风险分析会直接影响到之后的防灾分区的划分，以及各分区防灾对策的制定。在综合防灾规划的对策阶段，必须针对各重点防治区、隐患点与危险点，结合地质灾害防治规划的对策措施，有针对性地采取防范措施。不同地质灾害风险程度的防灾分区内，对于避难场所、疏散通道、生命线系统设施、用地整治、设施搬迁、建筑改造加固等方面的工作应有不同的要求。

3. 重点公共设施的防灾措施

对于新建重点公共设施的选址，应避免设在地质灾害易发区内；对于地质灾害易发区内的现有公共设施，应采取搬迁、功能置换、加固改造、工程治理等措施，保证其安全。重点公共设施，是城市地质灾害防治规划和城市综合防灾规划都需要重点照顾的对象。

4. 实施对策与保障措施

不论城市综合防灾规划还是城市地质灾害防治规划，就实施措施方面，都包括以下内容，建立健全地质灾害防治工作责任制、建立健全地质灾害防治法规体系；建立健全地质灾害防治工作经费的投入机制；依靠科技进步，实施科技创新战略；加强宣传教育，提高全民防灾减灾意识与水平。

二、城市综合防灾规划与气象灾害防御规划的关系

（一）气象灾害防御规划的内容要点

1. 法规依据

气象灾害防御规划的法规依据包括：《中华人民共和国气象法》、《气象灾害防御条例》、《人工影响天气管理条例》、《气象灾害预警信号发布与传播办法》、《防雷减灾管理办法》、《气候可行性论证管理办法》，以及《国务院关于加快气象事业发展的若干意见》（国发[2006]3号）和《国务院办公厅关于进一步加强气象灾害防御工作的意见》（国办发[2007]49号）等。

2. 主要内容

2010年4月1日起施行的《气象灾害防御条例》（国务院令第570号）第十二条规定，气象灾害防御规划应当包括气象灾害发生发展规律和现状、防御原则和目标、易发区和易发时段、防御设施建设和管理以及防御措施等内容。

（1）气象灾害防御工作现状和面临的形势

在分析城市气象灾害防御工作的现状时应包括以下内容：

一是城市的自然环境与社会经济背景，包括地理位置、地形特征、地质构造特征、气候概况、河流水系、土地利用、覆被状况、社会经济条件等。

二是气象灾害及其次生灾害的现状与特征，包括气象灾害总体概述、台风、暴雨洪涝、干旱、大风、雷电、冰雹、高温热浪、雪灾、低温冰冻、雾、地质灾害、农业气象灾害、森林火灾等。

三是气象灾害防御工程现状及其问题，包括非工程减灾能力现状、气象灾害防御布局重点，一些国民经济关键行业和主要战略经济区的气象灾害易损性趋势，气象灾害造成的损失趋势；气象灾害综合监测预警能力；气象灾害预警信息传播覆盖情况、预警信息的针对性、及时性；气象灾害风险评估制度、气象灾害风险区划，重点工程建设的气象灾害风险评估，气候可行性论证对城乡规划编制工作的支撑；气象灾害防御方案和应急预案制定情况，部分已有的气象灾害防御方案和应急预案可操作性情况，气象灾害专项防御方案和应急预案；全社会气象灾害综合防御体系，部门联合防御气象灾害的机制，社区、乡村等基层单位防御气象灾害能力。

（2）主要任务

①提高气象灾害监测预警能力：提高气象灾害综合探测能力、完善气象灾害信息网络、提高气象灾害预警能力、加强气象灾害预警信息发布。

②加强气象灾害风险评估：加强气象灾害风险调查和隐患排查、建立气象灾害风险评估和气候可行性论证制度、加强气候变化影响评估。

③气象灾害风险区划：承灾体脆弱性分析、气象灾害及其次生灾害风险区划、气象灾害对敏感行业的影响、气象灾害风险与各乡镇农业产业布局。

④提高气象灾害综合防范能力：制定并实施气象灾害防御方案、加强气象灾害防御法规和标准体系建设、建立完善气象灾害防御管理的组织体系、加强气象灾害防御科普宣传教育和培训工作。

⑤提高气象灾害应急处置能力：完善气象灾害应急预案、提高气象灾害应急处置能力、提高基层气象灾害综合防御能力。

⑥气象灾害评估与恢复重建：气象灾害的调查评估、救灾与恢复重建。

（3）气象灾害防御工程

①城市气象灾害防御工程

建设完善城市近地边界层大气物理、化学成分立体观测和城市自动化探测系统，发展城市区域精细化数值模式与大气成分数值模式系统，完善城市气象灾害预警体系和城市突发事件气象紧急响应系统，建立气象灾害实时业务灾难备份系统。

②农村气象灾害防御工程

开展农村气象及相关灾害普查，补充完善天基、空基、地基相结合的综合观测系统和快速、高效的信息传输系统。建立健全精细化的气象预报预测系统，提高农村易发气象灾害的监测预警能力。建立极端天气气候事件对农业影响的监测评估体系。

健全完善农村和农业气象灾害防御基础设施。发展乡镇气象服务站，依靠乡村气象信息员队伍，利用各种技术手段和建设成果解决预警信息发布到农村的瓶颈问题。

③台风灾害预警工程

建设完善由岸基气象站、海洋站、地波雷达站、海上观测平台、船舶、卫星遥感、飞机和火箭探测等组成的海洋气象灾害综合探测系统以及资料传输共享、灾害预警、灾害应急服务等系统。发展海－气耦合数值预报模式系统，建立海洋气象灾害预警平台。建设台风灾害影响预评估业务系统。

④高影响行业与重点战略经济区气象灾害综合监测预警评估工程

多部门联合建设完善重点战略经济区与高速公路、轨道交通、黄金水道、重大水利水电设施、架空输电线、重大通信设施、优势农产品主产区、重点矿山聚集区及危险化学品生产储存集中区等气象灾害防御综合监测系统；发展交通气象、航空气象、农业气象、地质灾害气象、林业气象、水文气象、环境气象、电力气象等灾害预警和评估系统。

⑤雷电灾害防御工程

整合现有区域性地闪定位网探测子站，形成覆盖全市的地闪监测网，实现全国雷电实时监测信息共享。完善雷电预报预警业务平台，对雷电发生发展演变趋势、雷电发生概率、雷击危害等级等开展综合预报预警。建立雷电研究实验室、雷电防护设备检测中心以及外场实验基地，开发新型雷电防护产品。完善雷电灾害防御工程体系。

⑥沙尘暴灾害防御工程

加强沙尘暴预警、预报综合能力建设，提高沙尘暴预警、预报的准确性和实时性。加强沙尘暴灾害监测基础设施建设，重点做好沙尘暴灾害监测、信息传输、灾情评估、应急指挥等方面的基础能力建设，建成由卫星遥感、地面监测站、信息平台和信息员等沙尘暴灾害综合监测网络。加强荒漠化和沙化土地治理，建成沙尘暴防灾减灾综合体系。

⑦气象防灾科普教育工程

充分利用各种资源，建立完善气象科普馆和气象科普展室。制作气象减灾公益广告。开发气象防灾减灾宣传教育产品，编制系列防灾减灾科普读物、挂图和音像制品，编制防灾减灾宣传案例教材。利用广播电台、电视台、网络、宣传栏、电子显示屏等各种媒体，开展形式多样的气象灾害防御宣传教育活动。在国家级和省级开展气象灾害防御技术培训。

（二）城市综合防灾规划与气象灾害防御规划的关系

1. 防灾目标与原则

我国是世界上气象灾害最严重的国家之一，气象灾害损失占所有自然灾害总损失的70%以上。气象灾害种类多、分布地域广、发生频率高、造成损失重。在全球气候持续变暖的大背景下，各类极端天气气候事件更加频繁，气象灾害造成的损失和影响不断加重。因此，气象灾害防御规划是城市综合防灾规划的重要组成部分，特别是对气象灾害比较严重的地区，在编制城市综合防灾规划时，应当充分考虑气象灾害的防御要求，并制定出气象灾害防御规划的基本目标和原则。

2. 城市用地的防灾措施

在城市用地方面，防御气象灾害的主要措施包括高风险地区和重点防护

区的设定、避难场所与疏散通道的设置。我国最常见的气象灾害包括台风、暴雨、暴雪、干旱、沙尘暴等。下面以台风为例，说明台风防御规划与城市综合防灾规划的关系。

(1) 高风险地区与重点防护区的划定

我国地处太平洋西岸，大陆海岸线长 18000 多 km，特殊的地理位置决定了我国台风灾害频繁而严重。特别是广东、福建、浙江的一些沿海城市，是台风频繁登陆的地区。西北太平洋平均每年生成热带气旋 27 个，有 7 个登陆我国，最多年份高达 12 个。每年 4～12 月都有热带气旋登陆，7～9 月登陆最多。台风巨大的破坏力对海上船只、水产养殖和海上作业人员以及沿海建筑物构成严重威胁，往往造成船只沉没、设施损毁、人员伤亡。其次是暴潮、巨浪对沿海水利、电力、交通等基础设施威胁很大，特别是海堤工程一旦损毁，将严重影响沿海地区群众生命安全。再就是台风带来的大范围强降雨往往引发严重的洪涝灾害、山洪和泥石流灾害，甚至造成水库垮坝、堤防决口等重大事件。我国在 1990 年由于台风造成的直接经济损失年均为 100 亿元，本世纪初年均在 300 亿元左右。

对于那些台风频繁登陆的城市，在编制城市综合防灾规划时，必须考虑台风的影响和防范。潜在的台风登陆点，以及那些由于台风引发的潜在的次生灾害源地区，例如泥石流等地质灾害源和危险源设施等，应设置为高风险地区。人口密集区、重要公共设施和基础设施分布的地区，应设为重点防护区。对于不同类型的地区，应采取不同的防护措施。

(2) 避难场所与疏散通道的设置

人员转移避险与安置是防御台风的一项重要工作，特别是危险地区、危险地段上的人员及时安全转移，避难场所和疏散通道的设置需要结合台风的特点进行周密考虑。例如避难场所和疏散通道不宜设置在台风路径上，不宜设置在易受暴雨洪涝、风暴潮、泥石流等台风次生灾害强烈影响的地区。避难场所的设备配置应能够满足防御台风的要求。同时，应组织出海船舶及时回港避风，并加快避风港的规划建设。

3. 防灾工程设施体系

海堤工程是防御台风暴潮的第一道防线，是抗御台风灾害最基础的工程设施，对沿海受台风强烈影响的城市而言，也是城市综合防灾规划中防灾工程的重要组成部分。但是，受客观因素影响，我国海堤建设还存在投入不足、防御标准偏低等问题。以海堤、水库、闸坝、泵站等为主体的防台风工程体系尚不完善，与我国艰巨的防台风任务不相适应，应继续加大投入，全面加强工程体系建设，加快海堤达标建设、病险水库除险加固进度，加大风毁、水毁工程修复力度，提高工程设施"防强风、抗强潮、防大洪、排大涝"的综合防御能力。

其次，台风引起的次生灾害种类较多，以暴雨洪涝、小流域山洪、泥石流、山体滑坡等最具代表性。近几年我国台风引发的山洪、泥石流灾害造成人员死亡数占台风灾害总死亡人数的比例高达 60%，山洪、泥石流灾害等次生灾害已成为我国台风灾害防御工作的重点和难点。这需要进一步加强小流域山洪灾害监测预报预警系统建设，改善中小水库水电站预警通信设施和手段，解决乡镇基层防台风预警建设最后 1 公里阻塞问题，避免次生灾害造成重大人员伤亡。此外，还应重视城乡高层建筑工地、广告牌、铁塔、行道树、电线杆、天线等高空设施防风保安，城乡低洼地区的防洪排涝等防护工作。

4. 实施对策与保障措施

城市综合防灾规划和城市气象灾害防御规划，在气象灾害防御规划的实施方面，均需要考虑以下内容：加强气象灾害防御工作组织领导、推进气象灾害防御法制建设、健全气象灾害综合防御机制、加大气象灾害防御科技创新力度、强化气象灾害防御队伍建设、完善气象灾害防御经费投入机制、纳入社会经济发展规划、提高全社会气象灾害防御意识、加强气象灾害防御国际合作、促进地区之间的合作联动。

三、城市综合防灾规划与城市重大危险源布局规划的关系

（一）城市重大危险源布局规划的内容要点

1. 城市重大危险源的定义

根据《中华人民共和国安全生产法》第九十六条规定，重大危险源是指长期地或者临时地生产、搬运、使用或者储存危险物品，且危险物品的数量等于或者超过临界量的单元（包括场所和设施）。

根据《重大危险源辨识》GB 18218—2000，重大危险源分为生产场所重大危险源和储存区重大危险源两种。贮存区重大危险源包括贮罐区重大危险源和库区重大危险源。因此，重大危险源包括贮罐区、库区和生产场所三种类型。

2. 城市重大危险源布局规划的主要内容

城市重大危险源布局规划涉及两个方面的主要内容，一是对城市重大危险源的治理与防护，二是重大危险源周边用地的安全防灾规划。重大危险源治理是指对重大危险源提出风险控制措施，以提升综合防灾安全的水平，规划对象包括新建重大危险源的选址，现状重大危险源的整治，特别是那些现有的未能达到规划安全目标的重大危险源。重大危险源周边用地的安全防灾规划，涉及周边用地性质和开发强度的控制和调整，防护间距的确定等。

具体而言，编制程序中包括以下步骤：城市现状调查、城市重大危险源辨识、城市区域性重大事故定量风险评价、城市安全功能区划分、确定规划对象可接受风险标准、城市重大危险源综合整治规划方案、城市重大危险源安全规划的实施等。

（二）城市综合防灾规划与城市重大危险源布局规划的关系

1. 防灾目标

重大危险源布局对于城市用地的安全性有重大影响，对于周边设施的布局也有重大影响。在编制城市综合防灾规划时，重大危险源布局是一个不能回避的问题；城市重大危险源布局规划是城市综合防灾规划中不可缺少的部分。

保证城市安全、重大危险本身及其周边地区的安全，是城市重大危险源布局规划和城市综合防灾规划共同的基本目标。

2．风险评估与城市防灾能力

风险评估是城市重大危险源布局规划的主要内容之一，需要根据其结果来制定有针对的对策。因为危险源是影响所处区域风险度的重要影响因素之一，危险源的空间分布也是城市综合风险图上一个重要因素。对危险源的风险评估也是城市综合防灾规划中不可或缺的内容。

对城市重大危险源布局规划而言，城市防灾能力主要是指防范重大危险源发生灾害事故的能力。城市的防范重大危险源灾害事故能力，也是体现城市综合防灾能力的重要指标之一。

3．城市用地的防灾措施

在城市重大危险源布局规划中，根据各重大危险源的空间分布和风险程度，进行城市安全功能区分区；而在城市综合防灾规划中，是根据各主要灾害、自然环境、功能布局、行政区划等情况，进行防灾分区。对已经编制完成重大危险源布局规划的城市而言，在编制城市综合防灾规划时，应将重大危险源布局规划中的安全功能区作为综合防灾规划中的防灾分区的依据之一。

城市安全功能分区是按功能区对人员面临的事故风险进行控制和管理的前提和基础。其基本方法是按照城市安全功能区中人员可承受风险的不同而分别采取对策措施。采用定量化的可接受风险基准作为安全功能区划分的依据。首先根据城市功能区的性质、静态或动态人口密度、人口结构、人员暴露的可能性、人员撤离的难易程度、重大危险源的情况等，确定城市中各类功能区的可接受风险基准，然后将对可接受风险要求相似的功能区划分为一类，从而划分出不同等级的城市安全功能区。按照城市不同类型功能区对风险要求的相似性，将城市安全功能区划分为四类：一类风险控制区、二类风险控制区、三类风险控制区、四类风险控制区。

对于不同的安全分区可以采取不同的防灾策略，例如，

①消除重大危险源风险的控制措施：搬迁重大危险源，以达到消除重大危险源的目的；生产中以无害物质代替危险有害物质等。

②降低重大危险源风险的控制措施：减少危险有害物质的使用储存量；生产中以低危险有害物质代替高危险有害物质；提高生产过程的自动化水平以降低事故概率；采用隔离措施降低事故后果等。

③重大危险源周边规划对象所面临的风险超过可接受风险标准的风险控制措施：规划对象停止使用；将规划对象搬迁至低于可接受风险标准的地方；改变规划对象所在地的土地使用性质等。

4．实施对策和保障措施

减少城市重大危险源对城市的安全隐患和灾害损失，加快安全科学技术研究、提高设备的安全性能，加强相关立法、提高责任单位的安全管理水平，制定有效的应急预案，提高重大危险源周边地区单位和居民的安全防范意识，

是城市重大危险源布局规划实施的主要内容。这些措施对于提高城市综合防灾能力，保障城市公共安全至关重要。

第四节 城市综合防灾规划与突发公共事件应急预案的关系

一、突发公共事件应急预案的内容要点

（一）突发公共事件的概念与分类

突发公共事件是指突然发生，造成或者可能造成重大人员伤亡、财产损失、生态环境破坏和严重社会危害，危及公共安全的紧急事件。

根据突发公共事件的发生过程、性质和机理，突发公共事件主要分为以下四类：

①自然灾害。主要包括水旱灾害，气象灾害，地震灾害，地质灾害，海洋灾害，生物灾害和森林草原火灾等。

②事故灾难。主要包括工矿商贸等企业的各类安全事故，交通运输事故，公共设施和设备事故，环境污染和生态破坏事件等。

③公共卫生事件。主要包括传染病疫情，群体性不明原因疾病，食品安全和职业危害，动物疫情，以及其他严重影响公众健康和生命安全的事件。

④社会安全事件。主要包括恐怖袭击事件，经济安全事件和涉外突发事件等。

（二）突发公共事件应急预案体系

1. 法规依据

城市突发公共事件应急预案的法规依据主要包括《中华人民共和国突发事件应对法》、《国家突发公共事件总体应急预案》、国家各专项应急预案、国务院各部门应急预案、省市级的突发公共事件总体应急预案等。其中，《国家突发公共事件总体应急预案》是全国应急预案体系的总纲，明确了各类突发公共事件分级分类和预案框架体系，规定了国务院应对特别重大突发公共事件的组织体系、工作机制等内容，是指导预防和处置各类突发公共事件的规范性文件。

2. 体系构成

在《国家突发公共事件总体应急预案》中，全国突发公共事件应急预案体系包括：

①突发公共事件总体应急预案：是全国应急预案体系的总纲，是国务院应对特别重大突发公共事件的规范性文件。

②突发公共事件专项应急预案：主要是国务院及其有关部门为应对某一类型或某几种类型突发公共事件而制定的应急预案。

③突发公共事件部门应急预案：是国务院有关部门根据总体应急预案、专项应急预案和部门职责为应对突发公共事件制定的预案。

④突发公共事件地方应急预案：具体包括省级人民政府的突发公共事件

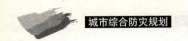

总体应急预案、专项应急预案和部门应急预案；各市（地）、县（市）人民政府及其基层政权组织的突发公共事件应急预案。

⑤企事业单位根据有关法律法规制定的应急预案。

⑥举办大型会展和文化体育等重大活动，主办单位应当制订应急预案。

全国应急预案框架体系包括国家层面、省级层面、市县层面，以及企事业单位层面等各级各类的应急预案。其中，在国家层面，包括国家专项预案和部门预案。在地方层面，以上海为例，包括突发公共事件总体应急预案、突发公共事件专项应急预案、突发公共事件部门应急预案、突发公共事件区县应急预案、突发公共事件基层单元应急预案、突发公共事件重大活动应急预案等。

（三）突发公共事件应急预案的主要内容

1. 预防与应急准备

市级人民政府应当对本行政区域内容易引发特别重大、重大突发事件的危险源、危险区域进行调查、登记、风险评估，组织进行检查、监控，并责令有关单位采取安全防范措施。

县级人民政府应当对本行政区域内容易引发自然灾害、事故灾难和公共卫生事件的危险源、危险区域进行调查、登记、风险评估，定期进行检查、监控，并责令有关单位采取安全防范措施。

县级以上地方各级人民政府按照法规规定登记的危险源、危险区域，应当按照国家规定及时向社会公布。

所有单位应当建立健全安全管理制度，定期检查本单位各项安全防范措施的落实情况，及时消除事故隐患；掌握并及时处理本单位存在的可能引发社会安全事件的问题，防止矛盾激化和事态扩大；对本单位可能发生的突发事件和采取安全防范措施的情况，应当按照规定及时向所在地人民政府或者人民政府有关部门报告。

公共交通工具、公共场所和其他人员密集场所的经营单位或者管理单位应当制定具体应急预案，为交通工具和有关场所配备报警装置和必要的应急救援设备、设施，注明其使用方法，并显著标明安全撤离的通道、路线，保证安全通道、出口的畅通。

2. 监测与预警机制

各地区、各部门要针对各种可能发生的突发公共事件，完善预测预警机制，建立预测预警系统，开展风险分析，做到早发现、早报告、早处置。

根据预测分析结果，对可能发生和可以预警的突发公共事件进行预警。预警级别依据突发公共事件可能造成的危害程度、紧急程度和发展势态，一般划分为四级：Ⅰ级（特别严重）、Ⅱ级（严重）、Ⅲ级（较重）和Ⅳ级（一般），依次用红色、橙色、黄色和蓝色表示。

预警信息包括突发公共事件的类别、预警级别、起始时间、可能影响范围、警示事项、应采取的措施和发布机关等。

预警信息的发布、调整和解除可通过广播、电视、报刊、通信、信息网络、警报器、宣传车或组织人员逐户通知等方式进行，对老、幼、病、残、孕等特殊人群以及学校等特殊场所和警报盲区应当采取有针对性的公告方式。

3. 应急处置程序与救援

（1）信息报告

特别重大或者重大突发公共事件发生后，各地区、各部门要立即报告，最迟不得超过 4 小时，同时通报有关地区和部门。应急处置过程中，要及时续报有关情况。

（2）先期处置

突发公共事件发生后，事发地的省级人民政府或者国务院有关部门在报告特别重大、重大突发公共事件信息的同时，要根据职责和规定的权限启动相关应急预案，及时、有效地进行处置，控制事态。

（3）应急响应

对于先期处置未能有效控制事态的特别重大突发公共事件，要及时启动相关预案，由国务院相关应急指挥机构或国务院工作组统一指挥或指导有关地区、部门开展处置工作。现场应急指挥机构负责现场的应急处置工作。需要多个国务院相关部门共同参与处置的突发公共事件，由该类突发公共事件的业务主管部门牵头，其他部门予以协助。

（4）应急结束

特别重大突发公共事件应急处置工作结束，或者相关危险因素消除后，现场应急指挥机构予以撤销。

4. 应急保障措施

各有关部门要按照职责分工和相关预案做好突发公共事件的应对工作，同时根据总体预案切实做好应对突发公共事件的人力、物力、财力、交通运输、医疗卫生及通信保障等工作，保证应急救援工作的需要和灾区群众的基本生活，以及恢复重建工作的顺利进行。

（1）人力资源

工程抢险救援队伍是应急救援的专业队伍和骨干力量。地方各级人民政府和有关部门、单位应加强应急救援队伍的业务培训和应急演练，建立联动协调机制，提高装备水平；动员社会团体、企事业单位以及志愿者等各种社会力量参与应急救援工作；增进国际间的交流与合作。加强以乡镇和社区为单位的公众应急能力建设，发挥其在应对突发公共事件中的重要作用。中国人民解放军和中国人民武装警察部队是处置突发公共事件的骨干和突击力量，按照有关规定参加应急处置工作。

（2）财力保障

要保证所需突发公共事件应急准备和救援工作资金。对受突发公共事件影响较大的行业、企事业单位和个人要及时研究提出相应的补偿或救助政策。要对突发公共事件财政应急保障资金的使用和效果进行监管和评估。鼓励自然人、法人或者其他组织（包括国际组织）按照《中华人民共和国公益事业捐赠法》等有关法律、法规的规定进行捐赠和援助。

(3) 物资保障

要建立健全应急物资监测网络、预警体系和应急物资生产、储备、调拨及紧急配送体系，完善应急工作程序，确保应急所需物资和生活用品的及时供应，并加强对物资储备的监督管理，及时予以补充和更新。

(4) 基本生活保障

要做好受灾群众的基本生活保障工作，确保灾区群众有饭吃、有水喝、有衣穿、有住处、有病能得到及时医治。

(5) 医疗卫生保障

卫生部门负责组建医疗卫生应急专业技术队伍，根据需要及时赴现场开展医疗救治、疾病预防控制等卫生应急工作。及时为受灾地区提供药品、器械等卫生和医疗设备。必要时，组织动员红十字会等社会卫生力量参与医疗卫生救助工作。

(6) 交通运输保障

要保证紧急情况下应急交通工具的优先安排、优先调度、优先放行，确保运输安全畅通；要依法建立紧急情况社会交通运输工具的征用程序，确保抢险救灾物资和人员能够及时、安全送达。根据应急处置需要，对现场及相关通道实行交通管制，开设应急救援"绿色通道"，保证应急救援工作的顺利开展。

(7) 治安维护

要加强对重点地区、重点场所、重点人群、重要物资和设备的安全保护，依法严厉打击违法犯罪活动。必要时，依法采取有效管制措施，控制事态，维护社会秩序。

(8) 人员防护

要指定或建立与人口密度、城市规模相适应的应急避险场所，完善紧急疏散管理办法和程序，明确各级责任人，确保在紧急情况下公众安全、有序的转移或疏散。

(9) 通信保障

建立健全应急通信、应急广播电视保障工作体系，完善公用通信网，建立有线和无线相结合、基础电信网络与机动通信系统相配套的应急通信系统，确保通信畅通。

(10) 公共设施

有关部门要按照职责分工，分别负责煤、电、油、气、水的供给，以及废水、废气、固体废弃物等有害物质的监测和处理。

(11) 科技支撑

要积极开展公共安全领域的科学研究；加大公共安全监测、预测、预警、预防和应急处置技术研发的投入，不断改进技术装备，建立健全公共安全应急技术平台，提高我国公共安全科技水平；注意发挥企业在公共安全领域的研发作用。

5. 事后恢复与重建措施

（1）善后处置

对突发公共事件中的伤亡人员、应急处置工作人员，以及紧急调集、征用有关单位及个人的物资，要按照规定给予抚恤、补助或补偿，并提供心理及司法援助。有关部门要做好疫病防治和环境污染消除工作。保险监管机构督促有关保险机构及时做好有关单位和个人损失的理赔工作。

（2）调查与评估

要对特别重大突发公共事件的起因、性质、影响、责任、经验教训和恢复重建等问题进行调查评估。

（3）恢复重建

根据受灾地区恢复重建计划组织实施恢复重建工作。

二、城市综合防灾规划与突发公共事件应急预案的关系

突发公共事件应急预案是全方位的城市综合防灾规划的重要组成部分。两者无论在针对的灾害对象类型上、应对时间节点、基本目标、法规依据、管理体制、还是在处置方法上都有共通之处。

在编制全方位的城市综合防灾规划时，需要考虑符合预防、处置突发事件的需要，事先制订城市相关政策法规，建立高效的综合防灾和突发事件应急管理的行政机构和管理体制，事先制订相关突发事件善后处理机制。在人员密集场所配备报警装置和必要的应急救援设备、设施，注明其使用方法，并显著标明安全撤离的通道、路线，保证安全通道、出口的畅通。有关单位应当定期检测、维护其报警装置和应急救援设备、设施，使其处于良好状态，确保正常使用。

在编制城市规划中的城市综合防灾规划时，需要统筹安排应对突发事件所必需的设备和基础设施建设，合理确定应急疏散通道和避难场所。对规划区内容易引发自然灾害、事故灾难和公共卫生事件的危险源、危险区域进行调查登记与风险评估，并制定安全防范措施。例如，对规划区内的矿山、建筑施工单位和易燃易爆物品、危险化学品、放射性物品等危险物品的生产经营场所及周边环境开展隐患排查，及时采取措施消除隐患。

（一）时间阶段与基本目标

在针对的时间节点方面，两者的侧重点有所不同。全方位的城市综合防灾规划，在应对灾害的时间阶段方面，体现出"全过程"的特点，即包括灾前预防、灾中应急救援、灾后恢复重建等三个阶段。突发公共事件应急预案，虽然也提到事前预警和事后恢复，但是其侧重点还是体现在事中的应急处置程序和救援行动上。

在基本目标方面，城市综合防灾规划与突发公共事件应急预案是一致的，即都是为了预防和减少灾害事件的发生，减轻其造成损害，规范政府应对行为，提高应对能力，保障民众生命财产安全，促进社会经济可持续发展。

（二）突发公共事件与灾害类型

在针对的事件类型上，城市综合防灾规划主要针对影响城市的主要灾种，这里包括自然灾害和人为灾害；而突发公共事件应急预案针对事件的类型除了自然灾害外，还包括事故灾害、公共卫生事件和社会安全事件。

以《深圳市突发公共事件应急体系建设"十一五"规划》为例，应急预案所要考虑的突发公共事件类型，与综合防灾规划所要考虑的灾害类型，在自然灾害方面是一致的。例如，影响深圳的自然灾害主要有26种，包括：台风、暴雨、强雷电、大风、滑坡、泥石流、山体崩塌、地面塌陷、高温、森林火灾、严重干旱、冰雹、龙卷风、江河堤防决口、洪水泛滥、寒潮、大雾、霜冻、地震、风暴潮、巨浪、海啸、新传入境内有害生物的暴发和流行、赤潮、大面积病虫草鼠害、转基因生物导致生物灾害等。

影响深圳的事故灾害主要有16种，包括：交通（含陆路、水路及轨道交通）事故，企事业单位发生严重人员伤亡和经济损失的事故，火灾，特种设备事故，电力事故，供水中断事故，燃气资源供应中断事故，通信事故，信息网络事故，金融支付事故，清算系统事故，空难，严重水污染，因资源开发造成严重环境和生态破坏，危险化学品严重泄漏，核设施发生严重放射性污染等。这里的火灾、因资源开发造成严重环境和生态破坏，危险化学品严重泄漏，核设施发生严重放射性污染等与城市综合防灾规划中的灾害类型有交叉之处。

事故灾害中除了火灾外，其他涉及基础设施运行方面的灾害事件和重大危险源事故，与城市综合防灾规划有重叠，这其中包括特种设备事故，电力事故，供水中断事故，燃气资源供应中断事故，通信事故，严重水污染，因资源开发造成严重环境和生态破坏，危险化学品严重泄漏，核设施发生严重放射性污染等。

影响深圳的突发公共卫生事件和社会安全事件类型范围较广，不属于城市综合防灾规划的应对范畴。例如，突发公共卫生事件主要有9种，包括：食物中毒、霍乱、非典、高致病性禽流感、禽流感、鼠疫、炭疽疫、口蹄疫、急性职业病等。深圳存在的社会安全事件风险主要有25种，包括：冲击、围攻党政机关和要害部门，阻拦交通要道或枢纽，非法集会，重大劳资纠纷，金融挤兑，股市风波，群体性械斗、冲关、冲突事件及暴狱，高校发生人数较多、影响较大的聚集，抢购和市场混乱，杀人，爆炸，绑架，抢劫，投毒，劫持民用航空器、客轮和货轮，危害性大的放射性材料被盗、丢失，数量较大的炸药或雷管被盗、丢失，非法捕杀、砍伐国家重点保护野生动植物和破坏物种资源致使物种或种群造成灭绝危险，重大制贩毒品案件，盗窃、出卖、泄露及丢失国家秘密资料，攻击和破坏计算机网络、卫星通信、广播电视传输系统，在本市发生的涉外、涉港澳台重大刑事案件，其他可能严重损害对外关系的突发事件等。

（三）应急管理与综合防灾管理

在管理机构设置和管理体制方面，应急预案管理和综合防灾管理存在一定的交叉，但是又有不同。

在灾害管理方面，我国实行政府统一领导，部门分工负责，灾害分级管理，属地管理为主的减灾救灾领导体制。在国务院统一领导下，中央层面设立国家减灾委员会、国家防汛抗旱总指挥部、国务院抗震救灾指挥部、国家森林防火指挥部和全国抗灾救灾综合协调办公室等机构，负责减灾救灾的协调和组织工作。但是，在地方层面，缺乏统一的有力的综合防灾管理机构。

在应急管理方面，城市突发公共事件应急管理工作由市委、市政府统一领导。市政府是城市突发公共事件应急管理工作的行政领导机构。在我国不少城市，陆续成立了突发公共事件应急管理委员会，决定和部署本市突发公共事件应急管理工作。以上海市为例，上海市应急管理委员会办公室是市应急委的日常办事机构，设在市政府办公厅，负责综合协调本市突发公共事件应急管理工作，对"测、报、防、抗、救、援"六个环节进行指导、检查、监督。具体承担值守应急、信息汇总、办理和督促落实市应急委的决定事项；组织编制、修订市总体应急预案，组织审核专项和部门应急预案；综合协调全市应急管理体系建设及应急演练、保障和宣传培训等工作。市应急委和各应急管理工作机构根据实际需要建立各类专业人才库，组织聘请有关专家组成专家组，为应急管理提供决策建议，必要时参加突发公共事件的应急处置工作。市应急办会同有关部门，整合各方面资源，充分发挥工作机构作用，建立健全快速反应机制，形成统一指挥、分类分级处置的应急平台，提高基层应对突发公共事件能力。

（四）主体内容侧重点

突发公共事件应急预案的主体内容包括监测预警、应急处置、恢复重建、应急保障和预案管理等。其主体内容偏向对突发公共事件的应急管理与协调，应急管理机制的实施运作，各部门的人员、资源的调配、各部门工作内容的配合等。

在城市规划体系内，综合防灾规划的主体内容包括现状灾情概况、防灾能力评估、城市综合灾害风险评估、防灾分区、防灾空间体系布局、防救灾公共设施规划、基础设施防灾规划、危险源布局、实施建议等。其侧重点是对灾害风险的分析和城市空间设施的规划布局上。在城市规划体系外，全方位的城市综合防灾规划的主体内容还包括：监测预警、指挥与管理系统、专业设施系统、生命线系统、支持系统、防灾空间系统、专业队伍建设、教育宣传、实施行动等。

两者的结合点体现在，对于全方位的城市综合防灾规划而言，突发公共事件应急预案是其灾中应急救援工作的一个重要组成部分，是偏重应急管理的内容。当然，对于灾中的应急救援工作来说，除了宏观层面的政府部门的应急管理外，还有很多涉及各单位、各专业工种的具体工作内容。

例如，在实施保障措施方面，包括提高思想认识、加强组织领导、统筹衔接规划、强化责任落实、加大督办督查力度、健全资金保障机制、建立沟通协调机制、推进法治建设、探索构建标准体系、开展国际交流与合作。

在实施的重点建设项目方面，应急预案和综合防灾规划存在着很强的一致性，特别是那些涉及空间设施、用地布局等方面的项目。为加快各项目的实施，需要详细列出各项目的名称、牵头单位、建设内容、建设目标、实施时间计划等信息。以深圳市应急体系建设"十一五"规划重点建设项目为例，包括：市突发公共事件信息发布与媒体服务系统、粮食储备项目、食盐储备项目、成品油储备项目、燃气储备项目、深圳应急平台体系建设、应急共享基础数据库建设、应急示范项目建设、市应急指挥系统建设、深圳公用应急卫星通信网络建设、应急管理培训基地建设、无线调度系统建设、地理信息系统整合应用项目、气象监测设备购置、应急气象决策支持分系统建设、深圳市突发公共事件预警信息发布系统建设、市现代安全实景模拟教育基地建设、救灾直升机购置、数字集群移动通信系统建设、特种大型设备购置、大型起吊、挖掘设备购置、深圳市轨道交通（地铁）应急指挥系统建设、深圳市突发公共卫生事件应急指挥决策系统建设、市突发公共卫生事件急救指挥调度系统建设、民防应急指挥和决策支持系统、深圳海上应急指挥中心二期工程建设、深圳船舶交通管理系统（VTS）改扩建工程、港口甚高频（VHF）通信系统建设、口岸视频测温监控与应急指挥系统建设、饮水安全预警系统、高压天然气应急抢险体系建设、燃气安全综合信息系统建设、区应急指挥系统建设、街道应急指挥系统建设。

第五节　城市综合防灾规划与灾后恢复重建规划的关系

一、城市灾后恢复重建规划的内容要点

（一）城市灾后恢复重建规划的目标与体系构成

1. 目的

灾后恢复重建规划的编制要全面贯彻落实科学发展观，坚持以人为本，优先恢复重建受灾群众基本生活和公共服务设施；坚持尊重科学、尊重自然，充分考虑资源环境承载能力，科学民主决策；坚持统筹兼顾，与推进工业化城镇化和新农村建设及扶贫开发相结合，与主体功能区建设和产业结构优化升级相结合；优先恢复灾区群众的基本生活条件和公共服务设施，尽快恢复生产条件，合理调整城镇乡村、基础设施和生产力的布局，逐步恢复生态环境。坚持以地方为主体，充分发挥灾区干部群众自力更生、艰苦奋斗精神，在国家和其他省（区、市）的支持下实现灾后重建和发展目标。

2. 方针与原则

灾后恢复重建应当坚持以人为本、科学规划、统筹兼顾、分步实施、自力更生、国家支持、社会帮扶的方针。

灾后恢复重建应当遵循以下原则：受灾地区自力更生、生产自救与国家支持、对口支持相结合；政府主导与社会参与相结合；就地恢复重建与异地新建相结合；确保质量与注重效率相结合；立足当前与兼顾长远相结合；经济社会发展与生态环境资源保护相结合。

3. 体系构成

灾后恢复重建规划体系一般包括城乡住房、公共服务设施、基础设施、产业结构调整和生产力布局、市场服务体系、防灾减灾和生态修复等主要内容。以汶川地震灾后恢复重建规划为例，其规划体系包括10个部分，即城镇体系规划、农村建设规划、城乡住房建设规划、基础设施建设规划、公共服务设施建设规划、生产力布局和产业调整规划、市场服务体系规划、防灾减灾规划、生态修复规划、土地利用规划等方面的内容。

（二）城市灾后恢复重建规划的主要内容

1. 过渡性安置

对灾区的受灾群众进行过渡性安置，应当根据灾区的实际情况，采取就地安置与异地安置，集中安置与分散安置，政府安置与投亲靠友、自行安置相结合的方式。

过渡性安置地点应当选在交通条件便利、方便受灾群众恢复生产和生活的区域，并避开地震活动断层和可能发生洪灾、山体滑坡和崩塌、泥石流、地面塌陷、雷击等灾害的区域以及生产、储存易燃易爆危险品的工厂、仓库。实施过渡性安置应当占用废弃地、空旷地，尽量不占用或者少占用农田，并避免对自然保护区、饮用水水源保护区以及生态脆弱区域造成破坏。临时住所可以采用帐篷、篷布房，有条件的也可以采用简易住房、活动板房。安排临时住所确实存在困难的，可以将学校操场和经安全鉴定的体育场馆等作为临时避难场所。

过渡性安置地点应当配套建设水、电、道路等基础设施，并按比例配备学校、医疗点、集中供水点、公共卫生间、垃圾收集点、日常用品供应点、少数民族特需品供应点以及必要的文化宣传设施等配套公共服务设施，确保受灾群众的基本生活需要。临时住所应当具备防火、防风、防雨等功能。

过渡性安置地点的规模应当适度，并安装必要的防雷设施和预留必要的消防应急通道，配备相应的消防设施，防范火灾和雷击灾害发生。

2. 调查评估

（1）灾害范围评估

包括城镇和乡村受损程度和数量，对灾害范围提出评估报告，明确划分标准，区分严重受灾地区和一般灾区，为确定规划范围提供依据。

（2）灾害损失评估

包括人员伤亡情况，房屋破坏程度和数量，基础设施、公共服务设施、工农业生产设施与商贸流通设施受损程度和数量，农用地毁损程度和数量；以及环境污染、生态损害以及自然和历史文化遗产毁损等情况；水文地质、工程地质、环境地质、地形地貌以及河势和水文情势、重大水利水电工程的受影响情况；进行全面、系统的评估。

（3）社会经济评估

需要安置人口的数量，需要救助的伤残人员数量，需要帮助的孤寡老人及未成年人的数量，需要提供的房屋数量，需要恢复重建的基础设施和公共服务设施，需要恢复重建的生产设施，需要整理和复垦的农用地等。

(4) 资源环境承载能力评价

根据对水土资源、生态重要性、生态系统脆弱性、自然灾害危险性、环境容量、经济发展水平等的综合评价，确定可承载的人口总规模，提出适宜人口居住和城乡居民点建设的范围以及产业发展导向。

(5) 次生灾害和隐患等情况

包括突发公共卫生事件及其隐患。

3. 恢复重建规划

灾后恢复重建规划应包括灾害状况和区域分析，恢复重建原则和目标，恢复重建区域范围，恢复重建空间布局，恢复重建任务和政策措施，有科学价值的地震遗址、遗迹保护，受损文物和具有历史价值与少数民族特色的建筑物、构筑物的修复，实施步骤和阶段等主要内容。

灾后恢复重建规划应重点对城镇和乡村的布局、住房建设、基础设施建设、公共服务设施建设、农业生产设施建设、工业生产设施建设、防灾减灾和生态环境以及自然资源和历史文化遗产保护、土地整理和复垦等做出安排。灾区的中央所属企业生产、生活等设施的恢复重建，纳入地震灾后恢复重建规划统筹安排。

此外，在编制灾后恢复重建规划时，还需要对灾后重建的各项政策进行专题研究，提出支持的建议。包括：财政政策、税费政策、金融政策、土地政策、产业政策，以及对口支持、社会募集等其他措施。

4. 恢复重建的实施

灾区的市、县人民政府应当在省级人民政府的指导下，组织编制本行政区域的灾后恢复重建实施规划。灾区的省级人民政府，应当根据灾后恢复重建规划和当地经济社会发展水平，有计划、分步骤地组织实施地震灾后恢复重建，统筹安排市政公用设施、公共服务设施和其他设施，合理确定建设规模和时序。

主管部门应当会同文物等有关部门组织专家对灾害废墟进行现场调查，对具有典型性、代表性、科学价值和纪念意义的灾害遗址、遗迹划定范围，建立灾害遗址博物馆。灾区政府应当组织专家，根据灾害调查评估结果，制定清理保护方案，明确灾害遗址、遗迹和文物保护单位以及具有历史价值与少数民族特色的建筑物、构筑物等保护对象及其区域范围。

对清理保护方案确定的灾害遗址、遗迹应当在保护范围内采取有效措施进行保护，抢救、收集具有科学研究价值的技术资料和实物资料，并在不影响整体风貌的情况下，对有倒塌危险的建筑物、构筑物进行必要的加固，对废墟中有毒、有害的废弃物、残留物进行必要的清理。

对文物保护单位应当实施原址保护。对尚可保留的不可移动文物和具有历史价值与少数民族特色的建筑物、构筑物以及历史建筑，应当采取加固等保护措施；对无法保留但将来可能恢复重建的，应当收集整理影像资料。

对馆藏文物、民间收藏文物等可移动文物和非物质文化遗产的物质载体，应当及时抢救、整理、登记，并将清理出的可移动文物和非物质文化遗产的物质载体，运送到安全地点妥善保管。

对灾害现场的清理，应当按照清理保护方案分区、分类进行。

经批准的灾后恢复重建项目对在原地重建的居民住房和相关公共服务设施，对恢复生产和恢复重建有先导作用的基础设施项目等，可先行启动建设。重建项目可以根据土地利用总体规划，先行安排使用土地，实行边建设边报批，并按照有关规定办理用地手续。对因灾害毁损的耕地、农田道路、抢险救灾应急用地、过渡性安置用地、废弃的城镇、村庄和工矿旧址，应当依法进行土地整理和复垦，并治理地质灾害。

灾后重建工程的选址，应当符合灾后恢复重建规划和抗震设防、防灾减灾要求，避开地震活动断层、生态脆弱地区、可能发生重大灾害的区域和传染病自然疫源地。

相关链接：国内外灾后恢复重建规划案例

（1）舟曲灾后恢复重建规划

2010年8月7日午夜23时，舟曲县城东北部山区突降暴雨，引发三眼峪、罗家峪两条沟系特大山洪泥石流。舟曲灾后恢复重建规划的主要内容包括：灾后恢复重建的指导思想、基本原则、主要目标；城乡住房建设标准、规模；城镇功能恢复及公用设施建设；教育、卫生、文化、广电、社会福利、基层政权等公共服务设施建设；交通、能源、通信、水利等基础设施建设；城乡商贸、金融等服务业恢复重建；生产企业、旅游业、农牧业恢复重建；防灾减灾和生态保护；重建资金安排，各项支出政策和保障措施等。在防灾减灾方面，包括灾损评估、资源环境承载能力评价、房屋及建筑物受损程度鉴定及城镇规划修编、地质灾害评价和土地利用规划调整、研究提出重建项目和有关扶持政策措施；灾后恢复重建规划要与舟曲县城镇规划修编、土地利用规划调整相衔接。后来，又陆续编制了《舟曲灾后恢复重建地质灾害防治规划》、《甘肃舟曲特大山洪泥石流灾害灾后恢复重建土地利用规划》等。

（2）玉树地震灾后恢复重建规划

玉树地震发生于北京时间2010年4月14日。6月14日，国务院批准并印发了《玉树地震灾后恢复重建总体规划》，确定了城乡居民住房、公共服务设施、基础设施、生态环境、特色产业和服务业、和谐家园等方面恢复重建任务和建设重点。重建任务突出保障民生，把城乡居民住房和教育、卫生等公共服务设施恢复重建摆在优先位置；着力提升改善基础设施，完善城镇功能；突出生态环境保护，加强三江源、隆宝自然保护区建设；突出和谐家园建设，落实民族宗教政策，修复重建重点文物和宗教设施，构筑各民族和谐相处、和衷共济、和谐发展的美好家园。

（3）汶川大地震灾后恢复重建规划

2008年5月12日14时28分，四川汶川、北川发生8级强震。9月19日，国务院公布《汶川地震灾后恢复重建总体规划》（国发[2008]31号）。在灾后重建总体规划中的防灾减灾章节中，主要包括灾害防治和减灾救灾等部分。

灾害防治的内容包括：加强对滑坡、崩塌、泥石流等地质灾害和堰塞湖等次生灾害隐患点的排查和监测，尽快治理险情紧迫、危险性大、危害严重的隐患点。加强地震、地质、气象、洪涝灾害等的专业监测系统、群测群防监测系统、信息传输发布系统和应急指挥调度系统及其配套设施建设，提高监测预测预警能力。建设监测预警示范区。加强基础测绘工作，恢复建设测绘基准点，建设地理信息系统。

减灾救灾的内容包括：加强紧急救援救助能力建设，充实救援救助力量，提高装备水平，健全抢险抢修和应急救援救助专业队伍。加强救灾指挥系统建设，建立健全综合救灾应急指挥、抢险救援和灾情管理系统。结合交通网建设疏散救援通道，建立应急水源、备用电源和应急移动通信系统。健全救灾物资储备体系，提高储备能力。完善各类防灾应急预案，加强城乡避难场所建设，普及防灾减灾知识，提高全民防灾减灾意识。合理确定抗震设防标准，按灾情烈度提高灾区原有设防等级。

（4）唐山大地震灾后恢复重建规划

1976年7月28日大地震后，百年工业城市唐山瞬间被夷为废墟。1976年版的《河北省唐山市总体规划》的编制工作即在此背景下展开。

规划空间布局：采用混合型的布局方式，除在老市区安全地带的原地重建并适当向西、北发展外，将机械、纺织、水泥等工业及相应生活设施迁至主城区和距其东部25公里的东矿区两个片区。出于震后城市生产和生活安全的考虑，唐山城市被分成三大片区：中心城区、丰润新区和东矿区；从而形成"一市三城"的分散组团式城市布局结构。

（5）日本阪神地震重建规划

日本时间1995年1月17日，日本关西地区发生了7.3级的阪神大地震。《神户市复兴计划》的主要内容除了重建的基本思路和基本课题，重建社会的发展目标外，还一项很重要的内容，就是安全城市的建构。安全城市的核心思想是安心、活力、魅力的互动；其基本思路中包括三个基本视点，一是独立生活圈的形成，二是日常性与灾害时的调和，三是市民、企业、政府的责任分工与合作。安全城市的内容包括制订防灾计划、整备防灾体制，强化迅速灵活地应对多样化灾害事件的能力，重视防灾设施据点的整备和区域合作，强调灾害文化的继承。安全城市的空间体系中包括两个主要的概念，一是防灾生活圈，二是防灾城市基盘。防灾生活圈是日本安全城市规划建设的一个重要特色，根据地域范围大小的不同，分为近邻生活圈、生活文化圈、区生活圈三个圈层。每个圈层所对应的防灾据点也相应地具有不同的防灾功能。防灾城市基盘中包括四个主要元素，即防灾绿轴、地域防灾据点体系、海陆空广域防灾据点体系，生命线网络。

二、城市综合防灾规划与灾后恢复重建规划的关系

灾后恢复重建规划从本质上讲，是一个在城市的特殊时期、特殊背景下，由于特殊的原因而制订的城乡总体规划。它一方面比较重视近期灾后重建项目的布局，而另一方面，又基于安全减灾的原因，对城市的用地选择和总体空间格局进行战略性的调整。它既非常重视城市的防灾减灾问题和生态环境修复问题，又非常重视灾后的产业调整和土地的功能布局。

从时间阶段上讲，全方位的城市综合防灾规划包括灾前、灾中、灾后三个阶段，在这一点上，灾后恢复重建规划可以看成是全社会城市综合防灾规划的重要组成部分，主要针对灾后的恢复重建工作。

就城市规划中的城市综合防灾规划而言，由于偏重灾前预防工作，与灾后恢复重建规划在应对灾害的时间节点上有所不同。但是，从规划内容上看，两者都是通过各种措施，优化城市空间形态结构、提高城市的综合防灾能力，在这一点上，两者采取的手段和想要达到的目标是一致的，只不过时间和背景不同。

以都江堰城区灾后恢复重建规划为例，重建规划中有一个重要的战略思想：从恢复到跨越。体现在三个方面，即建设一个国际性的旅游城市，建设一个优势突出的产业结构，建设一个城市新都心。具体办法是抓住灾后重建的空间重组机遇，优化结构。建立具有抗灾减灾能力的城市结构：都江堰城区三级抗灾空间体系的建立是对原规划进行抗灾布局梳理和完善的基础上进行的城市抗灾的主通道和避难的主场所除了包括城市的主要放射性主次干道和主要城市公园外，沿四条内江分支的河渠及其两侧也成为城区抗灾和避难的主通道和重要场所。在四条河渠之间的指状片区内，通过联系道路以及与河渠两侧开放空间直接连通的片区和组团绿地，建立了两级枝状延伸的抗灾空间系统，将汇集避难人群和运送救灾物资的通道深入到人口密集的组团内部。从而更进一步降低了抗灾的脆弱性（图7）。同时，城市的道路网密度也需要增加从提高城市抗灾能力的角度，增加道路网密度、减小街坊规模是增加疏散通道和降低灾害人员伤亡的有效途径。在都江堰城区重建规划中，在重建区域内采用小街坊的模式，设想把道路网间距控制在150m左右（图2-3）。

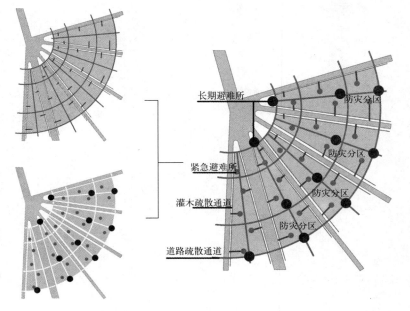

图2-3 都江堰城区抗灾空间系统图

第三章 城市综合防灾总体规划

第一节 城市综合防灾总体规划的内容构成与作用

一、城市综合防灾总体规划的内容构成

城市综合防灾总体规划的内容构成包括针对市域的综合防灾规划和针对中心城区的城市综合防灾规划。其中,针对中心城区的城市综合防灾规划又包括城市综合防灾总体规划的现状分析、城市灾害风险评估与损失预测、城市总体防灾空间规划、城市疏散避难空间体系规划、城市公共设施与基础设施的防灾规划、城市危险源布局规划等内容。

二、城市综合防灾总体规划的作用

城市综合防灾总体规划的作用是分析城市综合防灾工作中的问题和不足,通过调整土地利用、空间和设施布局,形成良好的城市防灾空间设施网络,制定工程性和非工程性防灾措施,提升

城市整体的综合防灾能力。

市域的综合防灾规划是指在市域范围内，解决全局性的重大防灾问题，布局市域重要防灾空间设施和建立市域防灾管理联动机制。

中心城区的城市防灾综合规划是指在中心城区规划范围内，科学分析灾害风险形势，评价城市现有综合防灾能力，制定适当规划对策措施，以降低灾害风险和减少灾害损失。

城市综合防灾总体规划现状分析的目的是通过收集大量城市灾害资料和防灾资料，评价城市现状用地的安全与适宜性，分析城市现状综合防灾能力的问题与不足。

城市灾害风险评估与损失预测是通过分析城市灾害特征，明确城市灾害风险的空间分布特征，并对未来潜在的灾害损失进行预测，为后期城市综合防灾规划对策的提出打下科学的基础。

城市总体防灾空间规划是在规划区范围内对各类城市防灾空间与设施进行总体布局，明确各类防灾空间设施的空间结构关系。

城市疏散避难空间体系规划是对规划区内潜在的疏散避难空间资源进行评价，对各级各类疏散通道和避难场所进行选择和指定，并建构起科学高效的避难疏散空间网络体系。

城市公共设施与基础设施的防灾规划是针对与城市防救灾工作密切相关的指挥、医疗、消防、物资、治安等公共设施，以及电力、通信、给水等基础设施，制定科学合理的防灾规划对策及措施。

城市危险源布局规划是通过分析危险源的种类、特性与分布，找出现状存在的问题，并对各类危险源提出规划原则和空间布局策略。

第二节　市域综合防灾规划对策研究

一、市域综合防灾规划对策研究程序

市域综合防灾规划对策研究编制的程序一般可包括以下四个步骤：现状调查和问题分析、风险评估、防灾空间与设施的规划布局，以及建立区域联动救灾机制。

1. 现状调查与问题分析

现状调查的内容包括三个方面的资料，一是市域的自然地理环境特点，包括地形地貌地质特征、水文资料、气象资料、山体与林地的分布等；二是人工环境特征，包括市域的行政区划、市域空间形态与结构、市域性快速道路交通系统、重大市域性基础设施的现状布局、人口分布、建筑物分布概况等；三是历史灾害和救灾资料，包括历史上该市域各类主要灾害发生的次数、频率、影响范围、持续时间、灾损大小，以及历次救灾的情况、灾民安置与救助的情况、灾后重建情况等。

问题分析的目的是找出该区域目前在综合防灾方面存在的主要问题，包

括影响市域健康可持续发展的各类主要灾害的类型、各类主要灾害对应的高风险地区的分布、市域性重大危险源的分布、市域空间形态与结构在防灾方面的不足、市域防灾设施与防避灾空间的不足、市域防灾能力方面的不足等等。

2. 风险评估

在市域层面进行风险评估的目的，是在对市域空间和历史灾害现状进行充分调查的基础上，找出不同地区的风险高低程度，以及同一地区的不同灾种的风险程度。通过对市域内的各类灾害进行风险评估，得出市域的灾害风险图，特别需要明确的是高风险地区的位置分布情况，以及风险的高低程度。对于高风险地区，可以划定为重点防灾对策推进地区，重点采取系列防范措施，把潜在的灾损降低到最小。对于中风险地区，可以划定为一般防灾对策推进地区，制定完善的灾害预防措施。

3. 规划布局防灾空间与设施

市域防灾空间与设施的规划布局主要包括两个方面的内容，一是市域防灾空间，二是市域防灾设施。

市域防灾空间包括区域快速道路交通网络，如高速公路、国道、省道、铁路、高速铁路、城际轨道交通、主要河流航道、支线航空线路与机场等；市域避难场所，如大型公园、郊野公园、森林公园、大型绿地、大型体育训练基地和比赛场馆、大型游乐场、农田等。

市域防灾设施主要是指市域生命线系统设施。如市域供水系统的大型水厂、主要水源地、大型水库、供水主干管、跨区域调水的沟渠和管道工程等；市域供电系统的大型电厂、区域性变电站、高压走廊等；市域通信设施包括区域性通信线路网络、大型基站、发射塔、通信枢纽等；市域救灾物资储存网络，主要是指区域性粮库的布局，包括国家级粮食储备库、省级粮食储备库、市级粮食储备库等。

4. 制定区域救灾联动方案

区域救灾快速联动主要包括三个方面的工作，一是人员与救灾设备的相互支援；二是灾害信息情报的互通有无；三是当发生区域性灾害时，需要区域内各行政区联合制定与实施区域性防灾方案措施。

人员的支援，如救灾专业人员、救援部队、武警官兵、消防部队、警察公安等。

各类救灾机械设备的支援，包括吊车、起重机、挖掘机、推土机、自卸车、装载机、手动液压泵、破碎拆除工具、重型液压扩张器、液压钳等小型液压设备、消防车、通讯设备、紧急发电设备、紧急照明设备、生命探测仪、搜救犬、卡车、运输车辆、帐篷、药品、医疗器械以及蜡烛等。

灾害信息情报的沟通机制和公开机制对区域各行政区之间建立良好的合作至关重要。灾害信息的互通是合作的前提和基础，对合作的效果有重要影响。灾害信息的互通和公开需要建立灾害信息共享平台和沟通渠道，能够做到及时沟通，高效合作。

区域性防灾方案主要针对那些影响范围较大、跨越行政区划的灾害，如流域性的洪灾、大规模的地震、强台风、大范围的暴雪、森林大火等。当大规模的灾害发生时，邻近地区同时受灾的可能性很高，因此，防灾措施涉及各行政区的防灾救灾工作，需要各行政区签订相互支援的协定，进行通力合作，才能有效完成。

以日本的神户市为例，神户市中心地区和淡路地区、三木地区等三个地区在防灾方面建立了合作机制，一旦发生灾害，三地可以相互支援。例如当神户市中心地区发生灾害后，淡路地区和三木地区可以对市中心地区进行支援；市中心地区的受伤人员也可以运送到其他两个地区进行救治（图3-1）。

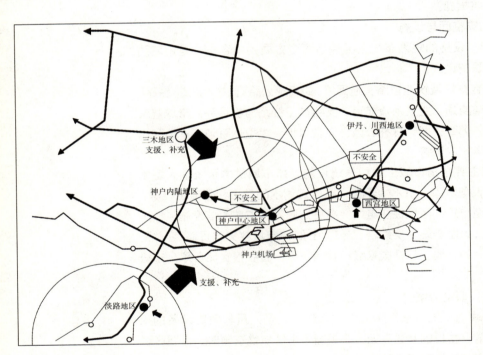

图3-1 神户市区域防灾据点的配置

二、市域综合防灾规划对策

1. 形成市域防灾交通网络

编制市域综合防灾规划时，一个规划重点是区域交通网络的形成，目的是保证从全国各地到区域性防灾据点系统有灵活多样的运输手段，从区域性防灾据点设施到受灾核心地区也有灵活多样的运输手段，同时，确保区域性防灾据点设施接近一方的城市交通网络的安全性。

区域防灾交通路网规划的内容，主要是以对应区域的空间结构为基础，来规划区域交通轴，联系防灾中枢据点，以及海陆空防灾据点。城市与区域间的长距离交通防灾转运路网系统，以疏散车流，减少区域间的人流、车流、物流的使用时间与空间的拥挤。

区域性防灾交通网络主要由高速公路、城市快速路、国道、省道、铁路、高速铁路、城际轨道交通网络等构成。

2. 规划设置市域防灾轴

市域防灾轴主要由区域性交通网络、区域性绿带、河流等要素组成。在区域层面规划布局区域防灾轴的目的，是在区域范围内形成高效的防灾轴线网络，划分规模较大的防灾单元区块，将灾害的影响范围尽可能控制在各防灾单元区块内，使灾害不扩展外延，不对周边地区造成较大的威胁和损失。

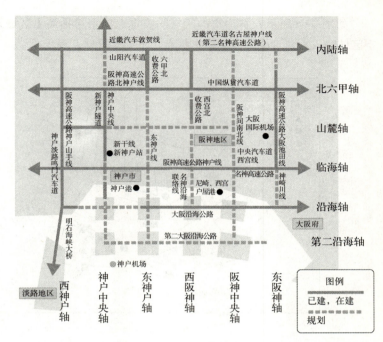

图3-2 神户市的防灾轴体系

除了灾害蔓延之外，由区域交通干道构成的区域防灾轴还承担着区域内防灾紧急物资运输通道的作用；由区域性绿带公园构成区域防灾轴也承担着避难疏散的作用。

例如，神户市在城市总体空间结构上具有"六纵六横"共12条主要的防灾轴，如临海轴、山麓轴、内陆轴、神户中央轴等，有的是结合滨水绿带设置、有的是结合主干路网设置，所有的防灾轴在一起形成纵横结合的、均衡分布的防灾空间网络（图3-2）。

3. 规划设置市域性防灾据点

(1) 功能

市域性防灾据点是指能够开展重要防救灾活动的市域性城市公园等场所。其主要功能包括救援物资的转运、分配功能；区域支援部队的集结、宿营功能；应急修复器材的储备功能；海上运输的支援功能；灾害医疗支援功能；日常，休憩场所与教育场所的功能。

(2) 选址与任务

1) 区域防灾据点的选址

为了避免灾时市区内的混乱，对受灾地区可以迅速救援，区域防灾据点一般在人口稠密的市区周边区域配置；为了确保可达性，区域防灾据点有时也设置在陆上交通的交叉点附近、海上运输的重要港湾附近、航空运输的机场附近。

2) 区域防灾据点规划的工作任务

区域防灾据点规划的主要任务是完善避难功能，提升防灾能力，配置和调整周边土地使用性质，有效充分利用现有的公共设施。

如图 3-3 所示，神户市的区域防灾据点体系包括海上区域防灾据点、航空区域防灾据点、陆地区域防灾据点、防灾中枢据点等。

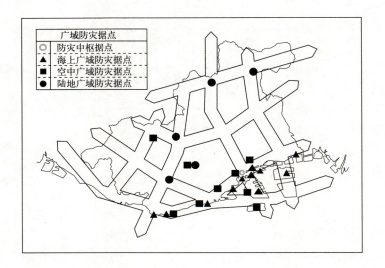

图 3-3　神户市的广域防灾据点体系

第三节　城市综合防灾总体规划的现状分析

一、城市灾害概况与特征分析

（一）研究内容

在城市综合防灾总体规划编制中，现状调研的目的是理清城市历史上的灾害种类、历次重大灾害事件、各类灾害发生的时间、频率、持续时间、地点、影响范围、损失程度以及各类灾害的空间与时间特征等内容，以便为之后的问题分析和规划对策打下基础。

（二）现状调查

1. 调查地域范围

调查的地域范围与城市综合防灾总体规划的规划范围一致，规划范围与城市总体规划一致，即城市规划区的地域范围。

2. 现状资料收集

历史上该城市发生的各类灾害的具体统计资料，包括各类年鉴和统计资料、地方志，以及民政部门、气象部门、消防部门、水利部门、地震部门、地质部门、建设部门等的相关统计数据资料和基础图纸。灾害的种类包括：地震灾害、地质灾害、火灾爆炸、洪涝灾害、气象灾害、海洋灾害等。

其中，地质资料包括地震断裂带、滑坡、塌陷、泥石流、崩塌等各类地质灾害的分布、地质条件等文字资料和图纸；水文资料包括河流、湖泊等分布、洪水潜在影响范围、河堤设防等级、泄洪区等分布的文字资料和图纸；气象资料包括台风、飓风、龙卷风、暴雨雪、沙尘暴等文字资料和图纸等。具体图纸包括城市地形图、城市工程地质图；城市地震动参数图、城市活断层探测成果；城市地震动小区划；城市地质灾害小区划；城市三维地质调查成果；城市发震断裂分布图；城市地震灾害史、水文地质图、火灾分布地图与火灾安全隐患分布图、危险源分布图、河流湖泊等水系分布图、水库大坝分布图、防洪堤分布图、洪水潜在影响范围图等。

二、城市现状用地的安全与适宜性评价

现状城市用地的地质条件如何，直接决定了未来规划建设的安全程度。在进行城市综合防灾总体规划之初，需要系统分析现状城市用地的地质条件及其安全程度，并对其未来开展规划建设活动的适宜性进行评估。

（一）城市用地安全与适宜性评价内容

城市用地安全适宜性评价 包括以下五个方面的内容。

一是城市地震地质背景，如构造应力场基本特征、地震区带、地震地质构造及其活动性等。

二是场地环境，如基岩埋深、土体类型和分类、断裂构造及其分布、断裂构造的活动性、地形地貌等。

三是地震灾害效应，如场地液化、震陷、地表错断、地震滑坡、地震动参数、地震动效应的影响因素等。

四是城市地质灾害影响，如岩溶地面塌陷、滑坡、崩塌、河流冲蚀塌岸、软土引起的工程地质问题、地质灾害易发程度分区。

五是城市用地抗震适宜性评价，如土体类型及其分布、基岩分布及其埋深、用地抗震类型分区及剪切波速确定、软土震陷评估等。

（二）城市用地安全与适宜性评价方法

依据相关国家标准和规范，为了定量获得各因素对城市土地适宜性的贡献度，用一定距离边长的网格将城市规划区内的土地进行划分。综合考虑基岩埋深、地形坡度、滑坡崩塌、软土分布、砂土分布及液化可能性、河流岸线的稳定性等因素，用单因素赋值、多因素叠加的方法，将城市土地适宜性分为适宜区、较适宜区、有条件适宜区、不适宜区四类区域。

适宜区：不存在或存在轻微影响的场地地震破坏因素，一般无需要采取整治措施；场地稳定；无或轻微地震破坏效应；无或轻微不利地形影响。

较适宜区：存在一定程度的场地地震破坏因素，可采取一般整治措施满足建设要求；场地存在不稳定因素；软弱土或液化土发育，可能发生中等及以上液化或震陷，可采取抗震措施消除；条状突出的山嘴，高耸孤立的山丘，非岩质的陡坡，河岸和边坡的边缘，平面分布上成因、岩性、状态明显不均匀的土层（如故河道、疏松的断层破碎带、暗埋的塘滨沟谷和半填半挖地基）等地质环境条件复杂，存在一定程度的地质灾害危险性。

有条件适宜区：存在难以整治场地地震破坏因素的潜在危险性区域或其他限制使用条件的用地，由于经济条件限制等各种原因尚未查明或难以查明；存在尚未明确的潜在地震破坏威胁的危险地段；地震次生灾害源可能有严重威

胁；存在其他方面对城市用地的限制使用条件。例如对于岩溶地面塌陷危险性大、难以治理的岩溶地面塌陷区域，工程建设应避让。

不适宜区：存在场地地震破坏因素，但通常难以整治，例如可能发生滑坡、崩塌、地陷、地裂、泥石流等的用地；发震断裂带上可能发生地表位错的部位；其他难以整治和防御的灾害高危害影响区。该类区域不应作为工程建设用地。基础设施管线工程无法避开时，应采取有效措施减轻场地破坏作用，满足工程建设要求。

三、城市现状综合防灾能力评估

（一）城市硬件设施的综合防灾能力评估

1. 城市现状疏散通道系统综合防灾能力评估

（1）概念界定

疏散通道系统是指在灾害发生后，能够承担救灾与疏散避难等功能的各类通道网络系统，主要包括城市道路交通系统、铁路系统、水路航运系统、航空运输系统等。一般以城市道路交通系统为主要规划对象。道路交通系统与其他的防灾空间系统也密切相关，各空间系统的功能发挥，都需要借助道路交通系统的正常运作方可达成；道路系统的功能发挥正常与否，直接影响了避难与救灾的效率与效果，其地位十分重要。

（2）评价内容

城市道路交通系统安全与否关系灾后救援功能发挥，影响其安全性的因素众多，以各种安全性影响图的套迭为主要评估方式。评估因子主要包括三个方面，一是网络性，二是均衡性，三是安全性；评估对象包括市内交通和对外交通两个组成部分。

市内交通安全性评价主要是考察城市市内交通网络的完善程度，包括快速道路、主次干道的网络性和均衡性，城市各组团或分区之间交通联系的便捷度，过江交通的便利度，市内轨道交通线路和内河航运线路的分布，市内交通换乘枢纽的功能复合度和换乘便利性等。

对外交通安全性评价主要考察城市对外交通的衔接良好度，包括高速公路的网络性，与市内干道网的衔接，铁路、城际轨道交通线路与高速铁路线路的分布，对外交通设施如机场、火车站、港口、长途汽车站等的分布，重要对外交通枢纽交通功能的复合度，以及城市主要出入口位置与数量等。

高架道路、桥梁可能阻断区域分析城市中所架设的高架道路、路桥及对外联络的桥梁，在破坏性强大的地震发生时，可能形成地区间交通的阻断，不论在避难与救灾的行动上，都会形成一定的妨碍。因此规划上，必须考虑高架道路及桥梁阻断所带来的影响。

地震断层带经过可能影响路段分析地震断层带经过区域往往造成地表严重损害，对于防灾道路也是如此，依据台湾地区九二一地震经验，断层段经过区域，地震后较容易造成路面断裂，地层隆起或下陷情形；因此，可以分析各主要道路于震后可能造成交通动线阻断的可能，运用以 GIS 系统套迭地震断层带与路网图层，由其套迭结果得到路网与断层断交错路段，以提供防灾道路及避难路线规划的参考。

2. 城市现状避难场所系统综合防灾能力评估

（1）概念界定

城市避难场所是为应对地震等灾害和突发事件，经规划建设，具有应急避难生活服务设施，可供居民紧急疏散避难、临时生活的安全场所。其配置的生活服务配套设施包括基本设施、一般设施和综合设施。

①基本设施是为保障避难人员的基本生活需求而设置的配套设施，包括救灾帐篷、简易活动房屋、医疗救护和卫生防疫设施、应急供水设施、应急供电设施、应急排污设施、应急厕所、应急垃圾储运设施、应急通道、应急标志等。

②一般设施是为改善避难人员生活条件，在基本设施的基础上增设的配套设施，包括应急消防设施、应急物资储备设施、应急指挥管理设施等。

③综合设施是为提高避难人员的生活条件，在已有的基本设施和一般设施的基础上增设的配套设施。包括应急停车场、应急停机坪、应急洗浴设施、应急通风设施、应急功能介绍设施等。

（2）评价内容

1）可利用资源的评价

主要是考察城市中现有的可作为避难场所利用的用地资源的数量，以及用地规模与人口规模的数量对应关系，即现有避难场所的规模容量是否满足需求。在很多城市的中心区，开放空间严重短缺，可以作为避难场所的用地资源极少，但是，这些地方又是人口密集区；避难场所的供需矛盾非常突出。

2）布局均衡性

主要是考察城市现有可作为避难场所的用地的空间布局是否均衡，以及是否满足相应服务范围内人口的避难需求，即与人口分布的空间对应关系。在很多城市，可作为避难场所的用地资源现状分布很不均衡，例如一些高校集中区，开放空间资源很多；但是，在中心区、旧区等地区内，可利用的开放空间资源又极少。这种不均衡性需要通过合理规划进行调整。

3）交通可达性

为使灾害发生时避难人员可以顺利抵达并进入避难场所，进行避难活动，需针对避难场所本身及其外围环境进行交通可达性的调查和评估。主要是考察城市中现有可作为避难场所的用地是否能够便捷地到达，是否与周边道路和居民区有便捷的交通联系，用地与城市干道的距离，用地上出入口的位置、数量和出入口的宽度，出入口连接的城市道路的等级等。此外，还包括救灾资源的

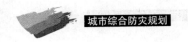

可达性,避难场所应选择消防车、警车、救护车、直升机及其他救援工具容易到达的地点。

4) 安全性评价

避难场所的安全性评价包括三个方面,一是考察城市中现有可作为避难场所的用地的地质安全性,即是否位于地震断裂带或地质灾害多发区内,或者是否位于洪水淹没区内,如果存在上述情况,则该用地不能作为避难场所使用。二是用地与危险源的距离远近关系,如果用地紧邻重大危险源,也不能使用作为避难场所。三是用地内自身建筑结构的性能质量,例如,如果校园内的教学和体育建筑本身都是危旧房,那么,这些建筑就不能作为避难场所来进行使用。四是周边是否有高架道路和高架桥梁,因为在发生大震和巨震等大规模灾害时,这些设施可能被毁,造成地区间交通的阻断,对于避难和救灾行动都会形成一定的妨碍。

3. 城市现状应急指挥系统综合防灾能力评估

(1) 概念界定

应急指挥系统是指在地震、洪水等灾害发生时,依照相关程序联络消防、治安、医疗等相关单位,统筹指挥各级救灾力量,同时进行灾情信息收集、信息发布等工作的机构体系。通常情况下,应急指挥系统主要依托于城市的各级政府,由市级应急指挥中心和区级应急指挥中心构成。市级应急指挥中心具有统计各地灾情、指挥下达救灾任务的责任;区级应急指挥中心依据程序执行救灾命令,并收集各救援执行部门(消防、警察、医疗)的反馈意见,统计呈报给市级应急指挥中心。

(2) 评价内容

1) 均衡性

主要是考察城市中现有各类应急指挥设施的空间分布是否均衡。因为现有的可作为应急指挥设施的建筑,主要是市区各级政府,这些单位是按照行政区划进行划分的,某些情况下,城市中政府部门布局较为集中,从而造成应急指挥设施在城市空间上的分布不均衡。

2) 可达性

主要是考察应急指挥中心的出入口连接道路的等级,即是否连接城市次干道及其以上级别的道路,且应能面临2条以上的城市道路。因为应急指挥设施是救灾工作的中枢地点,在灾时和灾后会有大量的各类信息和人员、车辆的进出,可达性十分重要。

3) 应急功能性

主要是考察各类应急指挥设施是否配备有相应的设施设备,主要包括应急功能性空间、应急通信系统、安全备援系统、各类应急器材与基本生活服务设施。其中,指挥中心内的功能性空间包括首长决策室、各部门会议室、新闻发布室等。应急通信系统包括计算机设备、打印机、复印机、有线网络设备、视频会议系统、防救灾专线电话、海事卫星电话等。安全备援系统包括紧急电

第三章 城市综合防灾总体规划

源设备(不断电系统)、紧急照明设施、消防设备、蓄水池。各类应急器材和设备包括灾情显示广告牌、辖区地图、投影设备、灾情记录与通报册等。基本生活服务设施包括饮水、食品、休憩、洗浴、厕所等。

4) 安全性

主要是考察城市中现有各类应急指挥设施的安全性,即其是否位于地震断裂带、地质灾害多发区或洪水影响区内,与危险源的距离远近关系,周围高架道路与桥梁及建筑物倒塌的危险可能性,以及指挥建筑本身的建筑质量等等。

4. 城市现状应急医疗设施系统综合防灾能力评估

(1) 概念界定

应急医疗系统是指在灾害发生时,发挥救治伤员、并进行卫生防疫的机构设施。主要依托于我国城市的二级及二级以上的各类医院,以及疾病控制中心、血库;必要时,社区卫生服务中心和其他基层医疗卫生服务设施也需要承担医疗急救的功能。

(2) 评价内容

1) 规模容量

主要是考察城市中现有可以用于应急医疗的设施规模容量,例如医院的建筑面积、医护人员数量、病床数、室外场地面积、救护车数量等资源条件能否满足灾时伤员的救治需求,是否与各分区的人口规模相适应。

2) 均衡性

主要是考察城市中各类医疗设施在空间上的分布均衡性程度。城市中心区的各类医疗设施较多,规模较大,而新区、城乡结合部、郊区城镇的医疗设施相对较少,应急医疗设施分布的不均衡将会延误救治伤员的宝贵时间,加大损失程度。

3) 可达性

主要是考察各类医疗设施的交通可达性,与城市干道是否有快捷的交通联系。在很多城市普遍存在一些医院大门开在城市支路上,门前道路狭窄且过多弯曲,不利于救护车辆的快速出车和伤员的便捷进入的现象。应急医疗设施的可达性具体包括出入口是否邻接2条以上的道路、出入口面临道路的宽度、出入口数量、出入口最大有效宽度、是否具备空运功能、停车场地的大小等。

4) 安全性

主要是考察城市中现有应急医疗设施的安全性,即是否位于地震断裂带或地质灾害多发区以及洪水影响区内,医疗设施与危险源的距离远近关系,以及医疗设施的建筑质量。

5) 服务半径

应急医疗设施也可分为两大部分,一是临时医疗场所,另一是收容伤病员的中长期收容场所。在灾害发生后,应急医疗设施系统的救护行动应于4~6min黄金急救时间内,对伤员做紧急处理,这将对拯救伤患者生命有决定性的影响。如果以最短时间4min作为紧急医疗救护的行动时间,扣除0.5min

报案时间，考虑应急救护车辆行驶平均时速 30km 推算，应急医疗设施的有效服务半径在 1750m 左右。

5. 城市现状消防系统综合防灾能力评估

(1) 概念界定

城市消防系统的任务包括以火灾为主的各类灾害抢救、防范、救护以及疏导等，业务繁杂而且危险。如果面临重大震灾时，消防机构的任务除了最快扑灭震灾带来的火灾，以及运用大型器械抢救陷于废墟中的灾民外，还承担排除路障、引导避难、支援救护以及灾害情报收发等业务。因此，消防系统在整体工作上不单单执行本身基本业务，还得配合警察、医疗系统，共同完成紧急救灾任务。消防系统存在着多种消防队伍形式，包括专职消防队、企事业单位专职消防队等。

(2) 评价内容

1) 均衡性

主要是考察现有消防站在城市空间中的分布是否均衡。一般城市中心区消防站数量较多，空间分布较为均衡；而新区、城郊结合部和郊区城镇消防站的分布均衡性较差，是消防能力相对薄弱的地区。

2) 便捷性

主要是考察现有消防站的位置与城市干道的位置关系，现有位置是否有利于快捷出车。特别是一些老城区的消防站，由于受原有路网形式的影响，出车效率偏低。

3) 规模容量

主要是考察现有消防站的人员和车辆的数量和设施配备是否能够满足其服务范围内的消防需求。在我国的很多城市存在以下三种情况：一是现在很多特大城市的高层建筑越来越多，越来越密集，但是很多城市都没有配备具有 50m 以上云梯的消防车。这样，一旦高层建筑火灾，消防工作将面临十分严峻的考验。二是随着城市内城改造的进程加快，很多城市中心城区的建筑和人口密度越来越大，但是相应的消防站的数量、消防车的数量和人员的配备并没有跟上。三是在很多县城或者小城镇，消防站的配置十分薄弱。

4) 安全性

主要是考察城市中现有消防站的地质安全性，如是否位于地震断裂带或地质灾害多发区内，消防站与危险源的距离远近关系，以及消防站站房建筑的建筑质量等等。

5) 服务范围

消防车由通报、出勤以至射水的准备时间一般为 5min，消防站的服务范围为 4~7km^2。

6. 城市现状灾时治安系统综合防灾能力评估

(1) 概念界定

灾时的治安系统主要包括城市各级公安部门、武警、民兵和街道联防队可以作为补充手段。其任务主要包括灾害救援、灾情查报、交通管制、秩序维护等四项。当灾害发生时，容易出现由于物资短缺、谣言四起而造成救灾物资被哄抢和商店被打砸抢等事件，如果处理不当，容易造成社会动荡，民心不安的不利局面。此时，维持社会的正常秩序就显得十分必要。

（2）评价内容

一是均衡性。各级各类治安设施在空间上的分布应尽可能均衡，以有利于迅速出警，快速抵达受灾地点。但是由于治安设施是依托各级公安部门的，而各级公安部门是根据各级行政区划进行设置的，就会存在由于各个行政区划的管辖地域范围差别较大而造成治安设施分布不均衡的情况。同时，普遍存在城市中心区的治安设施均衡性较好，但是城市新区、城乡结合部、郊区城镇治安设施分布的均衡性相对较差的情况。

二是规模容量。主要是考察治安设施的人员数量配备能否满足灾时的治安工作需求。当一些行政区划内的地域范围较大或者人口数量较多时，就会出现警力不足的情况，不利于社会秩序的稳定。

三是安全性。主要是考察城市中现有各类治安设施的安全性，即其是否位于地震断裂带或地质灾害多发区内，治安设施与危险源的距离远近关系，以及治安建筑本身的建筑质量等。

7．城市现状应急物资保障系统综合防灾能力评估

（1）概念界定

应急物资保障系统主要包括物资储备、接收、发放等地点。物资储备设施包括各级粮库、粮油批发市场、农副产品或蔬菜批发市场；此外，大型仓储式超市也可作为补充手段。接收地点是指接收外援物资及分派各受灾区所需物资之活动场所，主要包括对外交通枢纽，如火车站、机场、码头、货运站、物流中心等；发放地点是指为求避难生活物资能有效运抵每一可能灾区并供灾民领用，主要包括各级避难场所。由于物资的接收地点与疏散体系、发放地点与避难场所有重叠，故本书中的物资保障系统主要侧重于物资储备设施。

（2）评价内容

一是规模容量。主要是考察城市中现有各类物资储备设施的规模容量，能否满足灾时灾民的生活应急物资需求。特别是一些小城市，缺乏大型的物资储备设施，当灾害发生时，应急物资全部依靠从外部调入，将会降低减灾效率。

二是均衡性。很多城市的各片区内没有物资仓储设施，特别是城市新区，一旦发生重大灾害，将会出现物资短缺，需要大量外部援助，不能就近找到救急物资，会给灾民生活带来极大的不便，不利于减灾工作的开展。

三是可达性。面临的道路等级应在城市次干道及其以上等级，且最好面临2条以上的城市道路；为提高物资运送和分配效率，其出入口宽度不小于8米；场地内应有充足的停车空间；等级较高的大型物资储备设施内应具备空运

功能，便于直升机起降。

四是安全性。主要是考察城市中现有各物资储备设施的地质安全性，是否位于地震断裂带或地质灾害多发区内，设施与危险源的距离远近关系，以及设施的建筑质量。

8. 城市现状生命线系统综合防灾能力评估

（1）设施构成

供电设施：主要包括电厂、550kV变电站、220kV变电站、110kV变电站、高压走廊等重要电力设施。

通信设施：主要包括电信枢纽和广电枢纽，如广电演播中心、广电大厦等重要通信设施。

供水设施：主要包括各类自来水厂、配水厂、供水干网等。

燃气设施：天然气长输管道、天然气门站、天然气加气站、液化石油气储罐站、高中压调压站、煤气制气厂、储配站等。

（2）评价内容

对于生命线系统设施而言，现状能力评估主要集中在设施安全性方面。主要包括设施所处地的地质安全状况、设施与其他危险源的距离远近，生命线系统相关的工程设施和建筑设施的本身的结构性能质量等。

各种生命线系统设施在地震等灾害中易受到损害，且其受害范围较广且分散，其致灾要因有：管理维护不良，管道或系统老旧，管道施工不良，无安全及紧急应变装置体系，管道无考虑耐震设计及接头抗曲强度等。就其受影响的因素而言，管线的密度或长度较易把握，但有关埋于地下管道的耐震设计、施工质量、老旧程度以及维修记录状况等方面，在评估时还存在一定的困难。

一般生命线系统设施受灾后所产生的损害大致分为直接损害、间接损害、及后续损害三类，分述如下。

直接损害：物的损害方面包括石油、燃气管线的破坏，供水系统的破坏，电力及通信系统中电线杆、高压电线电塔的倾倒受损等。人的损害方面包括生命线系统破坏直接导致人的伤亡。

间接损害：物的损害方面包括石油、燃气管线破坏、断裂引发爆炸及起火；水管破裂引起浸水及交通受阻；停水或停电造成无水源或水压不足，阻碍消防及救灾行动，助长大火延烧等；以及电讯系统中断导致无法传递讯息及救灾之指挥。人的损害方面包括由于避难困难及救灾不及，造成居民的恐慌、不安以及伤亡率的增加。

后续损害：主要包括治安不良、人心不安、疾病蔓延、缺粮、缺水、经济混乱等等。

9. 城市现状危险源及防灾能力评估

（1）设施构成

危险源是指由于自身物理化学特性，能够对人和其他建筑设施造成严重损伤和破坏的设施。主要包括易燃易爆的化工厂、化学工业品仓库、武器弹药库、燃气储配站、加油站、油库、毒气毒液有毒物质仓库、放射性物质车间或仓库等设施。

(2) 评价内容

评价因子主要是安全性。包括危险源设施所处地的地质安全状况、设施与其他危险源的距离远近，设施本身的建筑或工程结构性能质量等。

(二) 城市软件设施的综合防灾能力评估

1. 防灾法规政策的评估

(1) 法规体系构成

我国相关防灾法规政策是城市综合防灾规划的依据。法规政策体系涉及国家层面和省市层面的各级各类法规政策。例如在国家层面，主要是城乡规划法及其相关编制办法、防震减灾法、消防法、防洪法等各单项法规。在地方层面，主要包括城市规划技术管理规定、地方城市规划管理条例、各单灾种的防灾规划法规条例，以及相关政策措施等。

(2) 评价内容

法规政策评估主要是考察国家和地方层面对城市综合防灾规划的各相关内容的具体规定的完善程度。目前我国缺乏直接指导城市综合防灾规划的国家标准和规范，只能依据相关法规和标准规范来开展工作。一些单灾种的规范标准条文内容由于颁布的时间久远，已不适应当前的发展形势，不能满足当前的防灾工作需求。即使是一些新出台的规范或标准，由于是从广泛适用的需要出发，对具体城市的实际工作也不能提供直接指导。

2. 防灾规划实施

(1) 防灾规划体系构成

在进行城市综合防灾规划之初，需要对现有的相关防灾规划的实施情况进行回顾和评估。相关防灾规划包括城市总体规划中的防灾规划、城市各专业部门组织编制的单灾种防灾规划等。

(2) 评价内容

评估现有的防灾规划，目的是考察这些防灾规划的实施情况，评价内容包括实施进展、实施效果、与相关规划（如城市总体规划）的衔接是否良好，以及造成目前局面的原因剖析。

第四节　城市灾害风险评估与损失预测

一、城市灾害风险评估

风险评估是对潜在灾害发生及其可能对生命、财产、生活和环境造成的潜在冲击与损害的分析评估过程。风险评估是确定风险性质与程度的一种方法。风险评估的内容包括对风险及其相关的物理、社会、经济和环境因素的特性，进行定量与定性分析，成果可作为减灾策略评估的基础。

（一）灾害的风险分析

1. 城市灾种确定

在开始进行城市灾害风险评估时，确定该城市可能发生的灾种是关键。

首先，需要对该城市历史上曾经发生过的灾害事件做一个简单的整理列表，列出各个灾害事件的发生时间、地点、灾害类型、伤亡人数、倒塌房屋数量、经济损失等等。而对于灾害事件的资料来源，则可以从各层级和各种类的政府机构和学术机构获取。

其次，需要确定潜在灾害。这时，考虑的因素包括灾害类型、发生的可能性、强度、潜在的影响等。其中，可能性又分为高、中、低、不可能四个等级。影响性分为灾难性的、重大的、有限的、可以忽略的四个等级。

然后，在明确确定潜在灾害的因素后，可以对各个灾害种类进行列表，分别打分，最后综合起来看各个灾种的总分情况，再确定规划需要考虑的灾害种类。

此外，在得到各灾种的数据和图纸资料后，可以绘制出各单灾种的分布地图。

2. 城市灾害风险评估因子确定

在分析每种灾害的风险时，一般需要考虑8个评估因子：重大性、延续性、破坏性、影响区域、频率、可能性、易损性、社区优先性。

（1）重大性

重大性是指事件在物质和经济上的影响的程度。考虑因素包括：事件的大小；对生命的威胁；对财产的威胁（个体私产、公共财产、商业和制造业、旅游业等）。

（2）延续性

延续性是指灾害及灾害影响持续的时间的长度。考虑因素包括：紧急时期延续的时间长度、对生命和财产威胁的时间长度；重建时期延续的时间长度、对个体居民和社区重建影响的时间长度；以及灾害对经济恢复，如税收、产业发展（商业、制造业、旅游业等）和就业等产生威胁的时间长度。

（3）破坏性

破坏性是指灾害导致人员伤亡和财产损失数量。考虑的因素包括：灾害的破坏影响是如何在城市中传播的，城市各部分遭受破坏影响的特点如何。

（4）影响区域

影响区域是指在物质上受威胁和潜在受破坏的区域范围。考虑因素主要是事件影响的地理范围。

（5）频率

频率是指历史上各类灾害在单位时间内发生的次数。考虑因素包括：以可测量的时间单位测算历史上的事件和再次发生的事件。

（6）可能性

可能性是指未来此类灾害发生的潜在的几率。

(7) 易损性

易损性是指人口和社区基础设施容易遭受风险影响的程度。考虑因素为相似事件的影响的历史,以及如何采取适当的减灾步骤以减少影响。

(8) 社区优先性

社区优先性是指在城市范围内,由于处于某个特定位置的社区对于某种特定灾害的脆弱性而需要采取特别措施的优先程度。确定社区的优先性,将决定社区能够获得的防灾资源的分配情况。

3. 城市灾害风险等级划分

可以根据上面 8 项指标对单灾种分别打分,最后,把各灾种按照分值高低进行排序,从而得出高、中、低风险程度的灾害类别。

二、城市灾害风险图绘制

（一）工作目的与划定步骤

1. 工作目的

绘制城市灾害风险图的目的是得到城市各个分区内各灾种的风险等级高低情况。在一张完整的城市灾害风险图上,可以清楚地看出城市各分区内,哪些灾害对该分区影响较大,哪些灾害对该分区影响较小。方法是将各单灾种的风险图进行叠加,得到一张综合的多灾种的风险图。

2. 划定步骤

城市灾害风险图除了标订出灾害影响的范围外,并可根据危害程度进行不同等级的区域划分。其划定步骤如下:

步骤一:规划区基本资料调查及收集。主要是针对规划区一般特性的描述,包含该规划区的现状气象条件及趋势、地质及地形的特性、植被情况。同时,必须调查目前人为活动或土地利用所产生的可能影响,现状防灾措施的成效等。

步骤二:判断该规划区的主要影响灾种。分析该规划区历史上不同灾害的发生地点、规模等级、影响范围、持续时间、发生频率、灾损大小等因素,得出主要影响灾种的类型。

步骤三:预测灾害事件。依据历史灾害事件,如不同灾害事件发生的频率、持续时间等,推估灾害事件。对于划定危险区地图的工程师而言,估算灾害潜在发生地点极为困难。本阶段的现场勘察工作,必须考虑规划区的地形地质情况,水文条件等自然环境要素,以便正确预估出未来灾害发生的潜在地点。

步骤四:危险区域标定。必须考虑各种灾害可能发生的状况,并模拟各种可能情形,划分不同的危险区域。

步骤五:绘制危险区地图。针对不同风险等级的区域,制定土地开发利用方面的不同限制措施。

步骤六:科学审查及行政审核。完成绘制危险区地图草图后,须经过规划行政主管部门以及相关政府管理部门的审查,同时,进行公示和举办听证会,使当地居民有机会陈述自己的意见。

3. 灾害风险分析的基本概念

联合国国际减灾策略委员会 (ISDR) 提出了天然灾害的风险 (risk, R) 是由天然危害 (hazard, H)、易致灾性 (vulnerability, V) 以及承受度 (capacity, C) 三者交互影响而成，函数式如下：

$$R = func.(H, V/C)$$

上式中表现出风险可随危害度与易致灾性的增加而提升，但却会随着承受度的增加使风险降低，因此三者必须全盘考虑方可确实表现出确实的风险评估值。

(1) 危害度分析

危害度分析旨在评估天然危害的影响范围与影响程度，借以了解灾害发生时可能波及的范围与可能的受灾程度。

灾害损害程度：灾害发生时未必会致使受灾风险元素价值完全损毁，设定了"损害因子"，用以评估一次灾害事件中各种风险元素平均损毁价值与其本身总值的比例。

(2) 易致灾分析 (vulnerability)

易致灾性（或称易损性），联合国人道主义事务部于 1992 年指出自然灾害易致灾性中定义为特定地区由于潜在损害而可能造成的损失程度，说明了易致灾性本质上是泛指因灾害所造成的一切损失，其范围相当广泛，从物质（建筑物与基础设施等）、经济（收入与个人财产等）、环境（水文与土地等）以及社会（人口结构等）。

(3) 承受度分析 (capacity)

承受度乃是个人或群体对于灾害的抵抗、忍受能力。包含了防灾组织、通信能力、预警能力、支付减灾费用能力与防灾教育等，可以通过问卷调查等方式进行量化评判。

(二) 绘制过程

1. 大比例尺风险图

就大比例尺而言，由于规划对象的地域范围面积不大，以街坊为单位来考虑，通过危害度、易致灾性以及承受度各项分析后，得到各街坊的灾害风险分布，进而绘制出大比例尺的风险图。

(1) 危险区划定

对各网格进行危险区划分。标示出高低危险区后，尚须考虑其损害因子。损害因子是指灾害发生时造成风险元素之损失与其本身总值的比例，不同危险区位的损害程度不同，损害因子也不相同。考虑损害因子所计算的风险值为平均风险，代表多起该规模灾害事件所造成的平均损失；若损害因子均设定为 1，即灾害事件影响到的风险元素价值完全损失，代表一次灾害事件所造成最大可能损失。

(2) 易致灾性分析

易致灾性含遭受灾害所造成的一切损失，包括生命与财产。财产部分可再细分为动产与不动产；不动产方面则可以用土地地上物的价值进行评估。至于生命价值的评估，考虑到人具有移动性，不宜贸然将生命价值计入，对地上物与人的易致灾性宜以不同方式分别计算。

1) 地上物易致灾性评估

灾害造成的易致灾性可分为直接损失与间接损失两类。直接损失乃灾害发生时失去的生命财产；间接损失则为灾后渐次影响的损失，其关系面甚广，因此可以暂不考虑，纯粹计算灾害造成之直接损失。

一般考虑的风险元素为房屋、道路、桥梁与水域、农地、林地等六大类，其分布状况可通过土地使用图加以分析。地上物的价值均转换为单位面积价值（元/m²）；房屋的价值根据房屋用途与房屋单价表而定；农作物的价值参照当年农产品产值报告与各地区农作面积与总收成量进行单位面积产值评估；林业损失方面，根据当年全国林地的其他原因受灾面积与损失金额得知。道路桥梁价值则依据当地道路桥梁建造成本计算。水域部分则视为无人居住、无置产地区，故其单位面积价值不计。将土地使用图以地理信息系统软件将各项风险元素单价汇入计算，可以得到各种风险元素的易致灾性分布，作为之后风险分析的工具。

2) 人的易致灾性评估

生命的价值向来具有多种分析方式。可以以当地居民个人生前所能获取的总工资收入来代表个人的生命价值。

(3) 承受度分析

对于大比例尺区域的承受度以两个部分进行分析：小区防灾资源与居民防灾能力。两者的评估都以问卷进行，小区防灾资源可以直接对居委会等机构进行访谈；居民防灾能力则对居民随机访查。问卷以 AHP 层级分析进行设计，各层级间权重则取决于专家问卷的结果。

对小区防灾资源和居民防灾能力分别评估分数，两类问卷所得分数加总后即为该地整体承受度。得到承受度评分后，须将其标准化以得到一个介于 0~1 的值，此转换值可视为受灾率（P_d），即承受度越高则受灾可能性越低。其转换方式如下式：

$$标准化\ C = 1 - \frac{实际\ C\ 评分}{最大\ C\ 评分} = 受灾率\ P_d$$

(4) 风险图制作

分别计算出危害程度、易致灾性与受灾率后，则可依此进行风险计算。由于易致灾性部分将地上物与生命分别考虑，因此，风险计算也分为物质风险与生命风险进行评估。

物质风险部分，除考虑危险区位的损害因子与物质易致灾性外，参考房屋遭受灾害破坏的机率（V_p），将此机率纳入风险计算的考虑因素，将其视为各项风险元素遭灾害破坏的机率，故物质风险计算方式如下式：

$$R_{物质} = H \times V_{物质}$$

其中 $V_{物质}$ = 各风险元素价值 × V_p

生命风险部分，可将不同危险区位的损害因子视为灾害对生命造成的损失程度，故对生命风险计算也考虑其损害因子。此外，由于受灾率（P_d）可反应居民防灾避难的意愿，须对此加以考虑。加上生命易致灾性后，生命风险计算方式如下：

$$R_{生命} = H \times V_{生命} \times P_d$$

其中 $V_{生命}$ = 生命价值 $\times V_p \times V_{pe}$

2. 小比例尺风险图

（1）危害度评估

对小比例尺地区而言，由于规划对象的地域面积广大，对于危害的评估必须采用可应用在大范围地区的评估模式。评估因子一般包括地形、地质、水文、植被、人为开发与边坡状态等因子。

（2）易致灾性分析

小比例尺易致灾性的评估亦对物质与生命分别计算。计算方法与大比例尺风险图相同。

（3）承受度分析

小比例尺的承受度分析部分，采用医疗院所等级与距离、消防单位距离、联系道路数目以及防灾教育训练次数等四项指标来评估灾害发生时居民因逃生或救援效率不同而可能遭受伤亡等生命价值损失的概率，其评分均以相对程度给予评分。

1）医疗院所等级与距离

此因子是评估居民因灾害遭受伤病时，获得的医疗照护及送医时效，评估值越高者代表受灾时的生命损失越轻微。调查样区周围的各级医疗院所及其坐标点，借助地理信息系统软件制成图层，以医院为中心向外划定出一定距离的区间进行分级。

2）消防站距离

从救灾时效的考虑出发，取得规划区域内外的消防单位坐标点位后，将其数化为地理信息系统图层进行距离划定。

3）街区联系道路数目

在灾害造成街区某条道路中断时，应有其他对外道路可供灾民疏散及救援。针对各街区的国道、省道、县道三种层级的联系道路逐一计算，依据数目多少给予评分。

4）防灾教育训练次数

评估居民于灾害发生前进行疏散避难的意识。根据历年地方防灾教育训练年度场次的资料，统计后给予防灾教育的评分。

将上述四项指标的评分加总平均，即得到总体承受度的平均分数。

（4）风险图制作

小比例尺地图的风险分析，也需对物质风险与生命风险分别进行评估。物质风险以下式计算：

$$R_{物质} = H \times V_{物质}$$

其中 $V_{物质}$ = 各风险元素价值 $\times V_p$

生命风险的部分，如同大比例尺风险，其计算方式如下：
$$R_{生命}=H\times V_{生命}\times P_d$$
其中 $V_{生命}$ = 生命价值 $\times V_p \times V_{pe}$

三、城市灾害的潜在损失预测

灾害预测是一个相当重要的环节。在美国的地方减灾规划中对未来灾害进行的预测，一般都是借鉴专业部门和相关研究机构的成果，如地震局，大学的研究机构等，大致预测 5 年，10 年，20 年以内可能发生的灾害的种类、地点、规模和等级，以作为制定规划对策的参考。

美国利用 Hazard—US（简称 HAZUS）软件，对于由于地震、洪水、飓风等灾害造成的直接和间接经济社会损失，进行预测。我国台湾地区在美国 HAZUS 软件的基础上，开发了 HAZ—Taiwan（TELES）系统，提出一套分析地震灾害危险度与风险的工具与方法，提供给规划者进行评估地区灾害风险现状与不同土地使用方案潜在的风险与效益。通过灾害评估软件 HAZ—Taiwan，可有效建立地震灾害风险图及风险与效益评估方法，提供给规划者用来评估土地使用规划策略与小区地震风险，以避免不合适的规划行为。

对我国大陆地区来说，灾害预测需要规划编制部门和专业部门的共同协作，以便尽可能准确地进行灾前预测，使得综合防灾规划能对灾害进行有效预测和应急救援。下面以我国台湾地区的 TELES 系统和地震灾害为例，说明灾害预测的步骤。

1. 境况模拟步骤与内容

（1）境况模拟步骤

1）第一步骤：建立研究区域

TELES 系统执行地震灾害境况模拟的区域设定，最小地理范围为乡镇区，而就地震灾害损失评估精度而言，则以村里为最小评估地理单元。

2）第二步骤：定义模拟地震危害事件

本步骤依据所择定的地震危害模拟事件，定义模拟的地震事件所需的地震源与相关参数值。包含设定模拟的地震类型、震度衰减率、地震发生的日期与时间、地震规模、震源深度、震中经纬度坐标、断层类型及断层开裂的方向与倾角等相关震源参数，以执行地震灾害损失评估的分析与估计。

3）第三步骤：地震灾害潜势分析

TELES 系统根据系统内已建立的场址修正系数、土壤类别、土壤液化敏感类别、山崩敏感类别、地下水位深度等参数值及自然环境资料，进行地震灾害潜势分析。此步骤可输出研究区域的地表震动的最大地表加速度（PGA）、最大地表速度（PGV）、长短周期谱加速度 Sa 和地层破坏情形的山崩概率、土壤液化概率、引致的沉陷量、引致的位移量等资料数据及分布图。

4）第四步骤：工程结构物损害评估

TELES 系统会根据上一步骤输出之地震灾害潜势成果，结合工程结构物等

资料及其耐震曲线、能耐曲线、易损曲线等参数值，进一步估计研究区域的地震危险度。包含一般建筑物、重要设施、交通系统与生命线系统等工程结构物受不同程度损害的概率与数量，这些信息可作为地震危险度评估与风险分析的基础。

5) 第五步骤：二次灾害评估

TELES 系统对于二次灾害的评估主要针对震后火灾、废弃物评估为主，目前对于此项评估暂无法运作，可参考既有研究成果实施推估。

6) 第六步骤：社会经济损失估计

TELES 系统根据前一步骤工程结构物损害评估成果为基础，结合工程结构物等设施、设备、管线等与其重建成本等资料，及评估所需参数，估计工程结构物损坏所造成的直接经济损失及工程结构物损坏造成的人员伤亡数。

经由上述六个步骤即可完成 TELES 系统地震灾害境况模拟，并可利用评估成果，分析研究区域的地震危险度或灾感度的特性与分布，作为防救灾需求估计与防救灾空间计划研拟的支援。

(2) 模拟限制

目前，TELES 系统已可进行地震灾害潜势分析、一般建筑物、道路、桥梁和地下管线的损害评估、人员伤亡评估、一般建筑物和桥梁的直接经济损失评估等项目。TELES 系统受限于部分行政区域资料库的完整性及内容，该系统在工程结构物模组的损害评估项目，仅能针对一般建筑物进行评估。直接社会经济损失模组的估计，则包括一般建筑物直接经济损失与人员伤亡的推估。

2. 地震灾害危险度估计

应用 TELES 系统模拟地震灾害危险度估计的成果，进行因地震所引发的地表震动程度及其相关的危险度分析，即分析震级和烈度之间的关系。

3. 地震灾害一般建筑物损害估计

(1) 一般建筑物受损概率

从模拟成果可以看出，研究区域内的一般建筑物结构遭受地震灾害的风险空间分布概况；不同用途类别建筑物结构遭受的不同程度损害情况；由此可预知，一旦发生地震灾害事件，造成的经济损失与人员伤亡最主要将来自于哪一类用途的建筑物的受损或坍塌。

(2) 一般建筑物受损数量

利用 TELES 系统执行地震灾害境况模拟，其估计模拟评估区域建筑物结构发生严重损害栋数的分布情形，可呈现评估地区建筑物受震灾而导致结构严重毁坏，甚至可提供模拟未来地区防灾空间规划的参考。

4. 地震灾害社会经济损失与需求估计

灾害模拟事件下，可利用 TELES 系统评估地震发生所引发的社会冲击与直接经济损失，主要包括一般建筑物损毁和人员伤亡两个大项。

第五节　城市总体防灾空间规划

一、城市总体防灾空间结构

(一) 概念与目的

城市总体防灾空间结构，是指城市中各类各级防灾空间和防救灾设施布局的形态与结构形式。

城市所遭受的各种灾害的风险程度高低，城市在面对灾害时所能够提供的防救灾资源的多少，救灾效率的高低和减灾效果的好坏，都与该城市的总体防灾空间结构密切相关。一个良好的城市总体防灾空间结构，对提升城市的综合防灾能力至关重要。一个良好的城市总体防灾空间结构，具有良好的安全性、可达性、网络性和均衡性。

城市综合防灾总体规划，首先需要对规划地区的防灾空间和结构形态提出基本的构想与计划，明确相关综合防灾课题的研究并拟定策略，进而借由多方面的防灾措施来提升整体的城市综合防灾能力。

(二) 内容构成

城市总体防灾空间结构，一般说来，就是城市防灾空间设施的"点线面"结构形式（图3-4）。

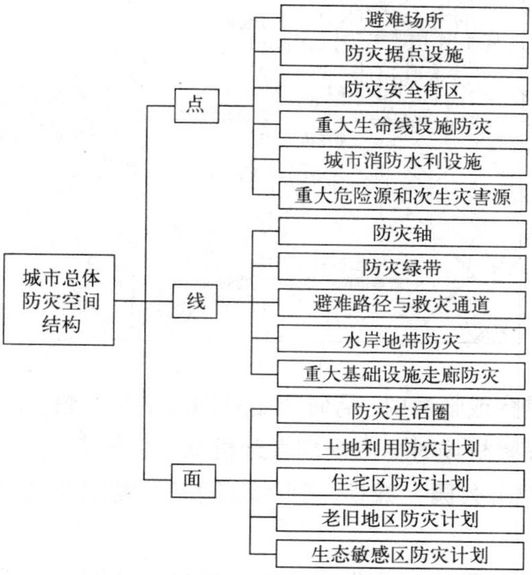

"点"：主要是指避难场所、防灾据点、重大基础设施、重大危险源、重大次生灾害源、防灾安全街区、防灾公园绿地系统、开放空间系统等。

"线"：主要是指防灾安全轴、避难道路径与救灾通道，以及河岸、海岸等线状地区的防灾计划等。

图 3-4　城市总体防灾空间结构内容构成示意图

"面"：主要是指防灾分区、土地利用防灾计划、土地利用方式调整、各类防灾社区防灾性能的提升，以及城市旧区的防灾计划等。

1. "点"

(1) 避难场所

城市中避难场所的选址类型主要包括防灾公园和开放空间。

防灾公园是城市防灾中不可或缺的设施，可以作为避难空间。广场和其他类型的开放空间，可规划为临时性救急救助场所及临时性搭帐篷场所，而中长期使用的临时住宅可兴建于较大型开放空间内。其他类型的开放空间包括农地、学校、游乐场、填海区、闲置地、经协商同意的私有开放空间、体育场和培训基地等。

(2) 防灾据点设施

以市区县政府、消防站、公安局、医院及大型公共设施为中心，规划设置救灾指挥中心、消防救援活动临时调度中心、灾民生活支持中心等据点设施；并根据城市自然地理环境特色，规划布局陆、水、空防救灾据点，以强化城市遭受紧急及重大灾害时的救灾功能。防灾据点作为广域避难与收容物资的据点，除了实体空间的存在外，借由灾害预防应变指挥机制的倡导教育，对民众而言,防灾据点可以提供正确、有效、迅速的防灾消息,使其发挥作用 (图 3-5)。

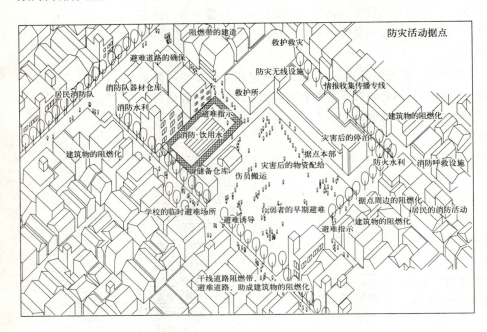

图 3-5 防灾活动据点示意图

①城市有河道贯穿或临海时，需研究船只通航的可行性,并规划据点位置。

②城市不适合设置机场时，应规划直升机临时停机点。

③陆上据点如城市公园、绿地、河滨公园等，需配合城市公共设施进行统一规划。

④防灾据点应具备医疗、卫生、广播、运输、情报、短期临时住宅或中长期安置场所等功能。

防灾据点建筑采用抗震防震、防火耐火材料和构造，并且考虑建筑的倒塌范围，同时,还要注意建筑高度和密度问题。防灾据点需要保证小型发电机、防震性水源、防灾食物及日用品储备，可架设电信通信设施成为临时指挥中心，确保出现危机时其防灾功能的有效发挥。

防灾据点的所有权人或者管理人（单位）要按照规划要求安排所需设施（备）、应急物资，划定各类功能区，并且设置标志牌，要经常对避难场所进行检查和维护，保持其完好，以保证其在发生地震时能够有效利用。已确定为防灾据点的建筑和场所，不论是何类何等，在地震等重大灾害发生时，有关所有权人或者管理人（单位）均应无偿对受灾群众开放。

(3) 防灾安全街区

每个防灾分区内，设置一个容纳防灾分区内相关的防灾据点设施、将这些设施集中于一个街坊内，该街坊称之为"防灾安全街区"。

城市综合防灾规划应提出安全生活圈的理念，来对应防灾据点设施的兴建，并加以明确规范设施内容。其五大功能系统内容如下：

①防灾安全机能，含防灾中心、地区行政中心、警察局、消防队等；
②城市据点机能，含福利设施、医疗设施等；
③避难机能，含防灾公园、多功能广场等；
④保障生活自立的功能，含储存仓库、耐震性贮水槽等；
⑤市民交流功能，含市民交流中心、社区文化中心等。

(4) 生命线设施防灾

生命线系统，含电力、燃气、热力、上下水道、垃圾处理设施等。从防灾方面来说，生命线设施是不能断绝的。在生命线系统，最重要的问题在于紧急对应措施，灾后紧急对应时，需要考虑防灾据点设施的安全性，包括地区供热设施、自然能源及紧急发电设备等，均能充足供应地区需求。

(5) 城市消防水利

当大地震后，恢复水、电、燃气供给，容易引起大火，产生火灾及蔓延，因此，在城市综合防灾规划时，应使城市空间做好防火规划，并充分考量消防水利的需求。

有关灾时的消防水利，必须考虑以下四个要点：

①灾时消防的必要水量；
②灾时消防水资源规划；
③城市防灾的消防水利；

以东京为例，在都市空间中以 250m×250m 为单元分割管辖区域，在危险度 4 级以上地区，无防止延烧遮断带的地区，以及避难道路的两侧进深 300m 以上的范围内须设置 $100m^3$ 防火水槽，其他地区则整备 $40m^3$ 的防火水槽。

④城市的丰富水资源：城市内丰富的水资源，可利用为消防水利的资源，包括海水、河川、沟渠的水、池塘、沟壕的水、紧急给水槽、贮水池、游泳池、景观水池、贮水槽、其他（地下水处理、雨水）等。

(6) 重大危险源

城市中重大危险源的布局对于城市安全的影响很大，而且，危险源的种类和数量非常庞大，给调查工作带来了一定困难；但是仍然不能忽视此类问题的严重性。在城市综合防灾规划中，需要重点考虑的问题有两个方面，一是危险源本身的安全防灾问题，二是危险源周边地区的设施和居民的安全问题（图3-6）。

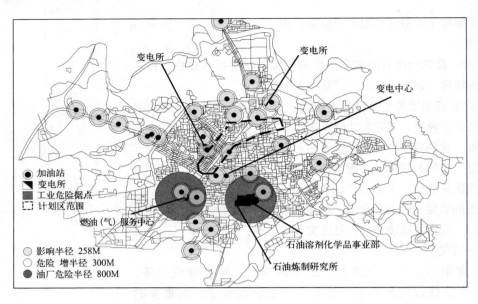

图 3-6 危险源布局示意图

2. "线"

(1) 防灾轴

防灾轴,也称"防灾环境轴",或"基本安全轴",是指道路和其他防灾公共设施及沿途阻燃建筑物形成一体化的、有阻燃功能和可作为避难通道的城市空间,以提高地区的整体防灾效率。防灾轴一般是由不同类型的防灾空间组成的,例如具有防灾功能的空旷地带、防火带、避难道路、避难场所、自然水利设施等。

(2) 防灾绿带

绿带可作为城市大火的阻燃带。在城市综合防灾规划中,可将绿带公园与防灾据点结合,并将城市内的河流、街道的绿带规划为防灾带。例如,在日本的一些城市中,对防灾绿带的规划可分为三类:一是"广域轴",包括海岸、海道、河岸、山边;二是"基干轴",都市内的河川绿地轴、园道、林荫大道或两条轴线间的连接轴;三是"基准干轴",为市区道路两侧植栽所形成的绿轴。

(3) 避难道路径与救灾通道

一般情况下,城市越发达,道路总长度越长,道路面积越大,但城市地区开发密度与强度高,建筑量体庞大,功能复杂,由于路网规划中往往缺乏防救灾方面的考虑,从而使得城市现有道路不足以担负防救灾的功能。城市道路作为避难道路径与救灾通道,其规划应考虑以下几个方面的问题:建构筑物倒塌时对交通的阻塞;灾害发生后有关救助、救急、消防、救援物资输送的时间效率。应根据道路长度、宽度、两侧建筑情形来指定或设置避难道路径与救灾通道等。

(4) 水岸地带防灾

无论从生态保育的角度、亲水游憩的角度或是灾害阻断带的角度,水岸空间对城市居民而言，都是十分重要的。我国许多城市在面临河岸的部分大多筑以堤防，堤外空间与河道空间缺乏有机联系，虽然部分满足了防洪的需要，但对于多种灾害的防抗以及城市景观环境的改善并无多大益处，对于水岸地区，应视为带状的防灾空间，结合土地功能开发和景观环境整治的要求，进行综合性防灾功能建设（图 3-7、图 3-8）。

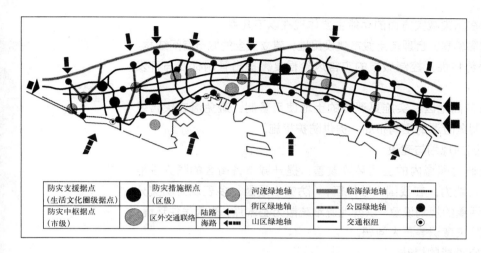

图 3-7 神户市防灾绿地轴和防灾据点的构成

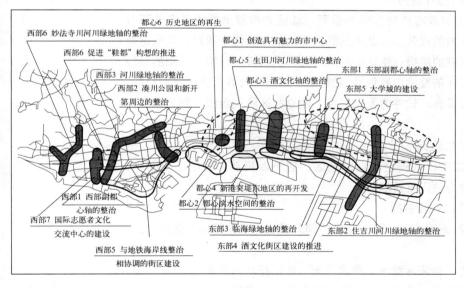

图 3-8 神户市震后重建规划中重点整治的防灾轴

3．"面"

（1）土地使用规划的防灾功能

城市防灾的基础，建立在合理的土地使用规划上，根据不同功能分区的防灾特性进行组合，制定防灾要求，才能确保城市防灾的效果。土地使用规划中的防灾考虑涉及的内容有：环境敏感地区的划定、确定合理使用强度、进行防火区划、保护自然生态、防灾用地与设施配置，以及旧区更新等。

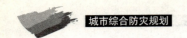

土地使用规划是多维度与多目标的决策过程，更要满足地方的社会经济发展的需要。建立安全的城市环境随着城市的快速发展，如若土地使用不当，则有诱发和扩大灾害的可能性。反之，适宜的土地使用规划，可在减低的灾害风险上扮演重要的角色。土地使用规划在减缓风险的功能上，必须从潜在危险与暴露于灾害的脆弱度、减少灾害敏感地区的暴露程度或脆弱度着手，可达到减灾、避险的目的。

土地使用规划在防灾减灾方面的功能主要体现在以下几点：

① 综合整理灾害信息，合理选用城市建设用地，建立安全的城市空间结构;

② 根据灾害潜势特性，控制城市的灾害风险程度，提出管制标准与开发程序；

③ 对灾害潜势较高地区，实施更严格的土地使用管制；避免潜在灾害发生的概率，规定限制危险源的空间布局，提供防护措施。

（2）防灾生活圈的规划与建设

防灾生活圈是通过圈域内的生活环境改善，提升城市各街区的防灾性能和对地区灾害的应对能力。在我国大陆地区，"防灾生活圈"多表现为防灾分区的形式。防灾生活圈的规划设置，以就地避难疏散为基本点，改善居住环境、形成阻燃带、提升防灾意识等三大问题。

（3）住宅区防灾性能的提升

住宅区对于居民的避难危险度最为重要，其规划应着重在物质实体环境中硬件设施的防灾能力的提升，以及人的防灾能力的加强两个课题。依据这两个课题，可以分成家庭的层级、街坊的层级、社区的层级、日常生活圈的层级等四部分，其硬件方面的整治内容包括：建筑物、道路、公共设施、开放空间、植栽与相对应的防灾设施；软件方面则包括：建立社区防灾组织、制定相互支援管理规则等。

（4）旧区的更新与防灾

城市旧区属于城市公共安全脆弱的地区，应予以更新。在旧区更新中，应以安全环境评估作为防灾更新基准。

安全环境评估项目一般包括：

① 地区公共安全：避难空间、防灾路径、消防设施、道路路形、防火建筑、危险源。

② 地区公共卫生：自来水给水、通风采光、地区排水、污水。

③ 地区土地使用状况：土地使用分区、建筑密度与容积率、人口密度。

④ 地区建筑状况：构造、材料、屋龄、违建状况等。

⑤ 其他：是否具有历史及文化价值保存维护地区，经政府指定的特殊情况地区。

二、城市总体防灾分区

城市总体防灾分区是指从综合防灾的角度出发，将城市规划区按照一定的依据划分成若干分区，各分区之间形成有机联系的空间结构形式，防灾分区有利于城市防灾资源整合和分配。

（一）防灾分区的意义

（1）指导城市用地建设，形成主动应对灾害的空间格局

在充分考虑城市可能面临的多种灾害风险基础上，从城市防灾的功能性角度进行城市的综合防灾空间布局规划，并对应急救灾资源的空间配置提出原则要求，形成良好的防灾空间格局，积极主动地抵御城市灾害，便于综合防灾的日常管理服务，便于灾时避难、应急与救援工作的开展。

（2）有机组织防灾空间，提高城市空间利用效率

在没有充分考虑城市防灾情况下所规划建设的城市空间，在某种程度上会造成城市防灾空间和资源的不足。通过城市防灾空间的布局规划，可以在考虑城市不同区域不同的灾害风险强弱的基础上，科学核算综合防灾空间和设施的容量，对城市防灾空间进行均匀合理的布局和规划控制，充分配置城市防灾资源，使防灾资源发挥最大的效益。

（3）与城市总体规划反馈协调，增强综合防灾的可操作性

在进行城市总体规划工作时，主要从城市正常发展出发，确定城市的规模和布局，对城市人口和用地等实行宏观的控制，往往其中的防灾规划大多是被动地适应城市规划所产生的空间形态，没有从城市安全防灾的空间需求和设施配置布局对城市总体规划提出修正反馈意见。这样形成的城市空间往往对城市防灾功能没有从战略高度和宏观整体上给予足够的重视。因此，与总体规划编制同步，结合总体规划的空间布局统筹考虑综合防灾功能，对防灾空间布局及防灾资源配置。良好的防灾空间格局可以主动积极地抵御城市灾害，综合防灾规划与城市总体规划一并实施，具有较强的可操作性，对于城市防灾工作具有重要意义。

（二）防灾分区划分依据

（1）城市用地适宜性

以用地地质条件的同类同构性作为分区依据，依据城市自然山水格局（包括山脉、丘陵、河流、湖泊、地势高低以及地形地貌等）划分防灾分区。

（2）城市总体规划结构

城市总体规划结构初步确定了城市各类功能区的空间布局，以及可作为防灾场所救灾空间的大致分布。

（3）城市道路交通系统

城市道路网是城市的骨架。涉及防灾分区的城市各类救灾疏散通道均在现有和规划城市道路网的基础上，经过分析研究后确定。

（4）城市行政管理辖区

城市各级政府是城市防灾应急事件的主要组织指挥者。划分防灾分区时应充分考虑各级政府行政管辖权限和事权范围，结合各级行政区划明确各等级防灾分区的范围。

(5) 城市可利用疏散场所分布

现有和规划的绿地系统、中小学、高等院校、体育场馆等可作为防灾避难设施。划分防灾分区应充分考虑这些可利用疏散场所的分布。

(6) 城市防救灾资源配置

充分利用现有医疗机构、消防、物资供应设施，结合实际情况，完善规划合理配置医疗机构、消防指挥中心、消防站、物资储备用地等救灾资源。确保各一级分区内有一处中心避难场所及防灾备用地；确保各二级分区至少有一处中型固定避难场所。同时，防灾分区的划分还需要考虑人口密度和建筑容量的因素，根据不同人口密度，划分不同面积大小的防灾分区，使得各个分区内的人口相对均衡，以便于防灾救灾物资的配备和基础设施的建设。

(7) 重大危险源等次生灾害影响

充分考虑城市重大危险源、化工厂区等分布合理进行各等级防灾分区划分。

(三) 防灾分区规划原则

(1) 安全保障原则

研究城市综合防灾对城市规划和建设的限制性条件，合理规划城市综合防灾安全空间架构和布局，确保城市骨干基础设施和应急救援设施满足要求，保障城市人民生命财产安全。

(2) 事权明晰原则

对应不同层级的管理体制，结合空间布局，依据各级城市政府的管辖区域和位置，提出不同层级的综合防灾要求和管理要求，有利于行政管辖权限与综合防灾事权的协调统一。

(3) 有机协调原则

与城市总体规划及道路、绿地、医疗卫生、消防、人防、防洪涝、抗震以及各类基础设施规划相协调，进行综合防灾资源的整合共享，平灾结合。

(4) 实施适用原则

满足不同灾害发生时的不同需求，从而保证综合防灾规划落实在不同层级的用地空间上，加强其操作实施运行的高效，有利于避难疏散和救援工作的开展。

(四) 防灾分区的级别、功能、目标和指标

(1) 空间结构分级

与我国现行法律法规中对城市防灾的规定相协调，对应不同的防灾目标和要求，可将城市防灾空间分区划分为若干等级，可分为一级防灾分区、二级防灾分区、三级防灾分区等。各级分区有各自的相对独立性，又相互联系，形成具有一定层级关系的防灾空间网络。分区等级数量的确定，不同规模的城市可以依据自身条件而定。

(2) 功能
①明确本分区的范围、应防御的灾害和相应的对策措施；
②布局分区内的防灾空间和设施；
③明确防止和遏制次生灾害发生和影响的措施；
④确保基础设施及配套设施正常运转的措施；
⑤建立灾后重建的机制。
(3) 目标
防灾分区划定的目标可分为三个层次：
巨灾——保证救灾，外部救援到达，对外疏散实施。
大灾——城市防灾救灾功能实施，防灾应急保障设施维持运转，人员疏散。
中灾——城市自救、快速恢复、保障生活。
(4) 划分标准

防灾分区的划分标准应与城市的规模相适应，不同规模和类型的城市在防灾分区的划分标准设置上也有不同。表3-1所示为国内某特大城市的各级防灾分区的划分标准；表3-2是日本城市中各级防灾生活圈的划设标准简表。

各级防灾分区划分标准及配置指标表　　　　　　　　　　表3-1

项目	一级防灾分区	二级防灾分区	三级防灾分区
管理层级	设置市级指挥中心，全市统一协调，区级负责管理	设置区级指挥中心、街道负责管理	设置街道防灾中心，社区各居委会负责管理
面积	>100km²	20～50km²	5km²
防护与分隔	天然分割及救灾干道、防护隔离绿地	疏散主干道、绿带	疏散次干道、绿带
避难场所	中心避难场所	固定避难场所	紧急避难场所
疏散通道	救灾干道、（步行1小时）可到达中心避难场所，直升机停机场地	疏散主干道、到达固定避难场所（步行30分钟）、直升机停机场地	疏散次干道、到达紧急避难场所（步行10分钟）
供水	具备应对巨灾情况下的供水保障	具备应对大灾、中灾情况下的供水保障	具备应对中灾、小灾情况下的供水保障
医疗	巨灾下的紧急医疗用地，三级医院	灾害发生的紧急医疗点，二、三级医院	社区医疗服务中心、诊所
通讯	卫星电话	卫星电话	
消防	消防站	消防站	消防水池、消防栓、灭火器等
治安	公安局和公安分局	派出所	派出所
物资保障	明确物资储备用地、物资运输和分发对策	明确物资储备用地、	明确物资配合协作手段

防灾生活圈划设标准表　　　　　　　　　　表 3-2

等级	空间类别	划设指标	防灾必要设施及设备
城市防灾避难圈	学校、城市级公园、医学中心、消防队、警察局、仓库批发业、车站	覆盖全城	提供避难居民中长期居住的空间。提供避难居民所需的粮食生活必需品储存 紧急医疗器材药品 区域间资料汇集、建立防灾资料库及情报联络设备
地区防灾避难圈	中学、社区公园、地区医院、消防分队、警察分局	步行距离为 1500～1800m（约 3 个邻里）	区域内居民间情报联络及对外联络的设备 消防相关器材、紧急用车辆器材。进行救灾所需大型广场、空地 提供临时避难者所需的饮用水、粮食与生活必需品的储存
邻里防灾避难圈	小学、邻里公园、诊所、卫生所、派出所	步行距离为 500～700m（约宜各邻里单元）	居民进行灾害应对活动所需的空间与器材 区域内居民间情报联络及对外联络的设备

（五）防灾分区的空间结构布局

（1）空间结构等级

根据城市用地适宜性、城市形态现状以及总体规划布局，针对城市防灾的需要，将城市防灾空间结构分成三个等级：一级防灾分区——二级防灾分区——三级防灾分区。

（2）空间结构布局

一级防灾分区：利用隔离带或天然屏障（如河流、山体等）防止次生灾害，具备功能齐全的中心避难场所，综合性医疗救援机构，消防救援机构，物资储备，对外畅通的救灾干道。分区隔离带不低于 50m。

二级防灾分区：以自然边界、城市快速路作为主要边界，具备固定的避难场所、物资供应、医疗消防等防救灾设施。分区隔离带不低于 30m。

三级防灾分区：由自然边界、绿化带、城市主次干道为主要边界，社区为单位，紧急避难场所的半径约为 500m，分区隔离带不低于 15m。

在城市总体规划层面，重点是一级防灾分区，二级防灾分区和三级防灾分区可以在详细规划阶段进行规划编制（图

图 3-9　某城市防灾分区划分图

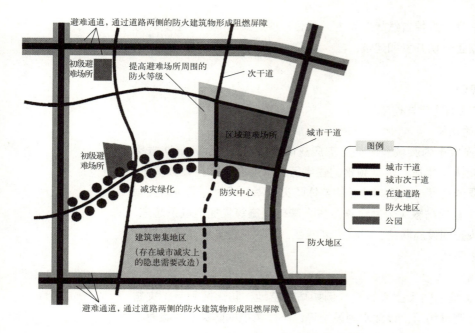

图 3-10 防灾生活圈示意图

3-9);图 3-10 是日本城市中防灾生活圈的划分示意图。

(六) 分区土地使用防灾对策

在进行防灾分区之后,需要对各个分区的灾害潜势和土地利用情况进行分析判断,而后进行分类,在对不同类型的分区,制定不同的防灾策略和土地利用管制措施。

①保育地区:应避免开发,以消除灾害的成因。

②缓冲区:能暂时提供容纳灾害威胁,提供适当的缓冲,以保护其余重要地区暂时免于灾害的地区。

③防灾设施用地:可提供防灾相关设施设置的地区。

④限制开发区:尚未开发或低强度开发的地区,应尽量避免其开发,必要时应列为灾害缓冲区。

⑤防护区:若城市化已具一定规模,须强化其防灾措施及预警体系,以减少灾害损失。必要时,应指定防护缓冲区,以避免灾情的扩大。

从风险角度,也可以将不同风险程度高低的地区划分为危险区和敏感区。危险区,为遭受天然灾害影响的地区;敏感区为有产生灾害潜势的地区。制定管制策略时,针对不同风险的防灾分区,必须依照不同区位而有不同的管理政策。

例如,我国台湾地区,对山坡地地区的危险区,如特定水土保持区,其管理方式是禁止开发行为。在海拔 1500m 以上划定为高海拔地区,限制农耕、开发等行为;而中海拔地区包括海拔 500m 以上非属高海拔地区的山坡地,相关管制包括禁止新农耕以及新各项开发,不过原有以开发或农耕区域则保留。低海拔地区则指低于 500m 的山坡地,由于管制目的以可持续发展为主,因此各项土地使用计划只要经由土地主管机关许可即可;海岸地区的管制,采取的措施是以禁止一切开发、维持自然状态为主；最后一项是海岛地区，主要针对无人居住的岛屿，禁止一切开发和建筑。

三、城市防灾轴规划

（一）城市防灾轴的功能与构成

1. 城市防灾轴的功能

防灾轴能够加强城市内及城乡间的防灾应变能力，作为城际开展防救灾活动的主要通道。对人口集居、活动频繁的住宅区、商业区，维持让救护车、消防车辆通过所需要的宽度，以提高地区的整体防灾效率。同时，通过防灾轴将各中心避难场所、重要防救灾公共设施、重大基础设施等便捷地联系起来，形成整体高效的防灾空间设施网络。对城市老城区，可以结合老城改造更新计划进行防灾轴的规划工作。

2. 城市防灾轴的构成

防灾轴由不同类型的防灾空间组成，例如防灾空地、防火区划带、灾害防止带、避难道路、避难场所、自然水利设施等。不同类型的防灾空间具有不同的功能，以满足防灾、抗灾、救灾、减灾等综合防灾的功能要求。

具体而言，在灾前，防灾轴能够提供提供灾害防护空间和生态调节空间；在灾时，防灾轴能提供多种应急空间，例如灾时紧急避难场所、指挥中心、信息中心、应急医疗救护、物资储备、交通干道、救援通道、疏散通道、外援中转空间等（表3-3、图3-11）。

城市防灾设施与城市空间对应表　　　　　　　　　表3-3

防灾设施	防灾功能	城市空间
防灾空地	防止起火、火势蔓延	（防灾活动据点）公园、小学操场
防火区划带	隔绝火灾的蔓延	宽广道路，河流、铁路、面积、大规模的集合住宅
灾害防止带	确保避难道路、确保完全避难	避难道路沿线的耐火空间、避难场所周边的耐火空间
避难道路	确保避难道路	宽15m以上的规划道路
避难场所	确保避难道路	全市型公园、大规模集合住宅、大规模机关用地、大学、大型广场
自然水利	灭火	河流

图3-11 防灾轴断面示意图

（二）城市防灾轴的等级与类型

1. 等级

防灾轴可以分为两个等级，即防灾主轴、防灾次轴，分别与城市规划中的城市主干道和次干道相对应；但又不是一一对应，根据城市总体防灾空间结构布局的情况，进行综合比较分析后才能确定。各地可以根据当地的具体情况进行针对性分析。例如，日本的城市防灾轴分为四个层次，即基本安全轴、防灾环境轴、中规模路、区划道路（表3-4）。

日本各等级城市防灾轴指标　　　　　　　　表3-4

防灾轴等级	道路宽度	空间网络尺度
基本安全轴	16m以上	2km×2km
防灾环境轴	16m以上	1km×1km
中规模道路	8m以上	250m×250m
区划道路	6m以上	

(1) 防灾主轴

防灾主轴是针对受灾害影响强烈的城市而规划的，连接区域性避难中心和区域性防灾据点，具有阻燃带的功能，宽度宜在30m以上；是城市、城际的主要交通联络通道，形成城市的防灾轴线网络，能强化城市内及城乡间主要防灾轴的应急能力，以重要河川、主要道路为轴心，确保防灾轴上建筑物的耐震性及防火性。

(2) 防灾次轴

防灾次轴是为了支撑在中等规模街区层次上开展避难、消防等应急活动而设定防灾通道，主要依靠城市次干道设置，宽度宜在24m以上。

2. 类型

(1) 防灾绿轴

1) 滨河绿轴

在城市综合防灾规划中，以河流、公园、道路及其两侧的空间和设施为对象，制定有针对性的防灾计划。滨河绿轴的整治工作包括河流及沿河的公园绿地、道路、滨河台阶护岸、斜坡、管理道路等，进行一体化的规划；灾时作为阻燃带、避难场所、紧急车辆通行路，以及消防用水、生活用水的用水据点等（图3-12）。

2) 临海绿轴

临海绿轴的防灾整治工作包括：与海边港口功能的协调，用步行道连接海岸线上的绿地空间和防灾据点设施，平时作为散步路和滨水空间，提高城市的亲水性；灾时，作为临海地区的疏散道路和缓冲绿带，接收来自海上的救灾物资和救灾人员。

(2) 阻燃带

阻燃带是指能够阻止或延迟火势蔓延的带状城市空间。构成阻燃带的空

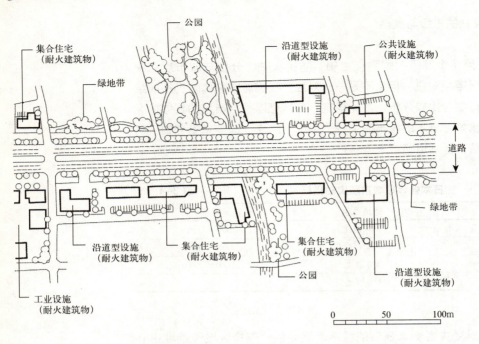

图 3-12 河流绿地防灾轴两侧建筑物的耐火化计划

间类型和对象设施包括道路、广场、空地、建筑、植栽等。在主要避难道路、中心避难场所、重要防灾据点、学校、医院等城市防灾设施周边,需要积极地指定防火地区,推进周边地区耐火性能的提升。此外,种植防火树种,提高植树密度,形成阻燃效率高的林荫带。阻燃带上的树种选择,应结合气候和生长条件等要素,选择阔叶、叶片含水量高、含油量低等防火效果好的树种,以延缓火势蔓延(表3-5、图3-13)。

耐火化促进区域的想法 表 3-5

对象设施	耐火化促进区域	备注
阻燃带	约 45m	含有成为阻燃带的道路、河流等 耐火化建筑物的高度 7m 以上
干线避难道路沿线	约 30m	干线避难道路的宽度 16m 以上 耐火化建筑物的高度 7m 以上
广域避难场所周边	约 120m	广域避难场所 10ha 以上 耐火化建筑物的高度 7m 以上

(三)城市防灾轴的规划策略

①防灾轴应形成多层次的防灾轴线网络,覆盖全城;
②被指定为防灾轴的城市主干道应考虑提高防灾标准;
③避难场所,特别是等级较高、规模较大的避难场所应与防灾轴紧密连接;
④重要的防救灾公共设施如医院、消防站、粮库等应与防灾轴有便捷的交通联系;

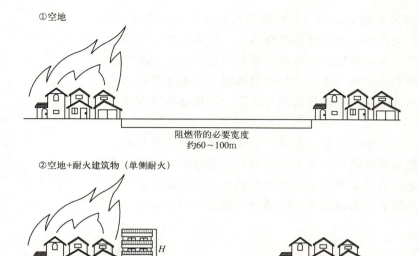
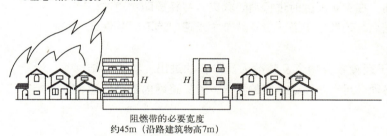

图 3-13 阻燃带断面示意图

⑤防灾轴附近的重大危险源应进行搬迁或地下化;
⑥防灾轴周边的新建建筑应提高设防等级;
⑦防灾轴上两侧的基础设施应加强防灾管理措施。

为了确保在灾害来临时紧急运输道路的实效性,必须制定目标,明确防灾轴两侧建筑物的阻燃要求,引起道路闭塞的建筑物的耐震化率。同时,为了推进防灾环境轴的实施,需要明确各防灾环境轴两侧建筑地块的具体的建筑物整治计划、道路整治计划、防灾公园整治计划、土地再开发计划等。

第六节 城市疏散避难空间体系规划

一、城市疏散通道系统规划

(一)城市疏散通道分类

(1)城市救灾干道

救灾干道是指在大灾、巨灾下需保障城市救灾安全通行的道路。救灾

干道主要用于城市对内对外的救援运输，与城市现有和规划出入口相连，联络灾区与非灾区，城市局部地域与区域内其他城市，确保人力、物资救援通畅，连通各防灾分区，并能够到达城市各主要救灾指挥中心、城市中心避难场所、医疗救护中心及城市边缘的大型外援集散中心等主要防救据点。救灾干道一般从城市快速路或高等级公路中选取，并保证有效宽度不小于15m。

救灾干道在灾害发生后，要优先保持畅通，必要时要进行交通管制以确保救灾行动。规划应提高其道路通行能力，提高与其连通的桥梁防灾级别，还应规划替代性道路，以保证救灾工作的顺利进行。两侧建筑必须满足抗震规范要求，应清除现有的影响防灾的障碍物，改造加固沿途的危险建筑物。

（2）城市疏散主干道

疏散主干道是指在大灾下保障城市救灾疏散安全通行的城市道路，主要用于连接城市中心或固定疏散场所、指挥中心和救灾机构或设施，作为城市内部运送救灾物资、器材及人员的道路。这一级别的道路应该确保消防车、大型救援车辆的通行及救援活动，在灾害发生时进行消防救灾，并将援助物资送往各灾害发生地点及各防灾据点。疏散主干道一般从城市主干路中选取，并保证有效宽度不小于7m。

疏散主干道主要服务于运输救灾物资及疏散人员车辆的进出，其路网结构还要满足救援半径，且必须满足有效消防半径的要求，避免路网内部产生消防死角。

（3）城市疏散次干道

疏散次干道是指在中震下保障城市救灾疏散安全通行的城市道路。疏散次干道主要用于人员通往固定疏散场所，是避难人员通往固定避难场所的路径，还可以作为没有与上两级道路连接的防救据点的辅助性道路，以构成完整的路网。考虑到很多灾害发生后会产生大火、危险品泄露等次生灾害，消防车辆要投入灭火的活动，因此该级别避难通道应兼具消防通道的作用。疏散次干道一般从城市主干路或次干路中选取，并保证有效宽度不小于4m。

疏散次干道往往是城市干道的组成部分，应确保消防车、大型救援车辆的通行及救援活动、避难逃生活动的进行。

（4）街区疏散通道

街区疏散通道是指用于居民通往紧急疏散场所的道路。当一些避难场所、防灾据点无法与前三个级别的道路网连通时，则需要通过疏散通道来联络其他避难空间、据点或连通前三个级别通道，应保证有效宽度不小于4m。

很多灾害发生后会产生火灾等次生灾害，消防车辆要投入灭火行动。因此应确保消防车道的畅通，并且每个街区至少包括两条以上道路。路径应导向避难场所，避免越过干道和铁路、河流等，制定对两侧建筑物高度及广告等悬挂物必要的规定加以限制。

在城市总体规划阶段，以救灾干道、疏散主干道、疏散次干道的规划布局为主；在详细规划阶段，需要对街区疏散通道进行周密的规划布局。

（二）疏散通道的规划原则

（1）在城市总体规划统筹布局

疏散通道规划应与城市总体规划相吻合。疏散通道是受灾人员到达各避难场所和救援物资到达灾区的必经之路，避难场所规划紧密相连、相辅相成，与避难场所布局一起统筹安排。

（2）综合设置多种类型的疏散通道

设置疏散通道应以城市道路交通体系为基础。并且结合城市的特点，充分考虑城市道路以外的，如水路、铁路、空中等其他路径。此外，城市中的带形绿地（如生产防护绿地）也可以被加入疏散通道的统筹规划。

（3）确保疏散通道的安全性

疏散通道作为灾时的紧急疏散的通道，必须采取一定安全措施来保证其在灾时的安全通畅。疏散道路的有效宽度时，应考虑建筑物塌落物等造成堵塞等状况。疏散通道应当避开易燃建筑物和火源，对重要的疏散通道要考虑防火措施。规划种植防火植被。疏散通道应当形成网络结构，即使部分街道堵塞或遭到破坏，也可以迂回到达目的地。

（4）平灾结合

疏散通道系统平时就是城市道路系统的一部分，承担着城市日常的人员与物资流通。灾时启动其防灾功能，通过交通管制等手段，高效发挥其灾时物资运输、人员救援的作用。

例如，台湾地区的避难道路规划，以2km方格网状的配置方式规划避难道路，避难道路两侧须连接避难场所与中继站。被指定为主要避难道路的宽度须留设15m；次要避难道路宽度须10m以上。避难道路的宽度须考虑该区域所承载的人口数，两侧建筑应具有阻燃功能。

（三）疏散通道的评估

1. 疏散通道有效宽度评估

疏散通道有效宽度的核算，主要是针对地震灾害。由于受灾害影响，沿途部分建筑倒塌，阻塞道路，给救灾工作带来障碍。在核算时，以干道为例，将道路红线外侧50m左右范围内的建筑抗震性能进行统计分析，预测得到大震情况下房屋完全毁坏倒塌的建筑，并与道路红线进行叠加，得到道路有效宽度的示意图（图3-14）。

2. 救灾疏散通道的服务评估

（1）对防灾分区的服务

救灾疏散通道系统保证每个二级防灾分区至少有一条救灾干道与之相

连或相邻；除都市发展区外围的小型防灾分区外，绝大多数二级防灾分区至少有一条疏散主干道与之相连。

(2) 对重要场所的服务

防救灾主要设施包含救灾指挥中心、中心避难场所、救灾备用地等，根据国内外避难场所相关建设经验，救灾疏散干道系统需能够到达全市各主要救灾指挥中心、城市中心避难场所、医疗救护中心及城市边缘的大型救灾备用地等主要防救灾设施，以保证这些重大设施在救灾过程中的交通畅通。

(四) 疏散通道的技术指标

(1) 疏散道路宽度指标

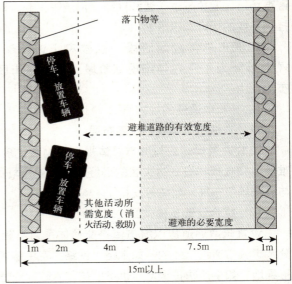

图 3-14 避难道路的宽度示意图

疏散主要通道两侧的建筑应能保障疏散通道的安全畅通。紧急避难场所内外的疏散通道有效宽度不宜小于 4m，组团避难场所内外的疏散主通道有效宽度不宜小于 7m。与城市出入口、中心避难场所、市政府救灾指挥中心相连的救灾主干道不宜小于 15m。

城市疏散道路的宽度应考虑两侧建筑物受灾倒塌后，路面部分受阻，仍可保证救灾车通行的要求。道路两侧建筑高度要严格控制。疏散道路宽度应符合下列关系式：

$$W = H_1 \times K_1 + H_2 \times K_2 - (S_1 + S_2) + N$$
$$N = W - H_1 \times K_1 - H_2 \times K_2 + (S_1 + S_2)$$

式中 W 为道路红线宽度，H_1、H_2 为两侧建筑高度，S_1、S_2 为两侧建筑退红线距离，N 为疏散道路的有效宽度，K_1、K_2 为两侧建筑可能倒塌瓦砾影响宽度系数。

计算疏散通道的有效宽度时，道路两侧的建筑倒塌后瓦砾废墟影响可通过仿真分析确定：

救灾干道：应满足当双侧建筑物同时倒塌时，保证道路通畅，此时可能倒塌瓦砾影响宽度系数按照 1/2 考虑；当单侧较高建筑倒塌时保证道路通畅，此时可能倒塌瓦砾影响宽度系数按照 2/3 考虑。两侧建筑倒塌后的废墟的宽度可按建筑高度的 2/3 计算。

疏散主干道：应满足当双侧建筑物同时倒塌时，保证道路通畅，此时可能倒塌瓦砾影响宽度系数按照 1/3 考虑；当单侧较高建筑倒塌时保证道路通畅，此时可能倒塌瓦砾影响宽度系数按照 1/2 考虑。

疏散次干道：应满足当单侧较高建筑倒塌时保证道路通畅，此时可能倒塌瓦砾影响宽度系数按照 1/2 考虑。

在满足上述要求的同时，对于没有进行抗震设防的建筑物在计算时要满足两侧建筑物同时倒塌时对交通的要求；对于乙级设防的建筑物可降低一级标准考虑。

(2) 对外通道指标

城市出入口应保证地震时外部救援和抗震救灾要求。每个城市防灾分区在各个方向至少应保证有两条防灾疏散通道。

(五) 疏散通道布局规划

(1) 城市出入口

城市出入口应保证灾时外部救援要求，同时保证每个防灾分区至少有两个出入口。出入口应能保障在震后的畅通，一般以城市高等级公路和铁路为主、高等级航道和空中航线为辅。城市的出入口数量宜符合以下要求：中小城市不少于 4 个，大城市和特大城市不少于 8 个。

(2) 对外交通枢纽

对外交通枢纽是保障城市对外交通和内部交通联系转换的关键点，包括：铁路站场、水路码头、空港、立交枢纽等，必须进行重点防范。

(3) 城市内部疏散通道布局规划

救灾干道规划：由公路、铁路、航道和空港四部分组成。城市境内省道、国道（高速公路）路面等级高， 路基路面强度比较高，安全性好。根据各地具体需求特点，可以规划以高速公路、干线公路、城市快速路和铁路为主要救灾干道，以河流航道、航空空港为辅助通道。

疏散主干道规划：由城市道路、铁路和航道三部分组成。以城市主干道为主要疏散主干道，以内河航道和各单位内部的铁路专用线等为辅助疏散主干道。在建筑密集区，应对建筑后退距离不够的地区采取改建等控制手段，最大限度的扩大道路的红线宽度，保证灾时各主干道与城市对外疏散干道之间的联系。对于不能满足疏散通道要求的街道，应适当拓宽路面。对于城市新建的区域要严格控制道路两侧的建筑高度和道路的红线宽度，保证灾害发生后疏散通道的通畅和避灾据点的可达性。新加建的多层建筑应保证后退道路红线 5m 以上，高层建筑的后退距离应保证 8m 以上，同时要减少通道上的高架设施或其他障碍物。对于位于疏散主干道上的高架、隧道、桥梁等需要重点防范的位置，应考虑工程加固措施。并且需要编制紧急应对方案，在某一处节点受损时，组织道路绕行、抢修等恢复措施，避免整个疏散通道体系的瘫痪。

疏散次干道规划：以城市部分满足疏散要求的城市次干道为主要疏散次干道；同时也是紧急避难场所外的疏散通道，道路必须保证震后的有效宽度不少于 4m。结合旧城改造规划，增辟干道和疏通死巷，保证整个道路网系统的完整。

(六) 提高道路灾时通行能力的措施

(1) 严格建筑后退道路红线的管理

建筑后退道路红线越近，道路越容易受到建筑物破坏的影响。因此，对于规划建筑，应严格保证道路红线的权威性，同时按照城市当地的建筑规划管理技术规定，坚决贯彻执行对建筑后退红线的要求；对于现状建筑，能够整改的必须整改，而一些限于历史原因不能拆除或者整改的，应通过加固相

邻建筑的方法，降低其形成连锁反应的可能，降低其对道路系统的影响。

（2）确保道路两侧建筑防灾性能

1）提高不满足要求的现状路侧建筑防灾能力

路侧建筑物的坍塌或者损坏将对临近道路的通行能力造成影响。包括建筑物坍塌形成的瓦砾堆对道路宽度的削减和由此造成的避难行人在道路上的占用，以及出于安全考虑，行人远离建筑物行走而对道路的占用。同时建筑物的破坏造成的人员伤亡及火灾，将造成救援交通需求的增加。因此，根据城区道路灾害预测结果，对预测通行概率较低的主干路，应采取相对应的改造加固措施，保证其灾后的有效通行宽度，进而保证救灾疏散的通畅。

2）加强路侧新建建筑防灾性能管理

在道路两侧新建建筑的设计施工及审批过程中，应严格按照规范要求进行抗震等防灾方面的要求进行设防，对特殊建筑应提高一度进行设防，保障道路灾后畅通，提高灾时通行能力。

（3）完善城市道路系统

1）加快城市快速路网建设

城市快速路网的建设，将增强城市交通的快速对外疏解能力。同时由于快速路红线较宽，两侧建筑后退红线较远，在救灾上也相应成为可选择的路径。

同时，对于地质条件相对较差，有可能在地震时形成对外交通救援通道瓶颈的快速路段，进行必要的加固改造，保证快速通道的畅通和安全。

2）加密支路网

支路网的加密有利于改善城市交通微循环，在灾后也有利于灾民疏散路径的选择，对快速疏散意义重大。在支路网不完善的城市，加大城市支路网建设力度，并结合支路网建设，对连接城市避难场所和周边用地的支路增加抗震防灾功能，增设疏散指示牌，提升支路网络在救灾疏散的通行能力。

二、城市避难场所系统规划

避难场所是灾害发生时把居民从灾害程度高的住所或活动场所紧急撤离、集结到预定的比较安全的场所。避难场所主要包括公园、广场、操场、停车场、空地、各类绿地和体育场馆等城市公共开敞空间及设防等级高的建筑。

（一）避难场所的功能

避难场所是城市防救灾避难圈的中心，其功能主要有以下六点：

①进行避难的场所：避难场所最主要的功能是在住所受到灾害破坏时，或对住所有安全疑虑的民众，能进行安全避难的场所。

②获得救护资源的场所：在灾害发生时，受灾地的民众无法直接取得生活所需的资源，需仰赖外界的协助。因此，避难场所作为受灾民众获取生活所需资源的场所。

③邻近的灾害救灾传达中心：灾害发生时，通讯十分困难，救灾措施的

发布执行难以传达到灾民，避难场所可以作为防救灾信息的传达中心，帮助救灾的进行。

④邻近的救灾基地：在灾害发生时，会有许多民众受困于住家中，需要救援，而避难场所可以作为救灾资源的基地，提供救灾人员休息、机具整备的场所。

⑤临时医护所：灾害发生时，医疗场所很可能会挤入大量的伤员，为避免重大伤员无法及时获得救援，可以在避难场所成立临时的医护所，提供较轻微伤员的医疗救护，疏解医疗据点的人流。

⑥救灾物资的发放据点：避难场所在灾时会聚集许多避难民众，且邻近民众的住家，因此提供给灾民生活所需的物资，可以利用避难场所来进行发放。

(二) 分类与用地规模

1. 分类

(1) 中心避难场所

面积在 50 公顷以上的规模较大、人均有效避难面积不小于 $4m^2$/人，疏散半径为 3km 左右，功能较全的固定疏散场所。主要包括全市性公园、大型开放广场等。中心疏散场所应该由城市抗震救灾指挥部集中掌握使用，其内一般设防灾应急指挥中心、情报设施、抢险救灾部队营地、直升飞机停机坪、医疗抢救中心和重伤员转运中心、供水、排污、供电（临时发电照明设施）、应急厕所、标示、棚宿区、物资储备、消防设施、应急监控和通信广播设施等。

(2) 组团避难场所

面积在 1 公顷以上，人均有效避难面积不小于 $2m^2$/人，疏散半径为 2～3km 左右。主要包括人员容置较多的较大型公园、广场、中高等院校操场、大型露天停车场、空地、绿化隔离带等。组团避难场所内，灾时搭建临时建筑或帐篷，是为灾民提供较长时间避难和进行集中性救援的重要场所，大多数是地震等灾害发生后用作短暂或中长期避灾的场所。

组团避难场所与中心避难场所同属于中长期避难场所，它既具有短期避难功能，又要有支持中长期避难的条件。具有供水、排污、供电（临时发电照明设施）、应急厕所、标示、棚宿区、医疗急救设施、物资储备、消防设施、应急监控和通信广播设施等。

(3) 紧急避难场所

用地面积在 0.1 公顷以上，人均有效避难面积不小于 $1m^2$，疏散半径为 500m 左右，在发生大地震、火灾等灾害时，主要作为附近居民的紧急避难场所或到中心避难场所去的避难中转地点。主要包括城市居民住宅附近的小公园、小广场、专业绿地以及抗震能力强的公共设施。紧急避难场所应可提供临时用水、照明设施、临时厕所、排污、供电（临时发电设施）、标示、棚宿区、消防设施、医疗设施等。

2. 避难场所用地规模

根据城市需要避难的人口规模以及人均避难的用地指标，可以计算得出城市紧急避难场所用地规模和中长期避难场所的用地规模。

在规划各项物资、设施或设备数量之前，必须先估算各避难阶段可能的避难收容人口数。估算各阶段可能避难、收容人数，应先了解需要进入据点灾民的原因。以台湾地区921大地震及日本阪神淡路大地震资料显示，原因有住宅倒塌、火灾、心理不安、维生管线受损等原因，如表3-6所示。而原因又需要视灾情程度、地域特性、地区防救灾能量的不同来区分，例如以震后火灾而言，日本阪神大地震灾情较台湾地区921大地震严重许多，因为921大地震所发生区域的瓦斯管线并无日本密集，且时间点也不同，因此评估任何原因前，必须考虑地区特性。

921大地震避难人员的避难原因　　　　　　　　　　　　　　表3-6

据点类别	进入据点的原因
临时避难据点	1. 自宅倒塌（依受损程度分） 2. 震后火灾（依地域性分、时间性分） 3. 维生管线受损（依地域性） 4. 心理不安因素（依震度分）
临时收容据点	1. 自宅倒塌（依程度分） 2. 震后火灾（依地域性分、时间性分） 3. 维生管线机能未恢复（依防救灾能力分）
中长期收容据点	1. 自宅倒塌（依程度分） 2. 震后火灾（依地域性分）

（三）城市避难人口预测

在进行规划布局避难场所之前，需要对灾时的避难人口进行预测，其原则包括：①避难人员包括需要避难疏散的城市常驻人口和城市流动人口；②在规划避难场所时，要考虑避难人员在城市中的分布；③在预测需安置的避难人员数量时，应考虑灾害发生的时间、市民的昼夜活动规律及其所处的环境、随时间变化的规律等影响因素。

在我国大陆，预测灾害避难人口的方法以地震灾害为代表。

(1) 死亡及重伤人口估算

1) 房屋破坏程度与人员伤亡关系

参照《城市抗震防灾规划标准实施指南》，地震中房屋破坏程度与人员死亡、重伤的比例关系见表3-7。

房屋破坏程度与人员死亡比、重伤率关系表　　　　　　　　表3-7

房屋破坏程度	死亡比	重伤率
基本完好	0	0
轻微破坏	0	1/10000
中等破坏	1/100000	1/1000
严重破坏	1/1000	1/200
完全毁坏	1/30（白天为1/60）	1/8～1/15

2）地震死亡人数估算

地震死亡人数与房屋破坏情况、房屋内人员密度有关，考虑本估算主要用于整体判断城市在不同地震作用下的损失，从历史经验看，地震在夜晚发生时人员伤亡最大，同时，住宅建筑总量和居住人口统计相对容易，因此，本规划关于人员伤亡的估算以住宅建筑破坏情况、室内居住人口密度为条件进行，相应估算公式为：

$$D_n = [A_1 d_1 + A_2 d_2 + A_3 d_3] \times \rho$$
$$W_n = [A_1 w_1 + A_2 w_2 + A_3 w_3 + A_4 w_4] \times \rho$$

式中　　　　D_n——不同地震作用下人员死亡人数；
　　　　　　W_n——不同地震作用下人员重伤人数；
　　　　　　ρ——住宅建筑内人员密度（人/m²），取 $(0.8 \times m)/A$；
A_1、A_2、A_3、A_4——住宅建筑总面积和完全毁坏、严重破坏、中等破坏、轻微破坏面积；
　　　　d_1、d_2、d_3——建筑完全毁坏、严重破坏、中等破坏下的人员死亡比例；
w_1、w_2、w_3、w_4——建筑完全毁坏、严重破坏、中等破坏和轻微破坏下的人员重伤比例；
　　　　　　m——预测区内总人口数。

按照上述公式和各防灾分区内住宅建筑情况，得到各分区在地震作用下的人员死亡和重伤情况。

(2) 无家可归人口估算

1) 无家可归人口估算方法

根据《城市抗震防灾规划标准实施指南》，预测一次地震后造成无家可归人员数目的计算和建筑物破坏程度有关，可用以下公式估算：

$$M = 1/a \times (2/3 \times A_1 + A_2 + 7/10 \times A_3)$$

式中　A_1——地震时毁坏的住宅建筑面积；
　　　A_2——严重破坏的住宅建筑面积；
　　　A_3——中等破坏的住宅建筑面积。
　　　a——人均居住面积。

2) 无家可归人口估算

为了保证城市发生地震时规划区内拥有足够的避难场地，有些城市的无家可归人口估算按照发生大震时进行统计。

A. 主城范围分区重伤人口估算

对于位于主城区内的分区，采用现状的人口和大震时建筑破坏程度数据，根据上述无家可归人口估算公式估算无家可归死亡人口数 $M_{现状}$。假设规划期末和现状，各分区的无家可归人口占总人口的比例保持不变，采用下式推算出规划无家可归人口数 $M_{规划}$：

$$M_{规划} = M_{现状} \times m_{规划}/m_{现状}$$

式中　$M_{现状}$——预测区内的现状无家可归人口数；

$m_{规划}$——预测区内的规划总人口数；

$m_{现状}$——预测区内的现状总人口数；

B. 主城外围地区分区死亡人口估算

对于位于都市发展区和主城区之间的分区，由于规划和现状的城市功能、用地规模及构成、人口总量、建筑状况等均发生了较大改变，不能用现状数据推导出规划期末的无家可归人口数，因此采用与主城区内分区类比的方式进行推算。

如果位于都市发展区和主城区之间的某分区规划期末时，城市功能、用地规模及构成、建筑状况等与主城区内的某分区现状情况近似，则可以假设两者发生地震时无家可归人口数占总人口数的比例一致。因此采用下式推算位于都市发展区和主城区内的分区的无家可归人口数：

$$M_{规划} = M_{现状} \times m_{规划} / m_{现状}$$

式中 $M_{现状}$——主城区内可类比的分区预测区内的现状无家可归人口数；

$m_{规划}$——位于都市发展区和主城区之间的某分区预测区内的规划总人口数；

$m_{现状}$——主城区内可类比的分区预测区内的现状总人口数。

(3) 避难人口核算

规划避难人口按照不同时段划分为紧急疏散人口、固定疏散人口和短期安置人口和中长期安置人口四类，定义如下：

紧急疏散人口：在地质活动明显加剧或主震发生后，余震随时何能发生，此时需要疏散的人口，即为紧急避难人口，包括全体人员（含流动人口），即规划范围内的所有人口；相应的疏散的地点为紧急避难疏散场所。

固定疏散人口：在震情尚不明确的时候，需要在固定避难场所临时避难的人口。计算表达为全体市民减去死亡人口。

短期安置人口：指在地震基本结束后，需要在固定疏散场所短期安置的指因房屋损毁导致的无家可归者（不包括流动人口）。短期安置人口在固定疏散场地安置时间一般不超过 30 天。计算表达为全体市民减去死亡人口减去流动人口。

中长期安置人口：对于中长期避难人口规模，则与灾害造成的建筑毁坏率有密切关系。在灾害发生后的一段时间，确定没有再次发生灾害的可能性的情况下，一些在紧急避难场所中避难的人们就可以回到破坏轻微或未遭到破坏的房屋中，而那些房屋遭到严重破坏的无家可归者则需要到中长期避难场所中等待房屋修缮或重建。因此中长期避难人口的规模，还需要进一步结合灾损情况进行研究。

避难人口估算

避难人口按以下公式计算：

紧急疏散人口 = 包括全体人员（含流动人口）；

固定疏散人口 = 全体人口 − 死亡人口；

短期安置人口＝无家可归人口；

中长期安置人口根据实际情况制定。

（四）避难场所规划

1. 城市避难场所的规划原则

（1）安全第一

城市避难场所应当是受灾害威胁程度低，能够保证避难安全的场所。在规划其等级、规模和内部结构时，必须采取有效措施，提升避难场所和疏散通道的安全性，使其具有其较高的防灾减灾能力。

（2）就近避难

避难场所应相对均匀地分布在城区。在通常情况下，所有避难人员按规划确定的避难所就近避难。避难场所的合理布局以及确定适宜的服务半径，有助于就近避难。灾害发生时，避难者到城市灾害管理部门灾前指定的或自主选定的最近的防灾疏散场地避难。居民就近避难，距自家住宅和防灾疏散场地的距离近，避难时程短，安全性高，且熟悉周围环境，避难者多为邻里有亲近感，也有利于照看自家住宅的财产和处理与灾害相关的事宜。但当市区的避难场所遭受火灾、海啸、洪灾等灾害的严重威胁时，必须组织远程避难，把居民有组织地疏散到城市郊区等外围安全场所。

（3）"平灾"结合

城市避难场所平时用于教育、体育、文娱和其他生活、生产活动，灾害预报发布后或灾害发生时转换为避难场所。避难指挥部门应协同有关单位制定相应的管理制度为实现功能转换做好准备。

（4）综合防灾

地震、滑坡等地质灾害以及水灾、海啸、严重工业技术灾害等发生后，都有可能组织居民避难。城市规划部门应当综合制定包括地震避难场所在内的适用各种灾害的避难所和避难疏散道路，并制定不同灾害的避难规划，充分发挥避难所和避难疏散道路在抵御各种灾害中的避难疏散作用。

（5）步行为主

居民到疏散场所避难一般以步行为主。因为严重的灾害发生后，避难所的用地比较紧张，中小型避难所内一般不设停车场。而且灾害发生后，城市道路可能会受到不同程度地破坏，避难道路线甚至城市道路一般都很拥堵，乘坐私人汽车到避难所避难会消耗更多的时间，冒更大风险。

（6）利于救援

避难场所必须设置救灾物资装卸、堆放与发放的空间，医务人员和警卫人员的工作与生活场所以及各类道路、防火隔离带与配套设施的用地。在规划避难用地时，应当为救灾指挥机构、重伤员急救中心等重要部门以及支持灾区的部队、抢险救灾人员、医疗队等留出空地。在紧急避难所，还应当留有重伤员休息、医治以及遇难者暂时停尸的场所。

2. 选址要点

(1) 避开地质活动带

避难场所应避开地震活断层、岩溶塌陷区、矿山采空区和场地容易发生液化的地区以及次生灾害（特别是火灾）源，不在危险地段和不利地段规划建设避难场所。避难场所的选址应保证不会被次生水灾（河流决堤、水库决坝）淹没，不受海啸袭击；地势平坦开阔；北方的避难场所应避开风口。南方应避开烂泥地、低洼地以及沟渠和水塘较多的用地。

(2) 与城市绿地系统规划相结合

城市绿地、广场是城市开敞空间的主要组成部分，与城市总体规划及绿地系统规划相结合，可以提高土地的使用效率。城市绿地与避难场所具有功能上的互通性、时间上的互补性。尽量结合绿地系统、景观风貌规划，对符合要求的公园绿地等一定要加以利用改造。运用各种技术手段进行功能和形式的转换，平时正常使用和灾时紧急启用，达到城市绿地与避难场所的平、灾双重要求。

(3) 与规划区人口密度相适应

避难场所主要为规划区内的居民服务，因此人口密度是影响选址的重要因素。但往往城市中人口密度大的区域即为各城市的中心区，相应的建筑密度及开发强度也较高。在灾害发生时，要保证大量人口在短时间内疏散，具有很大难度。因此在规划新的疏散场所时，应考虑在人口密度较大的城市中心区域布置。

同时结合城市居住区的建设，以小区内部的绿地和公共活动空间为基础，有利于居民在紧急情况下高效地疏散。根据平灾结合的原则，这些开敞绿地在平时还可作为居民休闲娱乐的去处。

(4) 改建与新建相结合

规划的避难场所应主要以现有的城市公园、绿地广场、体育设施、各类院校的露天操场为主，通过对现有资源的改建利用，提高它们的避难能力。不仅可以与现状较好的结合提高空间的利用率，而且避免了很多地区的拆迁、搬迁，减少了投资。对于规划区内不能满足使用需求的，则需要再另外新建避难场所。新建区在选址上应与城市总体规划、城市园林绿地系统规划等相结合，建设具有避难功能的公园、广场等。

3. 避难场所规划布局

根据上述原则，首先需要选择城市内可以作为避难疏散场所的各种空间，统计各防灾分区内的潜在的可用用地资源，排除受危险源影响的用地，或受次生灾害影响的用地，得出有效用地资源的规模，规划分派各级避难场所；并对各防灾分区内的避难场所的布点进行明确定位；同时，需要考虑到各个避难场所的可达性、均衡性、网络性等，并根据人均指标的多少情况，提出若用地不够的情况下，采取何种补充资源的措施。具体的布局方法模型包括区位分派模型、WVD 模型等（表 3-8、图 3-15）。

我国若干特大城市避难场所技术指标　　　　　　　　　　　　　　　　　表 3-8

城市	分级		用地面积 (m²)	人均用地面积 (m²)	服务半径 (m)
北京	大型避难用地长期（固定）避难场所		不小于 4000	2.0～3.0	2000～5000；步行 0.5～1h
	小型避难用地（紧急避难场所）		不小于 2000～3000	1.5～2.0	500；步行 5～15min
上海	I 类应急避难场所、II 类应急避难场所、III 类应急避难场所和特定应急避难场所			中心城规划应急避难场所人均实际有效用地面积控制为：3.0m²/人；浦西内环以内地区不低于 2.5m²/人。其中 I 类应急避难场所人均实际有效用地面积一般控制为：2.0m²/人；浦西内环以内地区不宜低于 1.5m²/人	
深圳	室外避难场所	紧急避难场所	有效用地面积不宜小于 1000m²	不宜低于 1m²	不宜超过 500m
		固定避难场所	不宜小于 1hm²	宜为 2～3m²	不宜超过 2000m
		中心避难场所	不宜小于 10hm²		不宜超过 10km
	室内避难场所			人均建筑面积宜为 3～5m²	不宜超过 2000m
重庆	市级防灾应急避难场所（长期避难场所）		宜大于 10hm²	9m²	10km
	区级防灾应急避难场所（短期避难场所）		宜 2hm² 以上	4m²	2000m
	社区级应急避难场所（紧急避难场所）		大于 2000m²	2m²	500m

图 3-15 北京中心城已建地震及避难场所位置示意图

4. 救灾备用地布局

救灾备用地是指在城市安全地区划定的大型救灾行动集散地。当城市遭受罕遇灾害，基础设施系统遭受严重破坏导致城市短时期内无法正常运转时，救援人员、设备和物资需要大量运入，伤亡人员需要大量运出，需要若干大的开敞空间作为城市救灾行动集散地。

救灾备用地主要承担灾后人员撤离、组织救援和组织重建任务，应靠近通向城市外部的安全疏散通道，并有足够的空间用于建设临时或中长期灾民安置点。救灾备用地可结合城市疏散场所建设，在无法满足建设规模要求时，也可在非城市建设用地范围内进行布局规划，紧急情况下进行简单的场地建设后，即可作为救灾或安置用地使用。城市救灾备用地启用后，需要在指定区域修建临时救灾指挥所、抢险救灾部队营地、物资仓库、医疗抢救中心、重伤员转运中心和灾民转运中心等，用地规模一般不小于50hm²，安置人口10~50万人／处（图3-16）。

图3-16　某城市抗震防灾备用地规划图

第七节　城市公共设施与基础设施的防灾规划

一、城市公共设施的防灾规划对策

（一）应急指挥设施系统规划

（1）空间性措施

在城市市域内应根据应急指挥中心的布点位置、服务半径等因素对各分区的应急指挥中心布点进行数量上的控制和增减，并配置适当的规模；新建应急指挥中心应有良好的地质条件和可达性。对应急指挥中心本身的建筑质量进行评定，对于各分区内现有的年代久远的应急指挥中心建筑，应采取适当的加固改造措施，同时采取整治周边环境、拓宽门前道路、清理危险源、建筑搬迁、功能置换等措施。对于靠近危险源的应急指挥中心要进行搬迁，同时注意与疏散通道的联系。对于应急指挥中心密集的分区，要进行取舍，更有效地发挥指挥作用。此外，应预先规划好各级应急指挥中心设施的备选地址，供当原应急指挥中心遭受损严重损坏时，作为迁移地点。对于备选地点的选择，仍应就其可达性、应急功能性、安全性等方面进行审慎评估，以避免灾后救灾指挥功能丧失，进而造成失序的状况。

同时，还需要完善城市应急指挥中心的软硬件设施，提高综合防灾指挥能力。配备应急电源和应急通信电话，建立抗震防灾专业信息数据库和指挥平台。

(2) 区级应急指挥中心建设

对于大城市和特大城市而言，城市规模大、人口和建筑物众多，仅有市级指挥中心不能满足抗震防灾的需要，应尽快建设区一级的应急指挥中心，区级应急指挥中心建筑应按不低于重点设防类的标准进行抗震设防。

(3) 应急指挥平台建设

应急指挥体系建设规划，包括成立应急管理委员会，建立新城应急指挥中心，完善区一级公共安全应急指挥平台。逐步实现组织、资源、信息的有机整合；完善区—街（乡）—社区（村）三级突发公共事件应急信息网络；完善体系构建、预案制定、信息系统、指挥链接、物资储备和新闻发布等方面统一的公共安全应急管理机制。政府要整合和完善公共安全信息技术支撑体系。

(二) 应急医疗设施系统规划

(1) 空间性措施

在规划时，需要结合城市总体规划、医疗设施规划或医疗卫生行业未来发展规划等，为上述规划提供防灾方面的原则性建议。在规划时应充分利用现有的医疗急救系统资源，使其具有良好的灾时救援能力。并且，在规划中进一步结合各片区的特点进行新增或扩建，以满足防灾要求。对现有三级医院规模不再扩大，以加强内涵建设为主，提升服务能力和服务质量。突发情况下，医院规模、床位数量可以灵活变通，例如，充分利用现有医院的室外空间作为医疗急救场地，也可以利用各防灾分区内避难场地兼作医疗急救场地等。为充分发挥灾时医疗设施的急救功能，所以，在防灾分区内现有医院服务范围没有覆盖的地方，增加一些基层医疗卫生服务设施。基层医疗卫生服务设施的选址，应结合分区特点和有效服务半径，现有基层医疗卫生服务设施可以根据建筑抗震性能评价进行加固改造；要避免将这些设施布置在地质不稳定地区、洪水淹没区、易燃易爆设施与化学工业及危险品仓储区附近，以保证救护设施的合理分布与最佳服务范围及其自身安全；对于地质灾害多发区的抗震性能较差的医疗急救设施，可以考虑进行搬迁；对缺乏医疗急救设施的地区，应进行增设，或者补充基层医疗服务点。对片区内新建医疗急救系统所处的地质环境进行充分考虑，必须进行安全性评价。

同时，需要考虑的问题包括：各防灾分区中的人口与医疗资源是否匹配的问题；医疗急救资源在主城区、新城区、城郊结合部、郊区等不同地区分布不均衡的问题等。

对于急救医疗资源的布局问题，目前主要有两种方法，一是依据人口分布的特征而来决定医疗设施区位的区位分派问题（Location-Allocation Problem），二是依据设施所在区位，而来评估民众在不同空间中，可获得（available）设

施服务的机会有多大，即有关设施服务可及性的问题。

一般紧急救护系统皆以 90% 之案件，能在 8min 内到达现场为准则，但如能缩短到达时间，患者存活率可有效提升（0.77人／分）。以我国台湾省台中市政府为例，在医疗救援设施的选址是以 5min 反应时间与 1.5km 服务范围作为绩效标准。

对现有的三级医院，进行排除危险源、建筑加固、拓宽门前道路等措施；在现有的应急医疗急救网络布局规划，指定第一级的急救医院名单，并制定应急联动预案；同时，对伤员的临时急救场所提出选址要求。

急救医院应制定紧急医疗场所计划。建议医疗机构应发展多于一种的灾害疏散应变计划，去有效地响应各种不同的紧急情况。当医院内部灾害情况无法允许适当的照护病患和处理伤员时，医疗机构必须疏散所有医院设施。同时，医院建立至少 1 个有足够资源的"替代救护场所"，以此来满足病患的客观照护需求。医院建立紧急医疗场所应该足够广大去容纳各种灾害情况，像是炸弹攻击、恐怖行动、大洪水、断水电以及传染病等。这些重新安置病患的场所必须事先与相关机构协商建置。可供建置院外暂时医疗场所如军事活动地，学校操场，或其他邻近医院。面对灾害，医院必须建立灾害疏散应变计划。

（2）管理型措施

医院应制定紧急灾害应变措施计划。其内容应包括应对灾害的预防、准备、应变与复原各阶段之应变体系、应变组织与工作职责。

医院应制定紧急灾害发生时之疏散作业方式，规划病人、员工及医疗设备疏散之路线、疏散地点及病人运送方式，并保障疏散过程中，相关人员之安全。

医院应设置紧急灾害之通信设备及相关设施，并建立通信与联系的标准作业方式。改善报案及通信指挥系统，严格执行救护训练、充实救护装备器材，健全医疗信息及加强与医疗单位配合，以健全完整救护体系。对于老旧的救护车及设备应汰旧换新，且增添急救设备，以提高救护的能力。其计划内容包括：办理紧急救护专业训练；并派遣人员出国训练、考察、评估各国紧急救护制度并吸收其优点，培训专业救护人才；应增加救护专业消防人员，提升专责救护的成效；增置普通型救护车、加护型救护车及急救医疗设备器材；扩充紧急医疗网报案通信系统。

（三）应急消防设施系统规划

（1）空间性措施

规划需要结合城市消防规划、城市总体规划或市政专项规划等，为上述规划提供防灾方面的强制性要求和原则性建议。规划应充分利用现有的城市消防系统资源，使其具有良好的灾时救援能力。并且在规划中进一步结合各分区的特点进行新增或扩建，以满足防灾要求。

为确保各防灾分区内都能提供及时有效的消防救援服务，所以，在组团内现有消防有效服务半径辐射不到的地方，增加一些基层消防服务点，并邻近城市干道。基层消防服务点选址应结合各防灾分区特点和有效服务半径；现有基层的消防服务点，需要进行科学的建筑安全性能评价，然后基于评价结果，适当采取加固改造或搬迁等措施。对新建消防设施，对新建消防设施，其选址应该严格按照规定程序，进行地震安全性评价和地质灾害危险性评价。

(2) 管理型措施

1) 提高民众消防意识与加强民众消防教育计划

加强倡导、训练正确消防知识，火灾发生时，民众缺乏避难逃生观念，纵使公共场所内有充足的消防设备，不知如何使用或惊慌失措时，亦无法达到设备预期的功效，此亦公共场所火灾造成严重伤亡的主因。因此，定期由各级政府机构倡导防灾观念，推广至各小区，并通过与学校单位的配合，举办防灾座谈会及举办防灾演习相关活动，提升民众的防灾观念、利用防灾安全讲习会的方式，授予学生与民众正确的防灾应对措施，并充实各种防灾训练。

由于建筑物使用日趋复杂，防火的倡导应朝向普及化、生活化的方式发展。例如：加强公共场所的服务员工消防训练，避免因员工训练不足，于火灾发生时未做适当处置、不知如何使用灭火设备或操作不当而酿成重大灾害。此外，亦可将防火教育列为各级学校的教育课程，成立妇女、青少年等义勇消防组织担任防火倡导工作，透过网络提供消防常识及相关信息及设置灾害博物馆，加以强化民众防火自救能力及公共安全的认知。

2) 强化消防人员编制计划

A. 根据城市规模的扩展逐年增编消防人力。为应对平时执行救灾、消防安全检查、水源调查、紧急救护、化学灾害紧急抢救、人命救助等业务需要，亟需比照先进国家消防队员以人口总数比率配置，扩编消防人员数量。

B. 强化119救灾救护指挥中心作业能力，提升指挥管理能力，有效发挥救灾救护能力。

C. 提升消防人员教育训练成效。为提升消防人员素质、士气与形象及民众对消防人员执勤能力的满意度，应充实教育训练内涵，建立消防教育体系，办理各种专业讲习班、师资班、培训专业教官，派员出国进修、研习、考察，以收新知，而提升教育训练成效。

D. 强化火灾调查鉴定功能。由于火灾所造成人命财产损失，常是众所瞩目的焦点。由于工商业日益发达，各种化学成品的问世，装潢材料的更新，使得火灾发生的原因日益复杂。做好火灾原因调查工作，尤应设置鉴定实验室、晋用专业人才、培训人才、充实鉴识设备，强化火灾调查鉴定能力。

3) 消防器材与设备整备计划

A. 充实消防、救护车辆。对于部分过于老旧且性能欠佳的消防车，必须逐步汰换，由于灾害形态趋向复杂化、多元化，参照世界先进国家按人口比例原则标准配置充足消防车辆及各式特种车辆，以提供民众更周密的安全保障。

B. 充实消防救灾器材装备。引进性能较精良的救灾器材，充实设备保有量。

C. 更新报案及通信系统。强化119救灾救护指挥中心作业能力，提升指管能力，以有效发挥救灾救护能力，实为当前消防重点工作目标。

D. 充实山地消防。针对城市规划区内的特殊环境及需求，逐年充实消防抢救人员、充实消防车辆、装备器材、充实卫星无线电通信系统、筹组山地消防防护团及加强防火倡导、救灾装备操作训练；另于山地部落设置专用消防蓄水池及简易消防设施，解决水源缺乏的问题，期能扑灭初期火灾，遏止火灾的扩大蔓延，解决山地消防不足的问题。

E. 建立消防作业计算机化。有鉴于要防止灾害的发生，除了配合提高全民消防观念的措施外，维护火警警报设备、强化报案系统，将火警警报计算机化消防机关119救灾救护指挥管制系统有机结合。

4) 落实消防安全检查，避免不当使用。

落实消防安全检查，消除侵占公共场所防灾空间的使用及危害安全的使用方式，如招牌封闭窗户、公共场所单一出口、安全梯道遭阻塞、封闭及顶楼加盖、安全门上锁、窗户设置铁窗阻碍逃生、内部使用易燃材料装潢、侵占防火巷、侵占逃生专用通道、缺乏消防设备或设备维修不当等。改进消防安全设备审核认可作业，健全消防安全设备审核认可。

强化危险物品及高压气体管理。危险物品发生事故，可能产生爆炸、燃烧、毒性扩散，对人之伤害甚于一般建筑物火灾。

5) 健全消防法令的落实，积极推动落实消防相关法令：消防安全设备检修申报制度、消防设备师法、建筑物防火标章作业要点等法令规范，健全消防体系。

（四）应急治安设施系统规划

(1) 空间性措施

规划应充分利用现有的城市治安设施资源，使其具有良好的灾时救援能力。进一步结合各防灾分区的特点，进行新增或扩建，以满足抗震要求。为确保发挥救援作用，每个防灾分区都能提供及时有效的治安服务，在分区内现有城市治安设施有效服务半径辐射不到的地方，增加基层治安服务点。增强更具时效性的救助。基层治安服务点选址应结合片区特点和灾时救援的有效服务半径。加固可以满足需求的现有基层治安服务点，搬迁调整不能满足需求的现有基层服务点。

(2) 管理型措施

1) 加强警力资源提升

警政组织编制与任务调整计划。警察业务专职化，减少协办业务。警政信息基础设备强化计划。开展警政信息系统与推动信息业务，以求提升警察工作中各项业务的效率，配合上级政府单位推动行政革新的方向，因此，提出以警政信息化、计算机化为工作重点。建立犯罪数据信息网络、电子地图信息系统、警车卫星定位派遣监视系统。

2) 加强地区安全机制

加强预防犯罪教育计划。不定期举办讲座倡导民众安全知识倡导，全民预防犯罪教育的落实，定期举办防范犯罪教育。

学校道德教育重整计划。制作倡导录像带，定期至学校、工厂、机关与青少年活动场所播放倡导；加强与各级学校、社教单位等团体合作，举办各项倡导活动，并培养其正确的价值观念，培养健康的休闲娱乐。邀集大众传播机构、学校、社团、专业人士、社团等，举办预防犯罪座谈会。加强青少年犯罪侦防辅导工作。

加强警民小区安全合作计划。建立巡守处通讯系统，成立民间自治巡守组织，适时调整辖区巡逻任务。

改善交通安全，确保交通系统舒适便捷。培育民众交通安全的观念，交通安全教育倡导计划；加强维护交通通畅，确保快速舒适的交通环境；落实交通安全法规的执法；健全高龄与身障者交通安全计划。

（五）应急保障物资系统规划

规划应对现有物资保障设施，进行建筑安全性评价；而后慎重采取适当对策，加固改造、整治周边环境、拓宽门前道路、清理危险源、建筑搬迁、功能置换等。没有布置物资保障设施的防灾分区，应配置物资保障设施发挥灾时的物资保障作用。安全、合理地布置物资保障设施。此外，仍需适当提高粮库、食用油库等特别重要物资储备设施的建筑抗震设防等级。同时，借鉴日本和我国台湾地区的经验，与物流中心和大型仓储式超市签约合作，约定灾害发生时，食物及生活用品禁止对外贩卖，而优先贩卖给政府，并不得任意抬哄价格。通过与生产厂家签订救灾物资紧急购销协议、建立救灾物资生产厂家名录等方式，进一步完善应急救灾物资保障机制。

完善应急物资保障系统，建立依托市级中心救灾储备库，周边区分中心储备点（库），以社区防灾应急储备为据点的救灾保障网和适应新城特点的综合救灾物资仓储网络，科学规划储备物资总量和品种，健全灾民救助物资储备制度。政府结合应急避难场所的建设，逐步建立社区的应急物资储备机制。民政、地震、人防、商业、社区、医疗等相关资源的整合利用。

区域中心城市，应建立为整个区域服务的区域性装备物资储备库，以便在发生突发特大灾害时，提供应急物资供应服务。医疗卫生系统也主要采用委托储备的方式储备必要的医疗器械和药品。积极支持公安消防系统建设救灾物资（专业设备）储备库。

此外，需要预先制定灾害应急物资确保计划，对物资进行及时的组织和确保。

①食物及生活必需品的保障规划。对居民要进行宣传和教育，自发进行非常时期物资的储备。要充分了解避难场所的数量和位置，进行物资的合理分配。对区内可能提供应急物资的供应商的数量以及提供物资的品种，进行协调。

②应急修复资保障规划。

③配置物资集中地。为了对救援物资进行集中、保管、分类和搬运，必须事先确定各种救援物资的集中地和储备物资的清单。原则上集中在一级集中地，必要时救援物资可直接送到二级集中地。

二、城市基础设施系统的综合防灾对策

（一）城市基础设施总体防灾对策

城市基础设施系统综合防灾规划，应结合城市总体规划或各类基础设施专项规划，对各类基础设施提出综合性防灾对策，重点是工程选址和布局。主要为三个方面：

一是地质安全隐患区内的各类基础设施系统设施的防灾安全问题；二是各类基础设施本身的建筑工程性能、设防标准、防护措施等；三是各类基础设施与周边用地上的各类设施之间的相互影响关系。

提出基础设施地下化、设施节点的防灾处理、提高设施备用率等对策措施。

（二）供水设施系统综合防灾对策

按照城市总体规划关于供水系统的规划要求，推进区域一体化供水系统的建设，建设具有较高应急保障能力的供水分区，做好不同水厂供水网络之间的互联措施。完善供水系统布局。

供水系统涉及生产用水、居民生活饮用水和救灾用水，对灾后基本生活保障、次生灾害防御都具有重要作用，属于生命线系统中的要害系统。适当提高供水系统防灾设防标准。灾时首先要保证主要水源不能中断（取水构筑物、输水管道安全可靠）；水质净化处理厂能基本正常运行。提高水厂和重要干管设施的防灾设防等级。评估未能满足防灾要求的现有给水设施，根据评估结论采取相应的措施。

为了防止次生灾害的发生，对一些年久失修的薄弱环节进行紧急加强，输水干管要双管，配水管线实现成环网供水，通过科学组合提高防灾能力。为保证灾时供水的可靠性，强化紧急联络管理机制，完善紧急截止阀的配置，增加配水池的容量储备，在更广的区域实现备用水源。重点供水地区的供水管网要形成多重化网络形状，分散设施危险以及提高出水能力等措施，通过大容量的送水管加强与邻近城市的系统联络，以及通过大范围网络实现后援。

（三）供电设施系统综合防灾对策

根据供电系统各组成部分在城市供给和安全中的作用，适当提高部分重要供电设施设备的防灾设防标准。提高未满足防灾要求的设施的防灾能力。

关注输变电设备的多重化、多路线化，保障在非常时期也能无障碍地运行。制定针对政府、治安、消防和综合医院等重要设施的应急输电计划。

做好供电系统的维修物资储备。供电设施抢修是保证灾后电力供应的重要环节，为保证抢修工作的顺利及时进行，必须在市内按防灾分区储备一定量的供电设施，包括供电设备、设施、供电和通信线路一旦遭受地震破坏后恢复

所需的物资、器材准备，储备适当数量的供灾害时使用的供电设备修复用的器械器材，例如高压发电车和高空作业车等。

供电系统的防灾计划注重日常保安规定，包括设施的管理、维护和改良措施、巡视和测定措施，以及灾害发生时减轻损失和应急修复措施；从发电、输送、变电、配电等全过程，实行 24 小时的监管措施。

（四）通信设施系统综合防灾对策

根据通信设施系统各组成部分在城市供给和安全中的作用，适当提高部分重要通信设施的防灾设防标准，提高未满足防灾要求的现有设施的防灾能力。对于建设年代都较早，使用年限超过 50 年的通信设施建筑，建议进行进一步鉴定，并根据鉴定结论确定具体的改造措施。

预防地震等各种灾害情况下故障的发生，保障灾害发生时快速地修复和服务，配置灾时专用留言电话，制定灾时专用留言服务计划。

（五）燃气设施系统综合防灾对策

适当提高燃气设施的防灾设防标准，如城市燃气系统中的 CNG 母站、门站和高压管道等。储气系统研制安装自动切断，自动放散装置等。

在重要储气设施周边，设置符合国家规范要求的防护隔离带，选择适宜树种种植阻燃带；同时，加强对各类燃气设施的日常安全管理制定应急处置预案。

对供给区域内的街区进行分区供给，实行局域化供气，在灾时采用街区分片切断的方法，控制受灾情况和供给中断的比率，防止燃气系统发生次生灾害。

第八节　城市危险源布局规划

一、城市危险源概念与分类

城市危险源是指在城市中长期地或者临时地生产、搬运、使用或者贮存危险物品，且危险物品的数量等于或者超过临界量的场所和设施。

城市危险源有生产场所危险源和贮存区危险源两种。其中，贮存区危险源包括贮罐区危险源和库区危险源。因此，城市危险源包括贮罐区、库区和生产场所三种类型。

城市危险源可能引发的灾害类型包括火灾、爆炸、放射性污染、剧毒或强腐蚀性物质大量泄露、疫情和其他次生灾害。

二、城市危险源调查与评价

城市危险源调查，需要收集危险化学品仓库、油库、放射源、天然气储备站、有毒有害化工企业、高压锅炉、加油站、加气站的名称、位置、用地规模、储存容量及设防措施、空间分布特征、部门应急预案、未来发展规划等资料。

城市危险源评价结合市域范围内各次生灾害源的区位、周边情况、可能出现的灾害类型，以及潜在的灾害损失程度，如区域或局部、重大或一般等，将规划区范围划分成重点防范和一般防范两类地区；并同时分析各行政分区和防灾分区内的主要次生灾害和危险源类型、风险程度高低，以及防范的级别。

三、城市危险源布局规划

（一）规划原则

城市危险源布局规划原则如下：

①以防为主，防治结合；

②全面规划、统筹兼顾、标本兼治、综合治理；

③突出重点、兼顾一般；

④因地制宜、经济实用。

（二）规划布局要求

（1）加油加气站

根据《中华人民共和国国家标准汽车加油加气站设计与施工规范》GB 50156—2002，城市加油加气站网点布局和选址要点如下：

①加油加气站的选址应符合当地的城镇总体规划、环境保护和防火安全的要求，并应选在交通便利的地方。

②在城市建成区内不应建一级加油站、一级液化石油气加气站和一级加油加气合建站。

③城市建成区内的加油加气站，宜靠近城市道路，不宜选在城市干道的交叉路口附近。

④加油站的汽油罐和柴油罐应埋地设置。

⑤加气站及加油加气合建站的液化石油气储罐与站外建、构筑物的防火距离按照储罐设置形式、加气站等级以及站外建、构筑物的类别，并参考国内外相关规范分别确定。

⑥压缩天然气加汽站和加油加气合建站的压缩天然气工艺设施与站外建、构筑物的防火距离，根据现行国家标准《原油和天然气工程设计防火规范》GB 50183—93 第3.0.3条、第3.0.4条、第3.0.5条并参照《汽车用压缩天然气加气站设计规范》SYO 092—98和《汽车用燃气加气站技术规范》CJJ 84—2000等行业标准的有关规定编制的。

（2）工业危险源

①所有化工企业必须遵守《中华人民共和国安全生产法》，加强安全生产监督管理，防止和减少生产安全事故，保障人民群众生命和财产安全。

化工企业厂址应避免在自然疫源地。

②有大气排放有害物质的工业企业应布置在城市夏季最小频率风向的上风侧。

③严重产生有毒有害气体、恶臭、粉尘、噪音且目前尚无有效控制技术

的工业企业，不得在居住区、学校、医院和其他人口密集的被保护区域内建设。

④排放工业废水的工业企业严禁在饮用水源上游建厂，固体废弃物堆放和填埋场必须避免选在废弃物扬散、流失的场所以及饮用水源的近旁。

⑤属于第一、二类开放型同位素放射性工业企业严禁设在市区内。

⑥工业企业和居住区之间必须设置足够宽度的卫生防护距离，按 GB 11654～GB 11666、GB 18053～GB 18083 及其他相关国家标准执行。

⑦在同一工业区内布置不同卫生特征的工业企业时，应避免不同职业危害因素（物理、化学、生物等）产生交叉污染。

⑧食品工业和精密电子仪表等工业应设在环境洁净、绿化条件好、水源清洁的区域。

（三）防灾对策措施

(1) 生产安全

分析各防灾分区内的危险源数量与空间分布特征，危险源类型，如库区、生产场所、压力管道、压力容器、贮罐区等。

规划建议措施包括严格控制新建化工企业的数量，对已有的危险源企业应设置安全防护隔离带，达到安全要求；以及结合行业未来发展规划，制定搬迁计划，对一些有重大影响的企业进行搬迁等。

(2) 优化危险源布局

优化危险源布局包括两个方面，一是对现有危险源布局的优化，通过保留改造无污染和火灾危险的都市型工业，迁移主城内化工生产和储藏企业，降低危险源对城市的不利影响，列出主要外迁危险源名单；另一方面是加强新建危险源的选址论证，新建危险源应集中布局到相应的集中区，难以在集中区布局的应协调好与周边用地的关系，远离人口集中区，并有有利于将危险限定在特定范围的自然和人工条件。

(3) 降低危险源的危险概率

对危险源建构筑物的防灾设防进行严格管理，并结合当地的危险源种类、现状抗震能力、对城市的影响和布局特征，适当提高部分危险源建筑的设防类别，具体提高部分包括：城市燃气系统中的 CNG 母站、门站和高压、次高压管道；承担储存石油化工产品、液化石油气等的油库、储气库等。

提高现有危险源建构筑物的抗震性能，加强危险源的日常管理。严格按照《化学危险物品安全管理条例》和《民用爆炸物品安全管理条例》，加强危险源的日常管理工作，降低危险源的出险概率。监管部门应建立完善的管理机制，确保监管信息的准确和完整，应将危险源防灾性能列入监管的重要内容。

(4) 完善隔离区（带）的布局和建设管理

完善防火隔离带布局分从两方面进行：一是化工集中区或保留的化工生产及仓储企业的防火隔离带，按照不同类别企业的火灾影响范围分析结论及相应的国家规范，取其较大值布置隔离带、在隔离带内不得建设居住、医疗、教育、商贸等对火灾敏感的建筑或设施。二是按照防灾分区设置组团防灾带和街区防灾带。

(5) 提高城市危险源单位的应急防护与紧急处置能力

建立应急防护预案和演练机制，完善应急处置设施的建设，如化工部门配置备用冷却设备、事故放空槽等备用设施；储油、储气系统研制安装自动切断、自动放散装置等。堤防重建备用物质的储备。

第四章 城市综合防灾详细规划

第一节 城市综合防灾详细规划的类型与作用

一、城市综合防灾详细规划的类型

在城市综合防灾总体规划的指导下,对于具体地段和设施的防灾问题,需要通过编制综合防灾详细规划,提出较为具体的综合性解决方案。城市综合防灾详细规划的类型包括控制性详细规划层面的综合防灾控制引导,以及防灾空间与设施规划设计两个层次。其中,根据规划对象的不同,防灾空间与设施规划设计又包括疏散通道详细规划、避难场所详细规划、防灾公园规划设计、防灾安全街区规划、防灾社区规划等类型。

二、城市综合防灾详细规划的作用

在城市控制性详细规划阶段,综合防灾规划控制引导方面需要重点解决的问题,是在局部地区对城市综合防灾总体规划中确定的

重要防灾空间和设施项目进行空间布局，安排社区级的防灾空间和设施，对各防灾分区中存在的防灾安全问题进行深入研究，提出解决方案，并为下阶段的城市规划和项目建设提供防灾依据。

城市防灾空间与设施规划设计需要重点解决的问题是针对具体的街区和场所等不同空间类型，通过详细分析其综合防灾方面的问题，进行针对性的设计，提高其综合防灾能力。

疏散通道详细规划是指详细分析规划地段内部的道路、航道、铁路等通道空间的类型、等级、有效宽度、安全性能和空间分布特征等要素，找出其灾害隐患和防灾方面的不足，通过采取适当措施，优化网络组织和通道形式，提高其整体防灾能力。

避难场所详细规划是指在规划地段内，通过评估现有开放空间资源的安全性、可达性、有效面积等指标，指定各类型、各等级避难场所的空间分布，并给出各避难场所的详细规划与设计原则。

防灾公园规划设计是专门针对公园这一重要的综合性防灾空间，分析规划区内现有公园的现状用地条件、功能构成等要素，通过选择和布局防灾公园、配置适当的防灾设施，进行公园防灾性能优化设计，提出规划地段的防灾公园建设方案。

防灾安全街区规划是指针对老旧建筑物众多、安全隐患较大，防救灾能力偏低的密集型街区，采取综合性防灾策略，进行防灾性能优化设计，配置必要的防灾空间与设施，促进该地区防灾能力的提升。

防灾社区规划是以城市社区为研究对象，在一系列防灾空间与设施规划设计的基础上，进一步考虑采取动员社区民众，学习与训练灾害防救知识，编制社区防灾应急预案等策略，改善居住环境，减少灾害隐患，推动防灾减灾的综合性规划。

第二节 城市控制性详细规划的综合防灾控制引导

对于尚未编制控制性详细规划的地区，综合防灾规划的相关内容应纳入到控制性详细规划的图则中，作为控制性详细规划的组成部分，加强规划的强制性。对于已经编制完成控制性详细规划的地区，则需要独立编制城市控制性详细规划的综合防灾控制引导，作为控制性详细规划的补充内容。

一、综合防灾控制引导的主要内容

在控制性详细规划阶段，应对规划地区的防灾问题进行分析，利用控制性详细规划特有的空间规划控制引导手段，对重要的防灾空间和设施进行定量安排和布局定位，提出综合防灾的各项措施和对策，使规划地区在开发建设或保护、改造中能够减小灾害风险，满足防灾的各项要求。

①灾害风险分析，标出影响该规划区的主要灾害种类、影响的地域范

围等；

②防灾空间结构规划，标明规划区内防灾分区、防灾轴线、防灾据点的位置，及其等级；

③防灾分区，标明各级防灾分区的界限、编号，注明各分区的主要风险类型；标明各分区中的防灾绿地、避难场所、临时急救医疗点、区内消防通道、对外交通性道路、四周道路、危险源、地下空间疏散路线，配套防灾设施项目等；

④防灾安全线规划控制，标明安全线规划控制界限及相关控制要求；

⑤防灾街区布局，标明规划区内不同防灾安全街区的界限。

二、综合防灾控制引导的具体方法

（一）灾害风险分析

控制性详细规划层面的综合防灾规划控制引导中，在进行防灾分区布局前，需要收集整理分析现状基本基础资料，包括四类，一是规划区的位置规模、现状地形、地貌、地质等自然环境条件；二是用地性质、道路等级与宽度分布、建构筑物的层数、建筑密度、结构与材料、重要公共设施分布等人工建成环境条件；三是各街道的设置及其行政区域边界、人口数、人口年龄结构、弱势群体分布、商业企业分布等社会经济条件；四是该地区的城市总体规划和控制性详细规划的资料。

在掌握了规划区的大量基础资料后，可以对规划区进行灾害风险分析，分析的内容包括火势蔓延的危险度、灾民避难行为的困难度和危险度、消防活动的困难性和危险度、救出活动的困难性与危险度等（图4-1）。

（二）防灾分区

控制性详细规划中的综合防灾控制引导需要对基地进行详细的防灾分区，划定规划区内的各个防灾安全街区的范围；并区分不同防灾街区的重要性等级，标明用地边界、用地规模，说明各防灾街区内的防灾公共设施构成、道路整治、建筑物整治计划等需要实施的原则性内容。在此基础上，提出分地块的控制指标，完成规划管理图则，便于规划管理。

控规中防灾分区工作，和一般控规地块划分工作相互联系，但又有所区别。前者以防灾为出发点，是以后者工作为基础的深化和细化。防灾分区工作是下一步各种防灾指标确定和空间控制线划定的基础。

防灾分区工作中需要考虑的因素包括人

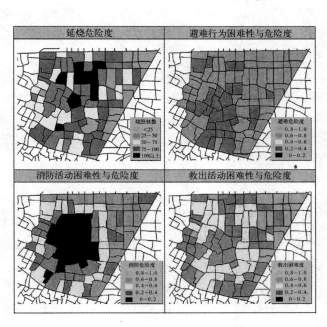

图4-1　灾害危险度示意图

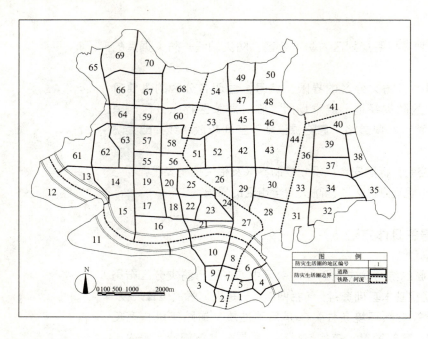

图 4-2 东京足立区防灾分区示意图

口构成、土地利用状况、建筑物耐火化的规划地区和道路、道路拓宽和改造地区的划定、紧急输送道路的指定、避难场所的指定、警察署、消防设施、消防通道、急救医院、临时医疗急救点、救灾物资仓库的指定、防灾安全街区的整治计划、街坊出入口的数量与位置的设定、危险源的整治、危房的指定和替代计划、土地区划整理与再开发地区的划定、灾时交通管制措施、地下空间避难引导措施等。

图 4-2 是东京市足立区的防灾分区示意图，全区共分为 70 个邻里级的防灾生活圈；图 4-3 是东京市某防灾分区的规划控制示意图。

（三）防灾安全线的划定

1. 意义与目的

防灾安全线内的空间是有效的安全空间。在控制性详细规划层面，综合防灾规划引导中的防灾安全线应属于强制性指标要求。

2. 划线对象的类型

防灾安全线的划设对象包括危险源、重大次生灾害源、避难场所、疏散通道、重要防救灾公共设施等。

3. 划线方法

防灾安全线的划设方法主要包括以下几个方面：

①对生产性危险源而言，需要划定危险区域的范围，也就是危险源的核心影响和需要控制的范围，包括其防护绿地在内，也就是危险源四周边符合国家标准规定的防护绿地的外边界线围合的用地范围。

②对环境敏感地区而言，需要划定敏感区的范围，以对此范围内的开发建设活动进行严格控制。此处的环境敏感区包括地震断裂带、塌陷区、滑坡塌

第四章 城市综合防灾详细规划

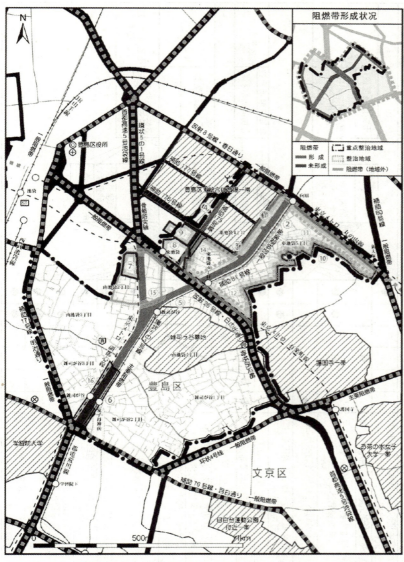

图4-3 分区防灾规划控制示意图

防救灾活动与空间设施的对应关系示意

表 4-1

	评价要点	要素指标	指标内容与意义	区域对策 整改干线道路	区域对策 整改防火带与沿街公园	方向性对策·设施整备 增加避难场所	方向性对策·设施整备 增加消防水利设施	地方措施 整改区内道路	地方措施 良好建筑物整治与老建筑物的更新
避难	灾害避难的必要性	建筑灾害（率）	灾害证明居住困难场所（倒坏建筑物的状况）（倒坏率）						●
	二次灾害避难的困难性	到达避难场所（距离）	避难者到达避难场所困难性（距离）			●			
	二次灾害避难的困难性	到达避难场所（困难率）	避难者到达避难场所到达率		●	●			
	二次灾害避难的困难性	到达干线道路（距离）	避难者到达干线道路的困难性（距离）（非最短到达率）	●					
	二次灾害避难的困难性	到达干线道路（困难率）	避难者到达干线道路的困难性（困难率）	●					
消防	阻燃避难的必要性	着火率	火灾损坏场合建筑物燃烧栋数						●
	消防活动的必要性/阻燃	燃烧（面积）	火灾发生场合建筑物燃烧面积		●				●
	消防活动的困难性/阻燃	水利圈（率）	消防自动车到水利设施到达困难性（非最短到达率）				●		
	消防活动的困难性/阻燃	消防车取水（困难率）	消防自动车到水利设施到达率				●		
	消防活动的困难性/阻燃	到达（困难率）	消防人员到达火灾地点的困难性（非最短到达率）	●				●	
救出救护	救出活动的必要性/轻伤者转移的困难性/救护站救助活动的必要性	损坏（率）	全坏建筑物数量						●
	救出活动的必要性	坚固建筑损坏	坚固建筑（非木造）栋数						●
	救出活动的困难性	救出车到达（困难率）	救护车到达全坏建筑对象的困难性（非最短到达率）	●				●	●
	重伤者移送的困难性	救急车到达（困难率）	救护车到达救助所的困难性（非最短到达率）	●		●		●	
	轻伤者救护的困难性	救护车到达（困难率）	负伤者到达救护所的困难性（最短到达率）			●			
	救护所救护活动的困难性	救护站	小型车到达救护所的困难性（最短到达率）						●

关系图：构成指标 → 方向性对策
- 干线道路的距离 → 干线道路整治 → 区域层面评价
- 防火带与沿街设施（干线道路）的面积 → 防火带与沿街公园的整治 → 区域层面评价
- 避难场所数 → 增加避难场所数 → 市政层面评价
- 消防水利数 → 增加消防水利 → 市政层面评价
- 区内道路、沿街建筑物良好性 → 区内道路整治 → 地区设施详细评价
- 建筑物的构造、建筑年代 → 良好建筑物整治、老建筑物的更新 → 街区整治计划的立案
- 坚固建筑物比率、建筑年代 → 拆除等
- 耐火裸木造面

方区等地质灾害易发区，水库大坝区以及其他次生灾害易发区。

③对疏散通道而言，需要划定灾时疏散通道的有效通行宽度；也就是说，道路红线宽度不等于疏散通道的有效宽度。例如地震时，由于道路两侧建筑倒塌，覆盖了一定的道路面积，这时就需要根据不同类型建筑的倒塌模型，计算出在建筑倒塌后道路上仍可以保持人车通行的有效宽度。

④对避难场所而言，需要划定避难场所内安全区域的范围，需要对避难场所的安全性进行评估，不能把避难场所（例如学校或公园等）的全部用地面积作为避难场所的有效面积。避难场所的有效避难区域需要把受到周边危险源影响的区域、建筑物倒塌所覆盖的区域、周边高架道路倒塌所覆盖的区域，以及周边其他次生灾害影响到的区域等全部扣除。

⑤对防救灾公共设施而言，需要控制其核心保护的范围。在这个保护的范围内，周边其他危险源不能影响到它的安全，以保证伤员救治等防救灾工作的正常进行。

（四）制定特定地区的防灾规划对策

特定地区由于其自身的特殊性，在防灾方面需要注意的方面有所不同，控制性详细规划中需要重点加以关注，并制定相应的对策，提出控制引导的特殊要求。

特定地区的类型包括密集型街区、老旧街区、弱势群体集中的街区、地下空间集中区、高层密集区、文教园区（大学城、幼托、中小学等）、山坡地社区、洪水淹没区、特殊性质的工业区（如化工园区）等。

1. 密集型街区综合防灾规划

密集型街区包括高层建筑或低层建筑高度密集的地区。此类街区建筑密度大，人口规模大，存在着道路系统不完善，道路狭窄且弯曲过多、开放空间严重短缺等众多不利于防灾的方面。特别在很多特大城市的中心城区，高层建筑密度很高，又经常与商业设施和地下空间混合设置，是大规模人流集散的地区，在安全避难方面存在很大隐患。下面以老旧街区为例，说明密集型街区的综合防灾规划。

老旧街区包括历史街区（文保单位集中区）、城中村和危旧房片区等，此类街区的建筑由于建设年代久远，建筑质量较差、危险源较多，安全隐患较多、道路弯曲、狭窄，在消防和救援方面存在较大困难。

（1）历史街区和文保单位集中区域的综合防灾规划对策

①现状阶段：需要调查各级各类文物保护单位和历史街区的名称、位置、用地规模、街区内的道路交通网络、建筑结构性能、安全隐患、危险源等。

②防灾评估：主要是安全性评估，包括三个方面：一是地质安全性，如是否位于活动断裂带上或地质灾害多发区内；二是周边是否有危险源；三是历史建筑本身的建筑结构性能、建筑材料，以及有火灾等方面的安全隐患。

③规划对策：由于历史文化方面的价值，历史街区的综合防灾规划提出的建筑改造和空间结构调整方面的措施，应当以城市总体规划、历史文化名城

地区计划概要

	名　称	涩谷区本町一丁目、二丁目、四丁目、五丁目、六丁目防灾街区整治地区规划				
	位　置	本町二·四·五·六丁目地区				
	面　积	约58.1ha				
	地区计划的目标	本地区应确保在防灾城市形成中推进计划（平成16年3月东京都依次整治地区，建立安全，放心特续性的城市目标。灾害避难等有助于防灾功能形成，道路等的地区防灾设施的整治形成，同时，促进该地区的有效利用和建筑物的整治，恰当地防灾设施的引导，增加特改造地区绿地的系统性以及地区特性应对恰当的临时建筑物等的引导，提高住生活的便利性，以滋润街绿色包围住宅，市区和亲切的街道。				
特定防灾区域	防灾街区整治地区整治计划（※）2.01.2ha	计划整治区域	住宅地区		沿街商业地区	
		名　称	长度	面积		备注
		区内道路1号（主要生活道路8号线）	宽度 6m	约190m	约1140m²	扩幅
		本町二丁目樱花公园	面积	约2100m²		已建
		位置	地区分区			
		种类	耐火建筑物或作为准耐火建筑设施等		沿街关联设施等	（※）
		道路	建筑物正面的防火上必要的最低限度	0.7	16m (主要生活道路8号线沿线)	（注）
		公园	建筑物等宽度的最低限度	13m (注)		（※）
		有关建筑物的限制事项	建筑物等高度的最高限度	5m (主要生活道路8号线沿线)		（※）
			建筑物容积率的最高限度	240% (主要生活道路8号线沿线)	300%	（※）
			建筑物基底面积的最低限度	60m²		
			墙面位置的限制	从区划道路边界约0.5m (主要生活道路8号线沿线)		（※）
			墙面后退区域的构筑物的设置限制	不可在墙面后退区域内建筑物的设置		（※）
			建筑物形态或色彩的限制	建筑物外墙的颜色，避免使用刺激性的颜色，应与周围环境协调		
			其他限制	围栏、墙的构造物的限制	绿树篱色 作为有透过性的围墙等	
		土地利用有关事项	推进道路绿地、街区绿化、屋顶绿化			

(注) 中高层建筑物（高度超过10m的建筑物），有日照的限制。
(※) 只适用于特定建筑物地区整治规划。

[目标区域]
根据地区计划的目标、制定具体方针和制度等。

防灾街区整治地区规划：区域区分

[本町2丁目19-27番] 规划区域

图例
- 防灾街区整治地区规划区域
- 防灾建筑物地区整治地区规划区域
- 特定防灾设施区域
- 地区防灾设施区域
- 特定建筑物防灾区域

整治规划区域：扩大图

图例
- 防灾街区整治地区规划区域
- 特定建筑物地区整治规划区域
- 地区防灾设施区域
- 特定地区防灾设施区域

地区分区
- 住宅区
- 沿街商业区
- 区内道路
- 公园
- 1号墙面

保护规划、历史街区更新保护规划等相关规划为依据，并按照防灾评估的结果，有针对性地提出防灾方面改造要求。例如，将位于微弱活动断裂带上以及其他地质灾害易发区内的文保单位进行重点保护，对建筑本身进行加固，采取适当的耐火处理措施。对周边环境进行整治，消除危险源，拆除违章搭建的建筑物和构筑物，整治道路，增设消防水池，各个文物保护单位应制定抗震应急预案，加强对文保单位内管理人员的抗震防灾技能的培训和演练工作，加大对周边居民的抗震防灾宣传教育，等等。

(2) 城中村和危旧房区域的综合防灾规划对策

①现状调研阶段：在现状阶段需要调查各类城中村和危旧房片区的名称、位置、用地规模、空间分布特征、道路体系、违章建筑情况、地质条件等方面的资料。

②防灾评估：针对城中村和危旧房片区的防灾评估主要是消防的难度，主要是指道路系统和消防栓、消防水池等方面的完善程度；避难的困难性，主要是考察可作为避难场所的空地的分布和容量情况；三是安全性评估，包括三个方面，一是地质安全性，二是周边是否有危险源；三是城中村和危旧房建筑本身的建筑结构性能等。

③规划对策：可以与城中村危旧房改造规划结合，在该规划基础上提出防灾方面的强制性要求或原则性建议。例如，将位于微弱活动断裂带上的危旧房片区和城中村有计划地进行改造或拆除，其他存在一定地质安全隐患的危旧房片区也要制定改造计划。对于近期内无法改造的危旧房片区，疏通并拓宽片区内部的道路，控制危险源的数量和分布，对建筑质量特别差的房屋进行重建，对较差的进行加固；并加强对当地居民的抗震防灾教育和演练。

2. 地下空间的综合防灾规划对策

目前，在很多大城市的中心地区，地下空间开发方兴未艾。其功能主要包括商业商务中心、文化体育中心、交通枢纽、城市节点等。这些地区存在着大规模人流的集散。地下空间的开发应与城市的防空防灾系统进行统筹考虑。地下空间作为重要的避难、避灾设施和场所，其开发要与城市的综合防灾系统、防空系统之间进行有机衔接，确保平时、灾时、战时的转换利用。同时应加强城市总体规划、人防工程规划及相关规划的衔接和协调，使规划内容具有可实施性。地下建筑的规划建设要与城市地上建筑有机结合起来，合理确定地下结构的位置、出入口、防火间距、消防车道、疏散口位置和消防水源等。

3. 特殊人群集聚地段的综合防灾规划对策

特殊人群集聚地段包括以下几种类型：

一是外国人集中区，如使领馆区。一旦发生灾害，外国人由于语言障碍和不熟悉防灾要求，可能会遭受严重损失。

二是少数民族聚居区。对于城市中的一些少数民族聚居区，由于在

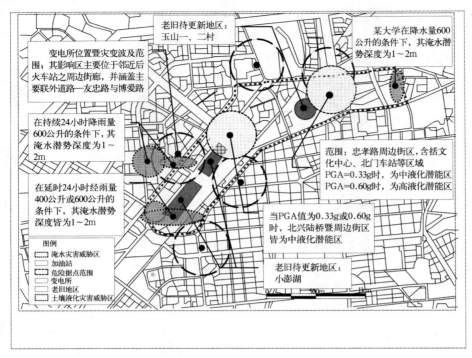

图 4-4 某城市火车站地区灾害潜势分析图

语言和居住习惯上与一般地区有所不同，需要采取一些有针对性的防灾措施。

三是福利设施，包括养老院、托老所、老年公寓、残疾人学校、残疾人服务中心、幼儿园托儿所、精神病院等。这些地区的人群由于自身身体条件的限制，自救和互救能力较弱，是防灾工作需要重点关注的对象。

四是外来人流集散地段，包括火车站、码头、长途客运站、地铁枢纽等地。由于外来人流密度较大，这些人大都对于本地灾害情况及其防救要求不甚了解，一旦发生灾害或突发事件，容易发生大规模人员拥挤以及踩踏事件（图4-4）。

对于特殊人群集聚地段的综合防灾控制引导，除了一般性内容外，还应根据人群的特点，增加关于清晰可靠的引导标志体系和更为便利的无障碍通道体系方面的控制引导内容。

第三节 疏散通道规划设计

城市中分布的疏散通道包括各类地上地下道路、铁路、公路以及水上航道等，其中有些是专为防灾避险设计的专用的疏散通道，但大部分疏散通道是兼用的，平时具有交通功能，灾时发挥防灾避险功能。对于这些疏散通道的规划和设计，应根据现行规范的要求，考虑平时和灾时不同状态下的使用需要，进行梳理、整合、增补，使其系统化，更好地发挥灾时疏散功能。

一、主要内容

①规划区基础资料的收集

内容包括道路、河流、铁路、用地性质、建筑层数、建筑结构形式与材料、建筑密度、建筑年代等。

②现有通道空间的防灾分析

首先确定防灾评价的因子，而后对现有的通道性空间逐一进行评价。

③疏散通道的指定和规划对策

在可供选择的各类各级通道性空间中，选择可以作为疏散通道的空间类型和位置，并针对这些指定的疏散通道，制定科学的防灾措施。

④确定疏散通道网络的形式

通过指定各级各类疏散通道，从而建构起高效的疏散通道空间网络体系。

二、规划设计方法

（一）疏散通道的防灾问题分析

1. 灾害对道路疏散通道使用困难的影响

灾害发生时，可能因为各种影响因素导致路网不能有效使用，灾害有可能直接、间接破坏道路设施，也有一些是缺乏防灾设计而造成的道路无法有效使用的情况；因此，疏散通道在灾害时的效率，取决于是否对上述影响因素采取了针对性的应对措施。

①灾害直接破坏：道路的直接灾害，包括高架道路或桥梁断裂、道路隆起、道路下陷、路面破裂、铁路弯曲起伏等，造成车辆无法顺利通行。

②灾害间接破坏：发生地震等大灾时，桥梁、建筑物、高架道路倒塌阻绝道路，会造成道路无法使用的情况。此外，道路空间以外的广告、盆栽、危险物品等发生坠落、爆燃等情况，也会造成疏散时的安全风险。

③专用设计缺失：专用设计的缺失会导致道路救援功能无法发挥。例如发生火灾，受灾地的大楼本身不具备有完善消防系统，道路所提供的消防系统与受灾地相距过长，造成水压不足，无法发挥功能。一些专业救援车辆，例如云梯车，由于尺度较大，在灾点周围的道路可能无法提供合适的运作空间环境。

④影响防灾的多功能使用：路边停车问题使道路容量相对减少；而发生灾害时，无关的民众与媒体，多无法与救灾人员配合，导致灾害地点事件周围人数与交通量提高，而使道路容易被占用；而灾害中期，可能会发生民众临时搭用帐篷而占用道路的情况；灾情发生时，救护、避难、物资输送等运输没有较独立的路线，与其他目的的交通混合在一起，无法相互配合；会降低各种类型运输的效率。

2. 灾害的不确定性

因为无法准确预测灾害的种类以及发生的时间、地点、范围，使得对于受灾点和救援线路位置的确定较为困难，从而影响对于救灾路线和疏散反向的判定，导致在疏散通道规划中难以把握重点。

3. 其他相关问题

①缺乏危机意识：由于灾害的发生并非日常性的，在没有危机处理意识的情况下，防灾的观念并不是相当普遍；另外，一般灾害发生时，多数道路仍能勉强临场应对，因此，使用者对道路疏散方向和通道位置认识模糊；因而，要达到灾时设置疏散专用通道的目的，需要有一定缓冲时间，所以并无法立即发挥应有功能。

②缺乏实时信息：对于灾害发展情况以及道路交通实时状况的收集，是灾害时管控路网，设置疏散通道所需情报的基础，决策者在灾时所处的信息环境，决定着使用规划疏散路网的效率，如缺乏实时信息，会导致决策失误和路网低效使用。

③缺乏完善的防灾设计准则：由道路设计的角度来看，一般道路以交通观点思考，较缺乏防灾方面的考量。然而造成此问题的另外一个主要因素，则是因为现行道路设计标准中，缺少与防灾有关的内容，使得道路防灾设计缺乏依据。

（二）疏散通道评估

1. 安全性评估

民众在进行避难行为时，避难道路的安全极为重要，若在避难时发生两侧建筑物毁损、坠物等情况，对逃生人群会造成损伤，甚至危及性命，所以疏散通道的安全性指标是极为重要的。

造成道路阻断破坏的因子主要有路面破坏、桥梁及高架道路坍塌、道路构筑物倒塌、建筑物破坏或倒塌、生命线管线破坏、边坡或挡土墙破坏等，但根据一些震灾经验来看，可发现只要疏散道路具备一定基础条件，除桥梁、建筑物与边坡破坏或倒塌无法于短时间内复原外，其余情况均可迅速清除或采用临时性简易维修加以复原，将不会阻断道路。因此，在进行疏散通道规划设计时，可对以下安全性指标进行分析：

(1) 街道高宽比

当街道太狭窄时，可能因房屋倒塌而影响民众避难行为。街道高宽比是指街道沿线的建筑物高度 H 与道路总宽度 D 之比，若 H/D 太大，则街道空间较为封闭，建筑物一倒塌，将完全截断道路，造成交通中断；反之，若 H/D 很小，就算建筑物的倒塌概率很高，其结果只会影响道路的容量而不会完全阻断道路，所以 H/D 值越小，代表对道路阻断的概率越小。

(2) 街道建筑物数量

在各个建筑物体量相似的情况下，街道两侧建筑物的数量是避难需求量的指标之一；同时，建筑物数量也是影响道路有效宽度的因素，建筑物数量越少，则房屋倒塌造成阻断的概率也越小。

(3) 道路危险度

道路危险度是指灾害发生时，可能会造成道路阻断的概率，也是表示道路在灾害发生后是否可继续使用的指标。危险度越高,代表灾害发生后道路不可使用的概率越高,因此可利用道路与危险源的距离与存有危险建筑物的数目来衡量道路危险度。主要是,即以道路两侧危险建筑物数目除以道路与危险源的距离来计算,数值越大代表道路无法使用的概率越高。

(4) 潜在灾害发生的概率 (灾害潜势)

评估中还需要考虑避难道路是否会遭潜在的灾害和次生灾害的影响,如此才能在灾害发生前作预防,减少灾害造成的损失。灾害潜势分析是根据环境特性做出的各类型灾害发生的空间分布分析。大部分的灾害影响潜势,可利用灾前的减灾措施,以工程加固的方式来降低灾害发生的概率,减轻灾害造成的影响,因此对位于灾害潜势区的道路,不一定不将其纳入疏散通道体系,对于有些位于灾害潜势区但避难需求量较大的道路,可以通过一定的措施而让其成为安全的避难空间系统的组成部分。

(5) 道路可靠度

对于某地区的道路系统来说,可以引入道路可靠度的指标来表示灾时路网的可靠程度,该指标是以灾后实际道路阻断数目与总道路数目比值来表示。

2. 有效性评估

道路有效性评估是以灾后防灾道路可以提供救援、避难的功能性为主要因素的评估,其中以道路宽度最为重要,道路有效宽度关系到灾后避难及紧急运输的输送之效率,故应于灾前掌握各层级防灾道路有效宽度的情形,防灾道路有效宽度评估及调查项目如下:

①人行道分布:明确标示人行道的位置。
②招牌设置现状:记录招牌设置的地点及形状。
③区域内其他公共设施:标示出调查区内,除公园及学校外的各型公共设施。
④区域内停车状况:标示出调查区内的停车位置及车辆类型。
⑤围墙设置地点:记录围墙的阻隔性及其位置。
⑥植栽、高架道路及轨道交通:标示植栽及高架道路和轨道交通的形态及分布位置。
⑦电力、电信设施:标示变电箱、电线杆及电话亭的分布位置。
⑧骑楼的分布:标示骑楼所在位置。

有效宽度的影响因素包括:规划红线宽度、招牌坠落影响范围、建构筑物倒塌影响范围、路内停车情形、电线坠落影响范围等。

以下是各影响因子对防灾功能的影响。

①单双侧停车:影响人员通行有效宽度;
②围墙倒塌:车辆通行路幅减小;
③电线杆及变电箱倾倒或破坏:车辆通行路幅减小;
④招牌坠落:造成人员伤亡、阻碍通行;
⑤骑楼倾倒:因结构等原因倾倒;机动车停放造成人员流线阻隔;

⑥人行道占用：各种占道造成道路有效宽度缩减；
⑦高架道路或高架轻轨倒塌：因地震倾倒而造成道路阻隔。

我国台湾地区依据日本都市防灾经验，针对防灾道路系统以层级划分的方式，分别赋予不同机能，如下表4-2所示。其中可以发现，停车问题、街道家具的设置等均可能影响避难与救灾道路的功能和有效性。

影响交通路线防灾力关系表　　　　　　　　　　　　表4-2

道路宽度（m）	避难救灾层级	影响因子	影响范围
4	避难辅助	单侧停车； 围墙； 电线杆、变电箱	人员通行有效宽度不足； 车辆无法通行； 倒塌或爆炸造成阻隔
6 8 10 12	避难辅助	单双侧停车； 围墙； 电线杆、变电箱； 招牌； 骑楼	车辆通行困难； 倒塌或爆炸造成阻隔； 招牌坠落造成人员伤亡； 阻碍通行； 骑楼因结构因素引起建筑物倾倒
15 18	救援输送	单双侧停车； 电线杆、变电箱； 招牌； 骑楼； 人行道	招牌坠落造成人员伤亡； 阻碍通行； 骑楼因结构因素引起建筑物倾倒； 机车停放造成人行流线阻隔； 周边商业行为造成有效宽度缩减
20 30 50	紧急	单双侧停车； 招牌； 骑楼； 高架桥； 轻轨	骑楼因结构因素引起建筑物倾倒； 机车停放造成人行流线阻隔； 周边商业行为造成有效宽度缩减； 高架桥因地震强度的影响造成阻隔； 高架轻轨受震的损坏及人员伤亡

道路有效宽度也是影响救灾工作进行的因素。当灾难发生时，经常会产生坠落和倾倒的物体，例如电线杆、大树等倾倒，会影响避难行为，虽不一定会完全阻断道路，但仍会对避难移动的效率产生影响。而避难道路有效宽度是将上述因素加以考量，对于道路系统宽度做一修正，求出具有防灾避难功能的有效宽度。我国台湾地区道路防灾有效宽度的设定，如下表所示：

道路宽度与有效道路宽度的关系表　　　　　　　　　　表4-3

道路宽度A（米）	有效道路宽度（米）
$A<4$	A
$4 \leqslant A<8$	4
$8 \leqslant A<10$	$A+0.5$
$10 \leqslant A<16$	$A-(1+3+1)$
$16 \leqslant A<25$	$A-(1+6+1)$
$A \geqslant 25$	$A-(1+6+1+6+1)$
有高架道路的道路	$A-(1+$高架部分宽度$+1)$

3. 可达性评估

道路系统与其他防灾空间系统也是息息相关的，各空间系统的功能发挥，都需要借助道路的正常运作方可达成，因此防救灾道路在整体规划上，扮演了最关键性的角色；同时，防灾道路应该要能连接地区重要防救灾空间据点，以发挥灾后救援功能。

连接重要公共防救灾设施的类型包括，重要避难场所、重要指挥设施、重要医疗设施、重要消防设施、重要治安设施、重要物资设施。在进行规划评估时，需要对规划区内每一条的连接公共设施的可达性和便捷度进行评价。

4. 效率性评估

疏散道路的效率性是评估道路通畅程度的影响避难行为的速度的特性，因为避难行为是以道路为媒介，而往避难据点移动，越快到达则越安全；城市灾害发生时产生避难行为，疏散的速度越快，也就是越快使居民离开灾区，避难效果越好；因此必须考量避难时的效率，包含道路宽度、人行流的密度、流量、速度等道路空间相关因素。

一般可考虑以下几项指标：

(1) 避难道路的有效宽度比

避难道路的有效宽度比，是将避难道路的有效宽度除以道路总宽度而求得的百分比，数值越大代表道路在灾害发生时的通行效率越高。

(2) 人行流量

根据人行流理论，以流量为主要因素，对避难道路的有效宽度、面积与地区人口求得密度，一定时间流量越大，代表道路拥挤程度越大。

(3) 路段通行时间成本

路段通行时间成本是根据每一条路段的人群步行速度与及道路长度来求得，路段旅行成本越小，代表该路段的效用程度越高。

5. 功能性评估

道路功能性评估较简易的方法，是以路段中各项影响因素的实质状况为基础，评估路段的功能性。

(1) 单一指标检视法

此方法较易于操作，也便于资料的收集，主要的评估指标建立方式包括：街道高宽比、街道建筑物数量、路段人口负荷比、高危险性路段、停车所占道路长度与面积比、道路两侧落物可能性等。

①街道高宽比：为沿街建筑物高度(H)与道路宽度(D)的比率。该比值建议以 1—2/3 为适宜。该比值显示出道路空间灾时阻断的概率，若比值过大，在较大火灾发生时，飞灰及坠落物阻断道路的危险性也会较大；地震时，建筑物倒塌将使道路阻塞，妨碍紧急救援机械车辆与设备的通行。

②街道建筑物数量：以街道两侧的建筑物数量衡量道路作为灾时通道的危险性。街道两侧建筑物越多，其灾时倒塌影响道路通行的可能性越大。

③路段人口负荷比：该指标用以衡量一条路段的疏散效果。若在单位时间内汇集容纳的人车过多，则将不利于避难救援。

④高危险性路段：高危险性路段指位于地震带、断层、松软地盘或环境敏感地区；或有高架桥、陆桥横越，以及有危险性较高的地下管线经过的路段。地震容易造成路面断裂、地层下陷而遭阻断无法通行。

⑤停车所占道路长度与面积比例：路边停车是影响灾时避难救援最直接且最重要的因素。因为路内停车会直接影响道路空间，而降低了道路避难救援的能力。

⑥道路两侧落物可能性：地震时除建筑物倒塌外，道路两侧构筑物与建筑物上的设施皆有可能掉落而影响避难救援道路的功能，因此指定为防灾路网的道路，应避免两侧有大量掉落物的情形发生。一般考虑的落物包括有广告招牌、建筑物外墙、窗子、空调、电线杆、路灯杆等。

（2）量化评估方法

量化评估的目的在于建立避难防灾功能与影响因素间的函数关系，以变量间的关系建立回归模型，再利用各种量化模式，评估各因素影响避难路段的相关特性。

（3）机率模式

主要是估计各避难路线发生不同损坏程度的机率。可从两个层面进行估计：

①路面发生损害的机率与损害程度。

②地震发生后各路面发生阻碍（如障碍物的掉落、发生火灾等），造成无法通行（或难以通行）的机率。最后，再将两部分估计成果进行复合机率的计算，以估计各避难路线损害的风险。

（4）多准则评估法

评估适当的避难路网，可利用多准则评估方法评选。多准则评估法的应用，主要在于决定各种不同影响因素间的权重，根据各种影响避难路径功能性的准则，确定权重值，做路段评选的依据。

（三）疏散道路规划设计

1. 疏散道路规划设计原则

疏散道路的规划设计，会因为各区域内道路形式、状况的不同，产生不同的考量因子，主要目标是让居民进行避难行为时，能够沿最小障碍路径安全迅速地抵达避难场所。疏散道路路径的设计原则如下：

①能安全到达避难场所或安全场所。

②疏散路线两侧需连接避难场所与中继站。

③与避难场所结合成网络式系统。

④从灾害发生地到避难场所所需步行时间最好不要超过一小时，由于灾害发生后要步行逃生会遇到各种阻碍，因此约一小时只能步行两公里左右（若是老弱妇孺则大约1.5至2公里）。

⑤灾害发生时避难道路两旁的建筑物或道路占用物有可能毁损或落下（电线、广告物、招牌、行道树、建筑外墙附属物等）而阻碍避难及减低有效避难宽度，因此一般要求避难疏散道路的宽度大于等于15米宽，若是专供行人用的道路，则宽度不小于10米，通过能力达到1000人/小时以上。

⑥灾害发生时机动车驾驶员们易慌乱而发生交通事故，而阻碍步行避难人员，因此交通量大的避难道路最好设有行人专用道。

⑦考虑到避难疏散的重要性，因此对避难疏散道路两旁的危险源等均应尽量采取有效防范措施，并逐步消除这些危险源。

2．疏散通道有效空间计算

影响道路空间避难疏散功能的因素，可包括车道宽度、路边停车格位面积、道路活动人口、道路交通量、道路地下管线、临街建筑物高度、临街建筑物数量、临街建筑物外墙与结构、临街建筑物屋龄、高架桥、陆桥、路侧人行道的行人流、路侧土地使用形态、路侧招牌广告等，一般采用道路宽度、电线密度、建筑物高度比、人行道宽度比四种主要指标为代表来进行研究。

①车道宽度：车道宽度体现机动车通行能力，对于防灾疏散具有重要意义。

②电线密度：考虑电线当成潜在的空中障碍物影响道路净高，或掉落物影响道路空间，电线密度的计算方式以横跨道路上部空间次数除以道路长度计算。

③建筑物高度比：单位长度道路两侧沿路建筑物的高度值相加，可考虑作为一项评定避难疏散道路有效空间的指标。该值越大，则疏散道路的有效空间受到影响越大。

④人行道面积比：人行道面积比指单位长度道路内人行道的总面积。人行道沿着路段通常具有不连续的特性，且人行道亦可能仅出现在路段的一侧，或可能在同时出现双侧但两侧宽度不同；该指标可以反映出避难疏散道路上人行道空间的大小。

众多因素都会道路空间的质量，灾害发生后道路的状态有可能会改变，而救援车辆需要随时选择合适的救援路线。过去的震灾经验显示，大型救援车辆，如消防车，很难通行一些状况不良的路段，因而无法接近受灾地点。因此，将道路周围的空间细分为多个组成空间，来探讨各部分空间对道路直接、间接的影响。

道路周围的空间的划定，可依实质三维空间位置特性，划分为道路空间和近邻空间。道路空间是指道路面上方，车辆运行的空间。道路宽度基本上决定了道路空间的规模大小，道路宽度是影响紧急运输的重要因素之一，关系着紧急运输能否运行顺利，狭窄的道路将不利于紧急运输的开展。近邻空间是指道路空间周遭的空间。可再细分为上部空间、侧部空间。上部空间位于道路车辆运行空间的正上方；此空间的物体，包括有高架桥、电线等。侧部空间位于道路车辆运行空间的两侧，此空间范围包含人行道、建筑物后退空间等。存在于侧部空间的物体，包含广告招牌、建筑物等。避难疏散道路空间应保持畅通，并避免潜在的物体影响道路空间的质量，例如上部空间的桥梁及电线塌落、侧部空间建筑物倾倒等，都有可能间接影响道路有效空间。

第四节　避难场所规划设计

本节所涉及的避难场所，是指为灾害发生时临时避险和灾后短期安置而设置或指定的室外空间或建筑，一般为平灾结合。对于这些避难场所，应在其平时功能的基础上，结合人员短期停留和安置的使用需要，进行规划设计。

一、规划设计内容

①现状资料收集。规划区内所有开放空间的基本信息，包括名称、位置、用地面积、地形地质、周边道路和建筑设施的情况等。

②适宜性评估。对所有可供选择的开放空间进行评价，评价因子包括安全性、有效性、可达性、时效性、应急功能性等。

③避难场所的指定和防灾规划对策的制定。在规划区内对避难场所进行规划布局，并制定有针对性的防灾对策。

二、规划设计方法

（一）避难场所适宜性评价

在避难场所适宜性评价中，各项灾害指标，对于避难场所的适宜性有不同影响。主要的评价指标为各种"灾害潜势"。灾害潜势是指灾害现象发生后，可能引起的城市灾害在空间的分布情形、发生机率与受灾程度。主要评估项目包括：

①地震直接灾害潜势，包括断层、土壤液化潜势、山崩潜势；地震次生灾害潜势，包括震后土壤液化潜势、燃气管线灾损潜势等；

②危险源爆炸影响潜势；

③涝灾潜势、泥石流潜势；

④火灾危险度；

⑤其他地质灾害潜势，如地层下陷等。

以下将就其中的几种灾害潜势对避难场所的影响和应对措施作简略介绍。

（1）土壤液化潜势

以地震灾害为例，在强烈地震作用下，地表振动和土层破坏是造成建筑物和桥梁损害的重要因素，其中，土壤液化是引致土层破坏的主要原因之一。而土壤液化的发生，主要是因为饱和疏松土层受地震力的作用，孔隙水压上升，有效应力渐趋于零，使土壤由固态变成液态的现象，而造成土壤强度的降低。

由于土壤液化的发生将使液化地区建筑物的基础受到破坏，造成建筑物的倾斜或沉陷，若避难场所位于土壤液化的地区，在地震灾害发生时，将有建筑物倾斜或沉陷的危险，因此有土壤液化危险的避难场所建筑物，可以进行相关土壤的改良，及提供较大的室外开放空间，否则应该寻求更适合的避难场所。

一般而言，土壤液化防治处理方式有下列方法：土壤改良、改变土壤性质、改变地中应力、变形与孔隙水压等影响土壤液化之相关条件。防止液化的方法，各具不同特性及优劣条件，可依实际情况及经济性适当的选择。排水工法，可提高有效应力；夯实工法，可提高砂土的紧密性；化学固结工法，可提高凝聚力，增加地盘支承力等。

（2）涝灾潜势

涝灾是由于降雨量或来水量超过排水能力，造成局部地区积水的情形，在城市中是相当常见的灾害。对于一些排水不畅、水系不健全的地区，存在涝灾潜势。要保障避难场所在涝灾情况下的安全，要分析各种余量或来水条件下可能积水的区域及积水的高度，以便采取相关的应对措施。

主要的应对措施是调整涝灾潜势区内避难建筑物基础高程及其周边场地高程，减少积水的可能性。应对措施大致分为三类：永久性、临时性和紧急性。永久性措施包括迁移、调升高程、建筑物防渗措施、建筑物防水材料及施工、防洪墙等。临时性措施包括防洪围墙、防洪栅栏、门窗部位的封堵等；紧急性措施包括考虑将居留活动空间迁移至建筑高处等。

（3）火灾危险度

火灾危险度是指发生一场火灾的机率，以及一旦发生火灾，其对于生命财产所造成的可能损害。评估的方法有很多种，包含点计划法、逻辑树分析、层级分析法（AHP）、机率型模式、仿真模式与统计型模式等，较常采用的是统计型的模式，也就是利用地震相关系数与震后火灾发生分布与特性所建立的统计模式。

（4）燃气管线灾损潜势

燃气管线灾损潜势是指燃气管线受到地震发生影响，所造成燃气管线的灾损率预测，主要是利用燃气管线的形态与特性，及地震的相关参数，如最大地表加速度、最大地表速度、反应谱强度、永久地表变位、及管线与断层线夹角等，所建立的损害模式，来评估地震后燃气管线灾损的情形。由于在日本关东地震中，被服工厂避难场所周围的煤气管线破裂，导致大火辐射热，造成数万人死于避难据点，因此燃气管线灾损对避难据点而言是十分重要的影响因子，在避难空间系统规划时，应审慎考量其所造成的影响。

（5）危险源影响潜势

危险源影响潜势是指地震发生后，引发存放易燃或易爆物质的场所发生爆炸起火，所造成的影响。城市的危险据点主要是指加油站、储油槽、储气站及化学工业据点等具有高度危险性的场所，危险源在平时就应保持高度的警戒，在灾害发生时更应密切的注意，若避难据点邻近危险源的影响范围，则避难据点应进行调整或另行规划相关措施来减轻灾害损失。危险源影响范围，根据火灾辐射热的影响范围，在无耐火建造物遮蔽的状况下，至少需要有250~300m的安全半径才可以免除危险。

2. 有效性

(1) 影响因素

考虑避难场所分布的安全及收容能力，通常以安全有效面积或是平均每人所占面积为评估指标。

调查避难场所内有效的避难面积，并确认有效的收容人数，例如公园中的水池，在灾后能否当做饮用水源，地景上的高低变化和周围的灌木、花台，在灾后会影响避难，造成负面的影响，所以在避难场所的评估上，应考虑是否有占有物影响有效避难面积，是否影响据点收容面积等问题。

掌握据点内有效收容面积，应详细调查及评估场所周围可能造成有效收容面积缩减的因素，主要有如下几个因素：

①开放空间周遭建筑物完全坍塌并覆盖原有可用的空间。
②开放空间遭放置物品或违建占用。
③公共设施开放空间中未开辟完成或施工维护中。
④开放空间中有地震断层带的穿越，造成地表破坏。
⑤开放空间和人行道等被车辆占用。
⑥景观设施或植物生长所影响到开放空间的有效面积。

例如，建筑物倒塌或损坏这一因素，我国台湾地区的《都市计划防灾规划手册汇编》规定，建筑物周边 3m 内为建筑物倒塌或损坏时的影响范围，此面积视为危险区域，将此区域由避难场所总面积中扣除，取得完整可用避难面积。下表 4-4 是我国台湾地区避难场所有效性的评价因子列表。

防灾据点对防灾力影响检讨表 表 4-4

据点层级	影响因子	对防灾的影响力
临时避难场所	1. 儿童游具 2. 停车场出入口 3. 灌木 4. 花台 5. 周边停车 6. 周边建筑使用分区	1. 据点有效面积需扣除据点内固定设施物 2. 灌木丛具有阻隔性且不能有效使用其面积 3. 超过 70cm 的花台影响进出的便利性 4. 周边停车状况影响出入点的有效宽度，造成人员出入不易 5. 周边建筑使用分区影响实际避难人数多寡
临时收容场所	7. 儿童游具 8. 停车场出入口 9. 灌木 10. 水池 11. 花台 12. 高架桥 13. 固定设施物	1. 据点有效面积需扣除据点内固定设施物 2. 地下停车场设置考虑其可能受震灾影响，而仅计算地面层为有效面积 3. 灌木丛阻隔性且不能有效使用其面积 4. 水池设施虽会减少有效面积，但对于防救灾具有提供消防水或简易饮用水的功能 5. 超过 70cm 的花台影响进出的便利性 6. 高架桥造成周边地区阻隔性增加
中长期收容场所	1. 灌木丛升旗台 2. 停车场出入口 3. 水池 4. 游具 5. 周边停车	1. 灌木丛具有阻隔性且不能有效使用其面积 2. 固定设施物减少开放空间的有效面积 3. 周边停车状况影响出入口的有效宽度，造成人员出入不易

(2) 评价指标

由于避难场所需提供大量避难人口来进行避难，避难场所的供给与需求能力成为考量的重点。其中，避难场所本身应具备足够的开放空间，有效地提供避难民众的需求。而由于灾害发生后，避难场所内建筑物的毁损与倒塌，容易造成有效面积的减少，因此也需要将开放空间的比例纳入考量，来衡量避难场所内开放空间在灾时的效用。另外，在避难场所的区位条件上，也应考量可服务的人口数，也就是区位的需求，来衡量避难据点场所的有效性，并借此指定较具有服务效能的场所。在避难场所的有效性指标群上，主要有以下的指标。

①可容纳避难人数

避难场所本身的可容纳避难人数是避难场所服务能力的重要指标，可供避难人数越多，避难场所设置的效益就越高。在可供避难人数的计算上，是以避难场所有效的开放空间面积除以每人所需避难面积来求得。

②开放空间比

避难场所内建筑物容易因为地震而倒塌，场所内非开放空间比率若过高，在地震发生时可能导致倒塌，造成发生二次灾害的倒塌建筑也将造成有效避难面积的减少。而且若避难场所内开放空间比例高，在使用上也比较容易进行相关的避难救灾设施配置，因此，将开放空间比纳入避难场所适宜性的考核指标中，而且若场所内开放空间比例高，则避难场所的服务能力将可提升。

③可服务人口数

由于目前在避难人口的预测上，有许多资料仍然难以取得，因此在避难场所的需求性，则由可服务人口数来代表。避难场所的可服务人口，是指避难半径内的夜间人口数，在灾害发生后，为提供迅速便捷的避难行动，避难据点应邻近避难民众住家，而且在可服务半径内，避难场所可服务的人口越多，避难场所的效用将越高，也较符合公平性原则。

3. 可达性

(1) 评价指标

避难场所可达性的评价主要通过以下几个因子进行：

①便捷性：避难场所至少应连接一条 12m 以上的道路；

②替代性：每个避难场所至少应有两条以上的避难道路连接；

③连接性：各避难道路彼此应成一完整系统以互相支援；

④接近性：考查周边地区至避难场所区的可达程度，如出入口数量、形式与宽度等；

⑤基础设施管线的健全性：在避难场所的选择上，应考虑到后续长期收容与照顾的基础设施管线问题。

(2) 出入口设置

出入口的设置对于提高避难场所的可达性有着至关重要的作用。其技术指标主要包括：出入口数量、出入口总宽度、出入口最大有效宽度、出入口邻接最大道路的宽度、民众认知度、停车场面积等。

①出入口数量：应保持双向以上的出入口。

②出入口有效宽度：出入口宽度不宜过窄，且出入口周围不因能建筑物倒塌导致避难阻碍。

③接邻道路宽度：为方便民众避难速率及救援车辆的进出，出口邻接道路应至少 8m 以上，有效宽度应至少为 4m。

④认知度：选择易产生认知的小区环境空间，如中小学、小区公园、机关等。

4. 时效性

避难场所的时效性主要考察与消防、医疗等设施的最近距离。

与消防设施的最近距离：消防危险度计算应考量与消防设施的距离；为确保避难场所滞留的安全性，随着防灾上有效的植栽、水池等整备、洒水头、消防栓等消防设施设置。

与医疗设施的最近距离：避难场所应设置临时医疗场所，以配合临时安置的需要，并可依托周边的地区性医疗设施获得支援。

5. 应急功能性

主要是考察城市中现有可作为避难场所的用地是否配备了应急设施和设备，如（紧急）照明设备、应急灯、自备电源、广播系统、紧急无线电、基本医疗设施、应急药品、帐篷、饮用水、（临时）公共厕所、食品、垃圾场、蓄水池（消防用水）、生活物资临时储存空间、防灾设备（工作用具、搬运工具、破坏工具、工作材料、通信工具、灭火设备等）等，以及这些应急设施设备配备的完善程度，日常维护状况，在紧急状态下是否能够良好运行等。

（二）避难场所规划设计

1. 避难场所的分类

避难场所设计应贯彻"统一规划、平灾结合、因地制宜、综合利用、就近避难、安全通达"的方针，并应坚持避难场所建设与经济建设协调发展、与城镇建设相结合的原则。

避难场所，是指为应对突发事件，经规划、建设，具有应急避难生活服务设施，可供居民在灾前或灾后紧急疏散、临时生活的安全场所。

根据避难场所的形式，可划分为避难疏散场地和避难建筑两种。避难疏散场地分为应急疏散场地和避难安置场地两类，分别用于灾时应急疏散和灾后城镇居民避难安置。避难疏散场地是指位于建筑物室外，可用于灾时应急疏散和灾后临时安置的露天空旷地带。应急疏散场地是指位于建筑物室外，可用于灾时应急疏散的露天空旷地带。避难安置场地是指位于建筑物室外，主要用于灾后灾民临时安置，设置短期生活所需的居住和必要服务设施的露天空旷地带。

根据避难场所的规模，可划分为大型避难场所、中型避难场所和小型避难场所。

大型避难场所，是指具备居住、医疗救护、抢险救援、物资集散、伤员转运等功能，并配有相应设施的避难场所。中型避难场所，是指具备居住、医疗救护、物资集散等功能，并配有相应设施的避难场所。小型避难场所，是指具备宿住功能，并配有相应基本设施的避难场所。

2. 避难场所的设置

避难场所应避开地震危险地段、泥石流易发地段、滑坡体、悬崖边及崖底、风口、洪水沟口、输气管道和高压走廊、可燃液体、可燃气体储存区、危险化学品仓储区等。避难场所应保证重大灾害影响下的功能使用，各类工程设施的防灾标准应高于当地一般工程。

避难场所应有方向不同的两条以上与外界相通的疏散通道。

大型避难场所应能满足居住、医疗救护、抢险救援、物资集散、伤员转运等功能的要求，并应具备在应急时配备相应设施的条件，服务半径不宜大于5km，有效避难用地不宜小于10hm^2。

中型避难场所应能满足居住、医疗救护、物资集散等功能的要求，并应具备在应急时配备相应设施的条件，服务半径不宜大于2km，有效避难用地不宜小于2.0hm^2。

小型避难疏所应能满足居住等功能的要求，并应具备在应急时配备相应设施的条件，服务半径不宜大于0.5km，有效避难用地不宜小于0.3hm^2（表4–5）。

各类避难场所应急设施设置要求　　　　　　表4–5

设施类型	设施项目	小型			中型				大型			
	开放时间	紧急	临时	短期	紧急	临时	短期	长期	紧急	临时	短期	长期
驻地	住宿	●	●	●	●	●	●	●	●	●	●	●
	抢险救援队	—	—	—	●	●	●	○	●	●	●	○
	中心医院	—	—	—	—	—	—	—	●	●	●	○
	急救医院	—	—	—	●	●	●	○	—	—	—	—
	救护站	—	○	○	—	—	—	—	—	—	—	—
服务设施	超市	—	—	●	—	●	●	●	—	●	●	●
	饮食	—	—	●	—	●	●	●	—	●	●	●
	医务室	●	●	●	●	●	●	●	●	●	●	●
公用设施	饮水处	●	●	●	●	●	●	●	●	●	●	●
	厕所	●	●	●	●	●	●	●	●	●	●	●
	盥洗室	—	●	—	—	●	●	●	—	●	●	●
	消防	●	●	●	●	●	●	●	●	●	●	●
	标识	●	●	●	●	●	●	●	●	●	●	●
	公用电话	●	●	●	●	●	●	●	●	●	●	●
	垃圾箱	●	●	●	●	●	●	●	●	●	●	●
	淋浴	—	—	—	—	—	●	●	—	—	●	●
	洗衣房	—	—	—	—	—	●	●	—	—	●	●
	停车场	—	—	—	—	●	●	●	—	●	●	●
	自行车存车处	—	●	●	—	●	●	●	—	●	●	●
	停机坪	—	—	—	○	○	○	○	●	●	●	●

续表

设施类型	设施项目	小型			中型				大型			
		紧急	临时	短期	紧急	临时	短期	长期	紧急	临时	短期	长期
管理设施	管理办公室	●	●	●	●	●	●	●	●	●	●	●
	治安机构	●	●	●	●	●	●	●	●	●	●	●
	广播室	●	●	●	●	●	●	●	●	●	●	●
	会议室	—	●	●	●	●	●	●	●	●	●	●
	垃圾站	—	●	●	●	●	●	●	●	●	●	●
	物资储备	○	●	●	●	●	●	●	●	●	●	●
基础设施	应急供电	●	●	●	●	●	●	●	●	●	●	●
	永久供电	○	●	●	○	●	●	●	○	●	●	●
	应急供水	●	●	●	●	●	●	●	●	●	●	●
	永久供水	○	●	●	○	●	●	●	○	●	●	●
	应急食物	●	●	●	●	●	●	●	●	●	●	●
	排污	○	●	●	○	●	●	●	○	●	●	●
	通信	●	●	●	●	●	●	●	●	●	●	●

注："●"表示应设;"○"表示可设;"—"表示不设。

大型避难场所可划分为抗灾救灾指挥机构区救援人员的宿营区、医疗和伤员转运区、抗灾救灾物资仓库区、车辆停车场区、避难宿住区和公共服务区。中小型避难场所可划分为避难宿住区、医疗救助区和公共服务区。

大型防灾避难场所应至少在不同方向上设置4个出入口;中小型防灾避难场所应至少在不同方向上设置2个出入口。

避难场所内的道路应根据避难场所的规模、功能和现状条件确定路线和分类分级,使避难场所内外联系、安全,避免往返迂回,并能满足消防车、救护车、货车和垃圾车等的通行需要。避难场所内道路分成主通道和次通道两级。需要考虑救援部队、应急医院、应急区域物资储备的避难场所主通道不小于15m宽,其他避难场所主通道不小于7m宽,各类场所次通道不小于4m宽。尽端式道路的长度不宜大于120m,并应设不小于12m×12m的平坦回车场地。停车场宜设于避难疏散场地的边缘或外围地区。

避难安置场地内应以宿住区用地为主,集中设置管理设施和粮食物质供应点,结合宿住区组团设置公共卫生服务设施、集中供水设施、诊疗所等设施。

确定为避难安置场地的用地内,应预留、预埋避难安置场地公共卫生服务设施所需要的排水设施、给水设施、供电设施,或具备在避难安置场地中相应位置临时配备应急设施的条件。

中小型避难场所的避难安置场地内,不宜设置救灾指挥中心、救灾车辆停车场、救灾工程机械存放处等抢险救灾设施。大型避难场所内安排上述设施时,其与灾民宿住区之间应设置不小于20m的隔离带。

宿住区应设在外部干扰少、适于睡眠和休息的区域，可形成一个完善的、相对独立的整体。

抢险救援宿营地可设置于避难安置场地内，但应与灾民宿住区有明确的边界。抢险救援宿营地的医疗与供给设施可参照宿住区标准进行配置。

医疗救护场地应分为临时急救中心与诊疗所。临时急救中心宜设于城镇中心医院、急救医院内及周边的避难安置场地内，亦可根据需要设置于大中型避难场所的避难安置场地内。诊疗所宜布置在宿住区组团中心。临时急救中心应设在交通便利、适于车辆出入的区域。每处临时急救中心作为一个防火单元，配备消防设施；大型避难场所中的临时急救中心宜设直升机停机坪。

城镇应急疏散场地的服务半径不宜大于500m。有效避难面积大于500m²的城镇道路、广场、运动场、公园、绿地等各类公共开敞空间，均可作为应急疏散场地。

避难场所应按两路电源供电设计，并设自备发电装置。在避难场所内不应安排高压电缆和架空电线穿过。电力线及主路的照明线路宜埋地敷设，架空线必须采用绝缘线。避难场所内应设广播系统。避难场所用电量可按50~100W/人考虑。广播室内应设置广播线路接线箱；广播扩音设备的电源侧，应设电源切断装置。

避难场所应按两路水源供水设计，并设自备应急储水装置。生活废水排入室外排水沟，生活污水排入化粪池，化粪池位置应远离宿住区。生活储水箱、水池应考虑二次消毒措施。应急储水装置的储水量，应满足避难人员3日饮用水需求，人均应急日饮水量可按5~10L/人·日考虑。避难场所最高日用水量取50~100L/人·日。

避难场所应设置完整的、明显的、适于辨认和宜于引导的标识系统。各类标识设施宜经久耐用，图案、文字和色彩简洁、牢固、醒目，并便于夜间使用。入口处对外设避难场所铭牌；入口内显著位置设标明避难场所内部各类设施位置和行走路线的标识牌，并说明避难场所使用规则及注意事项。在道路交叉口处设指示牌，指明去往各类设施的方向。各类设施入口处设铭牌。在不宜避难人员进入或接近的区域，应设相应的警示标志牌。

用于避难人员住宿的建筑，应根据可能应对的突发事件进行抗灾设计，其抗灾设防水准应高于公共建筑的一般设计要求。避难建筑宜采用天然采光和自然通风，层数不宜超过5层。避难建筑应具备防风、防雨、防晒、防寒等适合居住的条件。避难建筑的安全出口不应少于2个；安全出口应直接与避难规模相应的集散广场相通。当无集散广场时，应设置集散广场。避难建筑应根据避难人数，在宿住区设置诊疗所、公共卫生间、集中供水处、食品供应处、更衣间、垃圾收集处、管理服务站等设施。室内地面应具备防水、防潮、防虫等功能。

第五节 防灾公园规划设计

一、防灾公园的功能与类型

（一）防灾公园的定义

防灾公园，是指平时作为一般公园使用，但同时具有明确的防灾功能，灾时能开展医疗急救活动、复原与重建活动，发挥避难场所、避难道路、火势蔓延的延迟与阻断等多种防灾功能的公园。

（二）防灾公园的功能

考虑平灾结合，防灾公园的平时的功能为景观美化、生态保育、休闲游憩等。

防灾公园在灾时、灾后应具有的功能，随受灾初期（受害到3小时内）紧急阶段、应急阶段（约发生3天左右）、复旧阶段（3天以后）的时序变化而有所不同，主要包括避难、减灾、信息传达、医疗、卫生、运输等基本功能。

具体的功能分述如下：

①避难。因火灾蔓延、房屋烧毁及倒塌，防灾公园可作为紧急避难场所、临时集合场所、避难中转地、最终避难所、避难道路、临时的避难生活场所。

②减轻灾害影响。防止及减轻火灾、爆炸等灾害，以及缓和、防止山崩、土石流等自然灾害，并提升避难空间的安全性，为防止及延迟街坊大火的蔓延以及保护避难空间中避难者免受街坊大火辐射热的侵袭，并提升避难场所的安全性。

③情报的收集及传达。警报及预报等灾害发生前的情报传达、灾害时的灾害状况、伤亡受损状况、避难、安全确认、救助、救援、紧急应急物资及生活相关的各种情报收集及传达。此外应包含救援活动等指挥、调整相关情报的收集及传达。

④支持消防、救援、医疗、救护活动。支持消防机关及地区居民所进行的各项消防、救援、医疗、救护活动等据点。

⑤避难及支持临时避难生活。提供避难生活上必要的饮用水及其他用水、临时厕所、照明、能源、食物、生活日用品、生活日常所需器材、临时避难生活空间，支持临时避难及紧急避难生活的空间等。

⑥支持防疫、清扫活动。支持检测水质及消毒等防疫活动、清扫活动、垃圾处理及水肥处理活动。

⑦支持救灾的输运。提供救助及救援上必要器材、人员输送的中转空间，用作直升机停机坪。

（三）防灾公园的类型

防灾公园的类型可依据其功能、规模、面积、形态、道路宽度及服务半径等，划分为不同的类型，例如日本在1995年阪神大地震后，防灾公园包括六种类型（表4-6）。

第四章　城市综合防灾详细规划

防灾公园的类型　　　　　　　　　　　表 4—6

序号	种类	定义	公园类别	规模	道路宽度	服务半径
1	具广域防灾据点机能的都市公园	主要作为广域复旧、重建活动据点的都市公园	广域公园	50ha	15m 以上	200m 以上
2	具广域避难场所机能的都市公园	发生地震大火时，提供广域避难之用的都市公园	都市基础公园、广域公园	10ha	10～12m	200m 以内
3	具紧急避难场所机能的都市公园	发生地震大火时，主要能提供紧急时避难用的都市公园	邻里公园、地区公园等	1～2ha	5～10m	500m
4	具避难道路机能的都市公园	作为通往广域避难场所或者似安全场所的避难道路线的绿道	绿道等		10m 以上	
5	遮断石油储槽地带及背后市街地的缓冲绿地	主要以防止灾害成目标作为缓冲绿地的都市公园	缓冲绿地			
6	居家附近具防灾活动据点机能的都市公园	主要以自家附近成为防灾活动据点的都市公园	街区公园等	300～500m²	未满 3m	500m 以内

二、规划设计内容

①现状调查与分析。对规划区内现状所有的公园进行调查，并评价其在防灾上存在的问题与不足。

②防灾公园空间体系布局。指定防灾公园的位置，对不同类型和规模的公园进行科学的组合，形成完整的防灾公园体系。

③园内防灾设施设置。对防灾公园内的防灾空间和设施进行详细规划和设计。

三、规划设计方法

（一）防灾公园评估

如要了解城市中存在的公园其是否具备防灾公园的功能，可从评估规划区的危险度及防灾公园的安全度两方面着手，以下举例说明作为重要避难场所的防灾公园的评估基准。

1. 规划区危险度的评估项目

（1）规划区基本条件

①城市自然地理环境特征。

②规划避难圈域内的人口数。

（2）防灾分区的状况

①人口密度。

②现状避难困难区的面积；例如到达市级避难中心或街区外安全场所的步行距离超过 2km 的地域面积，以及有效避难面积低于 2m²/人的地域面积。

（3）防灾分区的危险度

①耐火区域面积比率。

②木构造建筑物的占有率。

2. 防灾公园安全度的评估项目

防灾公园安全度的评估，即防灾公园的防灾性能评估，主要包括以下几个方面的项目：

(1) 公园基地、避难安全性
①公园基地的安全性。
②防灾公园的规模。
③有效避难面积。
④避难场所的安全性及延烧防止功能。
⑤避难时的到达性。
(2) 紧急避难、救援活动支持功能
①紧急避难支持功能：饮用储水槽、水井、可作为生活上多方面使用的水利设施、储备仓库、广播设施、情报提供设施、厕所、紧急照明设施、紧急电力供给设施。
②救援活动支持功能：直升机停机坪（场外停机坪或紧急停机坪）、紧急车辆停车空间、救援活动用帐篷扎营用地。
(3) 综合、效率的防救灾功能
①确立地区防灾计划内的定位：制订灾害时的紧急应变计划。
②与相关设施的配合：与警署、消防站等或医院、福利设施等防救灾相关设施间的距离，以及灾害时的合作运作体制。

利用上述的评估项目，分别赋予不同的评估点数及相对应的基准值。此外，将街坊的危险度评估及防灾公园的安全度评估值加和后，判定防灾公园的等级并了解其缺点，以便作为改善之处，以提升防救灾避难功能的有效性及安全性。

(二) 防灾公园空间与设施规划重点

防灾公园规划需兼顾平时与灾时，因同时间人车在园内各空间流动，使用人的特点各不相同，因此空间设施应有多重对应的机能，其规划重点如下：

①广场区可由主入口快速通达，以防火树林、洒水设施保护而且开阔性要佳、避难空间要足够，其形状以方形图形较为合适。让灾民第一时间进入避难场所，以安抚灾民恐惧不安情绪。

②入口有足够规模能让避难者、车辆依序顺畅进入；主入口空间表达空间意象特殊、视觉强烈；防灾公园外围应能安全、方便进入。

③园道线形满足人车流动顺畅性，而园道在灾时也是避难、救援、救护的动脉。

④防火树林带栽种的树种以叶肉厚油脂少、水分多之常绿乔木为主，避免栽有刺植物。

⑤紧急厕所应有全天候、全方位服务设备及功能。

⑥紧急广播设备造型配合景观，可在园区内任何角落清晰听到广播内容。配置高科技通讯设备，固定的通信设施可以使用太阳能等新能源。

⑦紧急供电系统具有多种发电方式备用。可以随时保障公园管理中心和信息通信设备的供电。

⑧紧急照明设备采用节电科技，明确导引安全避难。

⑨储备仓库近指挥中心（管理中心）和出入口，便于接收、发放物品。

⑩具备良好的直升机起降空间以及飞行轨道所需要的净空控制。

（三）防灾公园绿地的设置标准

各等级防灾公园由于所处位置不同、用地规模不同等等，在规划时需要充分考虑，对于不同的层次和类型的防灾公园，需设置不同的配置标准。例如下表4-7，表4-8是日本和我国台湾地区各类型防灾公园的项目配置标准。

各类型防灾公园绿地特色与划设标准　　　　　　　　　　　　　　　　　　　　表4-7

层级	种类	规模	功能	划设标准	必要设施与设备	可考量的地点
区域防救灾避难生活圈	广域（大规模）防灾公园绿地	近50ha或50ha以上	救灾物资中心（物资人员、资讯整合中心）	每一县市至少一处设置以利于集结、分派的重要交通枢纽地点	防火缓冲林带 避难广场、草坪 指挥中心卫星通讯设备 大型停车场不断电设备、替代能源 水池、耐震性水槽、紧急用水井 储备仓库 厕所、盥洗间 大型直升机停机坪 引导标志、广播设备	都会公园 大型环保公园 机场 军事用地港口 大面积水岸绿地
地区防灾公园绿地	10ha以上	中程避难场所	• 服务半径2km • 一乡镇市每一都市计划区至少一处 • 省辖市每一行政区至少一处	防火缓冲林带 避难广场、草坪 耐震性水槽 紧急电源 储备仓库 引导标志、广播设备 厕所	体育场（运动园区） 都市公园广场 大专院校、校园 旅馆用地、游憩用地、商业用地、停车场、开放空间及绿地	未来若实施城乡计划后，应再依各城乡人口集区的分布区位规划适宜的城镇地区防灾公园绿地的数量
社区、邻里防灾公园绿地	1ha以上	阶段避难场所	• 每一间里或服务半径500m设置一处	防火缓冲林带 避难广场、草坪 引导标志、广播设备 紧急照明	中小学校园 机关绿地 邻里公园绿地、广场 大型寺庙、园林 民用供公共使用的开放空间与绿地、停车场	
社区、邻里公园绿地	1ha以下	紧急避难场所（避难道路径上的停留空间）	• 联系社区、邻里防灾公园绿地	引导标志、广播设备 紧急照明	邻里公园绿地 街角广场 空地	
避难道路及线性绿地	8m以上	紧急避难道路	联系社区、防灾公园绿地		市区道路 堤外道路、河川绿道、防汛道路	
	15m以上	消防救护的救援道路	联系社区、防灾公园绿地扣除停车仍保有至少8m宽度	引导标志、广播设备 防火植栽	市区道路	
	20m以上	物资支援、维系交通输送的联系道路、桥梁			市区道路 快速道路 外环道路	
	林荫绿带	• 避难道路 • 紧急避难道地			市区道路 连外道路	
工业园区防灾缓冲绿带	50m	• 防止爆裂、火灾或有毒气体（液体）外泄延烧 • 防止辐射扩散			工业地区外围 科学园区 科技园区	工业园区的防灾缓冲绿带，视区位应串联区域及地区防灾生活圈

各等级防灾公园设施构成

表 4-8

防灾公园的绿地种类	园路、广场及其他						防灾相关设施等											
							与水相关设施的设施						通信相关设施			能源、照明相关设施		储备仓库	管理站
	入口形态	外围形态	广场	园路	直升机停机坪	停车场	植栽(防火树林带)	耐震性贮水槽	紧急用水井	水资源设施(水池、水流)	喷灌设施(防火林带)	紧急用厕所	紧急用广播设施	紧急用通信设施	避难标识	紧急用电源设备	紧急用照明设备		
广域防灾公园绿地	特别要考虑大型车辆进出	考虑不同目的空间利用	考虑不同目的的空间利用	考虑大型车辆的进出	评价可使用的空间	救灾、避难车辆的区分	导入人员有防火功能的植栽	依据规范条件进行评价	依据规范条件进行评价	可活用救援时的生活或消防评价	防火林带的必要性	为广域性支援、评价临时厕所储备	考虑平时及使用及管理、根据需要进行评价	考虑平时及使用及管理、根据需要进行评价	●	评价主要作为紧急临时照明或通信、标识等电源的储备设备	评价最低限度需要	评价能够提供广域活动需品、活用各种建筑物	评价能够此地点发挥为救援该地区市、重建时的指挥中心
城市防灾公园绿地	需要考虑到避难者、紧急车辆进出	考虑避难者进出周围的安全	确保安全性的避难空间	考虑紧急车辆的进出	依据公园规模及其他条件进行评价	(同上)	为确保避难空间的安全性、导入林带	(同上)	(同上)	活用为开放性水面及多目的储备用水	(防火林带)需要	(同上)	(同上)	(同上)	●	(同上)	(同上)	考虑与管理站合并、以有效利用的规模	—
社区邻里防灾绿地	—	作为紧急避难空间等、在必要地点考虑紧急车乘、并可弹性使用的空间	作为紧急避难空间等、在必要地点考虑紧急车乘、并可弹性使用的空间	考虑紧急车辆的进出	—	—	—	根据需要对于小规模及其形态进行评价	依据条件有必要时进行评价	可考虑入作为紧急时可能有效减轻火灾的影响	—	检讨平时的厕所有效利用	▲	▲	●	▲	▲	根据需要评价最低限度所需的规模	—
一般邻里公园绿地	—	—	活用为紧急避难救援的小规模空间	—	—	—	一般植栽	—	—	依公园规模考虑设置	—	依公园规模	(同上)	(同上)	(同上)	(同上)	(同上)	—	—
避难道路	—	—	—	—	—	—	一般植栽	—	—	—	避难道路有必要减轻火灾的影响	—	—	—	—	—	—	—	—
石化工业地区的防灾缓冲绿地	—	在绿地中考量平时使用但必须考虑到灾害时的利用	▲	—	—	—	在灾害防止上有必要的林带	—	—	—	—	—	—	—	在绿地的一部分中寻入园路或广场等平常设施、根据需要进行评价	▲	(同上)	—	—

图例: ● 必需性　● 基本上需要　▲ 依条件所设　— 不需考量

（四）各类型防灾公园的规划设计要点

不同层级的防灾公园在平日仍应发挥环境保全、休闲游憩的功能，因此，防灾公园规划在其分区配置、流线与设施设置上，需要考虑不同功能间的整合与弹性变换。

不同规模的防灾公园因扮演角色不同而有分区与设施需求的差异，但各类防灾公园必须确保空间安全，才能确实满足避难行为。规模大的防灾公园必须满足多重功能，且分区较明显；小规模者可不设定使用分区，从而保持空间使用的弹性。

1. 广域防灾公园

①广域防灾公园的位置多位于市郊或市区边缘，面积广大，必须考虑周边主要道路的可达性，面临主要避难人潮方向设置一个以上的出入口。

②设置周边缓冲林带，种植防火树种以形成火灾时的阻燃带，平时则可发挥景观缓冲、净化空气、水土保持与生态栖地的功能。

③选择园区内坡地平缓（＜10%）、地质土壤稳定、高程适合（低地恐有积水困扰）的安全地点设置避难广场区。广场区与主入口间距离不宜过远，有清楚主动线串联，采用透水铺面，并适当区分为若干相临之中小型广场，灾时可弹性提供为居民避难、救灾人员集中、医疗救护、物资收集分发等不同空间，以维持救灾秩序。平时则供为各类游憩活动之使用空间。

④广场区旁应有草坪区，提供为灾时避难搭设帐篷使用。草坪区地形应以中心略隆起（＞2%）、周边排水的平缓地形为宜，大小草坪配合广场可提供最大避难面积，其间可有植栽以缓冲柔化空间视觉条件。

⑤园区设置水池、水景，并有水质过滤净化设备。水池平时可为滞留池、景观池或生态池，灾时提供生活用水使用。若有自然水源或天然溪流经过时，应于入水口设置过滤设施，以确保水质与水源之通畅。

⑥园区主体建筑应邻近广场、草坪区，平时为园区管理服务或解说中心，灾时作为指挥中心，建筑内设置卫星等相关通信设备，旁临的开放空间（广场或草坪）则提供为大型直升机升降使用。规划时还应考虑直升机升降所必要的净空空间的保留。

⑦考虑避难所需的各类生活设施，如厕所、盥洗间、照明设施等，可分散配置于避难空间周边，平时提供游憩活动使用，灾时视需要配合增加临时性设施。

⑧广域防灾公园在救灾避难时序中，可能有搭建组合屋充作医疗、办公空间的需求，园内各类设施构件应有变换功能的考虑，以掌握救灾的时效性。

⑨园区中必须设置耐震性水槽、紧急用水井、储备仓库、紧急电源（如太阳能）不断电系统等，以提供灾时急需。停车场及主流线的路灯（或照明设施）尽可能保留一部分运用太阳能或太阳能蓄电池的代替能源。

⑩园区的主流线应串联上述各类避难空间与停车场，并适当区分大型车辆运补资源与人员活动使用两种不同形式的路线，可减少避难与救灾的冲突。

2. 地区防灾公园

①因位于市区中，为确保安全性的避难空间，公园周边与潜在灾害发生率较高的街区间应有缓冲林带，以形成阻燃带或阻挡坠落物。

②邻近街区均应有出入口设置，可为不同尺度和形式，以利于居民避难使用。

③为灵活运用搭配广场与草坪，提供灾时避难使用，故不宜有复杂的高程或坡度变化，如假山或过陡的土丘。

④考虑服务半径 2km 内的避难人口需求，设置厕所、耐震性水槽、照明、紧急电源、储备仓库等设施。

⑤设置水池、水景或喷灌设备可提供水源，增加防火树林或绿带。

⑥园内主要交通流线的设置必须考虑救援、救护车辆的通行。

3. 小区、邻里防灾公园

①由于位居小区中，且面积不大，应以缓冲树林或绿带及可提供为临时避难使用的广场、草坪为优先配置，平时则为配合小区活动宣传防灾避难知识的场所。

②平日使用的休闲设施可集中或弹性设置，避免因灾时倒塌，影响公园避难空间的有效性。

③考虑紧急照明及太阳能设备的设置，以保障避难道路径的正确指引。

④设置避难逃生标志及紧急广播设施，有效引导居民的避难行为。

⑤若有地下水源，则应设置紧急用水井，并明确树立清晰的标志牌，供平时管理与紧急的使用。

4. 一般邻里公园

①以满足平日休闲活动使用，但仍可为紧急避难、救援的小规模空间。

②设置避难逃生标志与紧急广播设施（含不断电系统），有效引导居民避难行为。

③考虑紧急照明及太阳能设备的设置，以保障避难道路径的正确指引。

④若有地下水源，则应设置紧急用水井或帮浦，并明确树立清晰的标志牌，供平时管理与灾时的紧急使用。

(五) 防灾公园的设施配置

1. 避难行为与防灾设施需求

防灾公园需引入的空间设施，主要包括园路与广场、植栽、与水相关设施、紧急用厕所、信息相关设施、能源照明相关设备、储备仓库、管理办公室等（表 4-9）。

各类防灾公园空间设施需求表　　　　　　　　　　　　　　　　　　　　　　　表 4-9

防灾公园相关设施		应对灾害时所需的机能与用途
园路、广场	入口形态	进入公园避难时的主要入口,可因应避难者及紧急车辆通行为原则设计
	周围形态	公园避难时主要入口外,以安全性为原则规划外界进入公园的避难道路
	广场	确保都市化地区发生火灾时针对安全考量的广场,设定相关活动利用时所需规模、机能的空间,在临时避难时兴建临时辅助设施所需的空间
	园路	针对避难或相关活动需求的动线系统,可应避难者及紧急车辆通行的园路
	直升机升降坪	担任消防救援、运送医疗、救护、应急、救援物资、复建时所需的机具材料,资讯传讯等功能的紧急用直升机停机坪
植栽、防火树林带		延缓都市化地区火灾延烧的效果,确保避难广场安全性的植栽等,在必要时间可增强防火机能的供水设备
与水相关的设施	耐震性储水槽	饮用水、防火消防用水、生活用水、自动供水设备等用途所需的储水槽。有连接自来水系统或直接连接储水槽等样式,并结合雨水的再利用提供厕所技生活用水所需的多目的型地下耐震性储水槽
	紧急用水井	生活用水及其他各项利用,依据所需条件装设减菌装置提供生活饮用水的可能性,设置紧急用水井时所需的紧急用电源
	水设施	防火、消防用水、生活用水、自动供水设施所需的储水量并研究地面储水的可能性。地表保水并兼具有火灾延烧时身体冷却、降低热气流温度等效应。包括平时水质净化设施及灾害时生活用水取用时的临时进化措施
	洒水设施	增强防火树林带防火机能的供水设备,提高都市化地区火灾延烧时避难场所的安全性,并确保人口的安全性,必须确保水源及紧急供给
临时用厕所		灾害时所需固定性厕所、储水槽污水管兼用的各种厕所,地埋埋设固定性厕所单元及各式可移动型的临时性厕所,同时确保水槽、污物及污水处理时所需的洁净水
资讯相关设施	紧急用扩音设备	紧急时期公园内的音响设备放送系统,平时都可使用,并备有紧急发电系统
	紧急用通信设备	防灾行政时所需的必要标志物,如无线电系统卫星通信设施,并备有紧急电话回路系统、相关电脑设备等,出平时公园营运所需的设备机具外,必须提供紧急发电设备
	标志及资讯提供设备	避难时引导所需的必要标志物,包括紧急设备操作说明看板,夜间停电所需的应对操作说明看板,并必须提供紧急电源的说明。平时作为绿化资讯解说看板系统
能源、照明相关设备	紧急用电源设备	提供灾害时公园内部所需的照明及动力,及紧急供电系统的自家型发电设备,并结合太阳、风力等自然能源的自然能源型发电设备
	紧急用照明设备	公园及其周边地区的紧急照明系统,人员诱导及设施使用时所需的紧急供电系统
储备仓库		消防救助用具、资材、电源、照明(消防用);初期消防救助用具、资材;医疗救护用具、资材、电源、耐震性储水槽相关材料(帐篷等)、紧急用电源装置、紧急用照明、紧急用通信设施、防疫、打扫资材、检验水等相关消毒资材、防火道具等物品的保管。饮用水、食品、医疗用品、衣物、毯子、卫生用品、防寒防水用品的储备。公园食物管理所及周边建筑地下室必须考虑地震、耐火的构造,并必须依据储备品的种类考虑定期换气或空调设备,依据储备物品妥善规划其空间
管理中心		遭遇灾害时结合相关资讯考虑有效利用防灾据点,储备仓库与医院救护空间作为平时紧急使用。遭遇灾害时,防灾据点必须考虑紧急供电系统及耐震、耐火结构

　　以避难行为而言,避难者循避难道路径进入防灾公园,其在公园出入口必须考虑一小时避难时间内所需的出入口宽度与避难者进入公园的人群流避难速度。除应于出入口考虑无障碍设施外,为防止大火对避难者的威胁与不舒适感,于入口处应设置洒水系统,以确保进入避难者的安全。

　　为确保进入避难广场的避难者安全,必须于避难广场四周设置防火植栽带,一方面减低大火蔓延的威胁,另一方面减少大火辐射热对避难者的不舒适感。依不同防灾公园层级规模设定，避难广场周边于1~3小时临时避难与3星期内的长时避难，需分别提供避难者生活所需的相关设施，包括避难广场、紧急用厕所、水资源相关设施、信息相关设施、能源照明相关设施等，而储备仓库与管理办公室则能提供长期避难阶段救援活动对应所需的支持。在整体预防灾害阶段、灾害发生阶段、紧急避难阶段、应急阶段、复旧与重建阶段等，分别妥当安排各相关设施。

为兼顾防灾公园内平时与灾时的空间角色扮演，必须在公园规划设计阶段就考虑其在城市开放空间体系中能发挥的防灾作用，进行相关空间的调整，以强化防灾公园的防灾机能。

其中部分防灾使用的设施于平时并不使用，其位置应位于灾时避难阶段避难生活所需区域的周边，以提供该阶段必要的支援。

2. 防灾空间分区与功能安排

防灾公园平时与灾时的设施设备，其在空间分区与设施配置计划可区分为四部分考虑：

①防火树林带的配置。
②避难广场的配置。
③主要防灾设施的配置。
④确保利用交通流线的功能。

就分区而言，防灾公园可概分为防火植栽区、避难广场区、防灾相关设施区、救援活动对应区、紧急生活对应区等（表4-10），其在配置上应注意设施间相互关系和综合防灾机能的发挥、灾害时可利用的避难道路、公园周边与邻接防灾相关设施等的位置关系等（表4-11）。

防灾公园使用分区空间内容 表4-10

使用分区	空间内容
防火植物区	主要防范于公园外具有高火灾危险性的密集木构造宅地
避难广场区	设于公园中央，周围为防火树林带
防灾相关设施区	平时可利用的机会较少，设置于公园外围
救援活动对应区	最好临街于避难广场
紧急生活对应区	公园特殊区域，平时很少利用的区域

都市公园平时与灾时防灾设施功能对于表 表4-11

平时设施	分类	灾时活用相关设施	使用分区	灾时设施	防灾设施功能应用
饰景设施类	植栽类	树木、草坪、花坛、绿篱、棚架、绿廊	防火植栽区	植栽	防火植栽带
	水景类	喷泉、水流、池塘	救援活动对应区	水资源相关设施	可供消防用水的水景设施
	石景类	瀑布			
休憩设施类	构造物类	回廊、椅凳	紧急生活对应区	园路广场	提供避难人口暂留或搭设帐篷
	外部空间类	野宴场地	避难广场区		

续表

平时设施	分类	灾时活用相关设施	使用分区	灾时设施	防灾设施功能应用
游乐设施类	游憩设施		紧急生活对应区	水资源相关设施	可供生活用水的水景设施
	亲水设施	戏水池			
运动设施类	球类体能设施	各类球类活动场地	避难广场区	园路广场	提供避难人口暂留或搭设帐篷
	附属服务设施				
社教设施类	自然生态设施	天体气象观测设施	紧急生活对应区	资讯相关设施	资讯传播
	资讯相关设施	户外广播园、电视园、日晷台			
	特殊类设施				
	人文相关设施				
服务及管理设施类	环境设施类	园道、停车场	避难广场区	园路广场	提供避难人口暂留
		厕所	紧急生活对应区	紧急用厕所	灾时避难生活使用
		时钟塔		资讯相关设施	照明指标功能
		饮水泉、洗水台		水资源相关设施	可供饮用水的水质净化设施
	行政设施类	服务中心	救援活动对应区	管理事务所	指挥中心
	安全性相关设施类	园门园栅、防止栅、邮亭电话亭、照明设备、消防设备、护岸	紧急生活对应区	能源照明相关设施	发电机具有利用自然能源的功能
	引导设施类	标志、布告栏	紧急生活对应区	资讯相关设施	照明指标
	管理设施类	管理所、售票厅、岗亭	救援活动对应区	管理事务所	指挥中心
	资源相关设施类	给排水设备、仓库、材料堆置场、苗圃	救援活动对应区	储备仓库	储备仓库
其他				资讯相关设施	中央监控
					紧急电源
				储备仓库	储备仓库
					设施收纳空间
				水资源相关设施	耐震性水槽
					紧急用水井
					洒水设施

3. 防灾公园的空间与设施配置要点

防灾公园中的空间设施包括入口形态、周围形态、广场、园路、直升机升降坪、防火林带、耐震性储水槽、紧急用水井、水设施、紧急用扩音设备、紧急用通信设备、指示标志牌、信息提供设备、紧急发电设备、应急灯、储备仓库、管理办公室等。

(1) 防火植栽

防火植栽在灾时承担的功能包括以下六项：减轻火灾受害、减轻建筑物倒塌造成的危险、减轻建筑落下物灾害、地标性角色、支持避难生活功能、调试情绪。

配置在避难广场周边，或周边地区木造建筑密度较高地区；作为绿带延续河岸与防火林带能发挥防止自然发火热辐射范围；根据周边街区火灾危险度的状况，确定防火林带的宽度。

树冠大时可作为热辐射遮断带；适当的枝下净空高度，以不阻挡消防车通行为原则；安排迎风面与背风面的植栽种类，制订上风处与下风处的植栽计划，降低风面下侧的延烧危险性；抑止风向流窜，减少火烧变动，抑止因接触所引起延烧的危险度；抑制乱流产生，可降低火的灰尘掉落于避难广场的可能。

以耐火性、难燃性、遮蔽性较高、含水性高、含油性低的树种为主。

防火植栽带的规模包括断面构造、高度、宽度，依街区火灾危险度的情况以及预估仿真火势的大小规模而定。原则上应选择遮蔽性较强的树种，高度上以10m以上的植栽较能形成较好的阻燃效果，若能将树植成带状才能具有较好的防火功能，植栽与空地所形成的防火延烧带为50～100m。在布置防火林带时，采用交错无间隔多层次的配置方式，可以具有较高的防火性能。

(2) 水资源相关设施

水资源主要在确保灾害发生时的防火灭火用水、保护避难者或防火林带防火功能的洒水冷却用设施以及灾后饮用、卫生、医疗、生活用水为目的。一般会利用公园设施或其他防灾设施储水、供水，以确保不同目的的必要水量。储水设施包括耐震性水槽、紧急用水井、水景设施、洒水设施、给排水设施等。同时，为维持水质在一定水平，分别以过滤、沉淀、植物净化等方式，就亲水池、修景池与自然池等的有机物与无机物进行净化工作（表4-12）。

水资源相关设施利用方式 表4-12

用途		内容	水质	灾害利用公园时间			
				受灾	3日	10日	20日
饮用水	饮用水	达到自来水可饮用的标准，需对水质净化	自来水程度				····
	卫生医疗				····		
	煮食			····			
生活用水	洗脸洗手	以人可直接接触为前提，可考虑井水或雨水	亲水用水程度以上		——	——	
	泡澡淋浴				··		
	洗涤				··		
	洗厕所			·····			
	清扫		饰景用水程度以上	····			····
消防用水	冷却身体用水	人不可直接接触		——			
	避难广场洒水			····			
	防火树林带洒水			····			
	防火消防和水	其他程度		····			

—— 主要使用时段　　······ 辅助使用时段

(3) 紧急厕所

公园内设置紧急厕所时需兼顾平时与灾时的状况，其考虑因素如下：兼顾平时的公园利用与景观需求；与入口、避难广场共同配置的适当位置；需计算在灾时避难时集中大量利用足够的便斗数量；需在其区域内综合考虑公园与学校、公共设施设置暂时厕所的数量；需合并整体考虑公园的给水与排水系统；需考虑雨水、水池、水井等水景设施的多目的用水活用，当城市生命线管线断线时，仍可提供转换作为厕所冲水的可能性；配合紧急照明设备与诱导标志等在夜间使用的可能性。

紧急厕所的容量需考虑紧急阶段 2～3 日的需求量，便槽的规模主要根据避难对象人口 2～3 日的需求计算，避难者每人每日之尿量为 1.5～2.0L/人·日，而每穴同时使用率为每穴 60～100 人。为配合灾时的紧急厕所需求，需留设足够的预留管线与化粪储槽，作为平时使用厕所与灾时使用临时组合厕所接管排放使用。

(4) 信息相关设施

公园内设置的信息相关设施包括平日的信息收集、整理、传达与公告，如何传递外界迅速确实的信息等。设施种类包括照明与标识系统、信息传播、给水设施、中央监控与紧急电源等（表 4-13）。

随电子通信设施能力的加强，信息相关设施已逐步转由日益轻薄短小的电子设施取代，其所需空间设施规模日益减少，但所需配合的卫星通信、无线通信、因特网联机、公园广播系统、大型电子告示板等设施将逐渐用于防灾公园。

为配合灾时的紧急告知灾民救援信息，与防灾服务中心辅助提供避难救援相关的信息服务，需考虑平日的管理服务单位在灾时如何转换其功能，以提供灾时各阶段使用。

公园平时与灾时资讯相关设施比较表　　　　表 4-13

公园设施	灾时	平日
照明与标识	紧急用诱导灯、标识、所在地图示、紧急用照明灯、广场生活用照明	一般诱导灯、标识、地图、照明、夜间防范照明
资讯传播设施	避难救援资讯系统	公告广播资讯系统
给水设施	防火树林洒水、冷却淋浴控制、饮用水控制	灌溉、养生洒水控制、饮用水控制
中央监控	防灾服务中心	公园管理中心
紧急电源	避难诱导设施使用的紧急电源	照明、给水、空调等日常用与紧急用电源

(5) 能源照明相关设施

公园内设置的紧急电源在受灾阶段时，因城市生命线管道中断而启动紧急电源，能支持提供公园最低的电力负荷，若能相对降低或减轻依赖备用能源的比例;运用太阳能、风力发电等特殊节约能源设施,将更有助于延长备用电源的时间。

设施种类包括照明指针、信息传播、给水设施、防灾服务中心中央监控系统与紧急电源、附属建筑物电源、避难生活用电源等。

为确保灾时夜间紧急避难者的安全,必须维持一定的储备电量,若能采用太阳能源、风力发电系统,将有助于补充提供避难阶段的电能不足,因此,在空间上仍需要预留能源收集、储存与转换的空间。

(6) 储备仓库

公园内设置的储备仓库能提供消防、水资源相关设施、能源资源相关设施的防灾设备材料,以在受灾阶段时紧急救援使用,也可提供紧急生活所需的食品与医疗药品。

设施种类包括储备仓库与设施储备空间两类。

以日本的公园体系为例,其制定的街区公园以上级别的防灾公园需设置长宽各为 8m 的储备仓库,其面积为 $64m^2$。

(7) 管理中心

公园内设置的管理中心在受灾阶段时,需转换原有的营运管理功能而形成信息收集传达的防救灾对策总部。为考虑平日与灾时的功能活用,可考虑将储藏、能源照明与水资源相关设施、救护设施等空间合并设置。规模设定以公园的平日需求为主,确定其空间规模,计入整体公园的建筑密度计算,灾时转换其机能为防救灾指挥中心。为确保灾时的管理中心能提供充分之救援功能,需考虑其连接紧急电源(图4-5)。

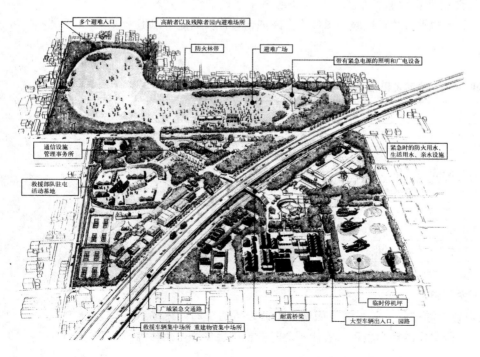

图 4-5 大阪府防灾公园示意图

第六节 防灾安全街区规划

一、防灾安全街区的定义与功能

1. 防灾安全街区的定义

防灾安全街区是指在每一个防灾分区内，将与该分区内相关的防灾据点设施集中设置于一个街坊内，该街坊被称为"防灾安全街区"。

防灾安全街区规划主要针对的地区是缺乏防灾功能的密集型街区，该地区内老旧建筑物众多、安全隐患较大、防救灾能力偏低。对此类密集型地区，应采取特别的、一体化的、综合性的策略，促进该地区防灾能力的提升。

2. 防灾安全街区的功能

从功能方面看，防灾安全街区应具备下列五大功能：

①防灾安全功能：设置防灾指挥中心及地区行政中心等。
②公共服务功能：设置福利院、医疗设施等。
③避难疏散功能：设置防灾公园、广场、疏散道路等。
④生活稳定功能：设置储存仓库、耐震性贮水槽等。
⑤市民交流功能：设置市民交流场所等。

二、规划内容

防灾安全街区规划的内容要点包括：

①灾害危险度评价；
②防灾安全街区整治规划；
③老旧建筑物的重建规划；
④地区防火规划；
⑤本区建设控制引导修正；
⑥防灾规划的实施管理措施。

三、规划方法

（一）灾害危险度评价

在进行灾害危险度评价之前，需要对规划区内的建筑道路等基本情况进行详细调查，作为评价的基础。调查的内容包括建筑物的层数、高度、结构与材料、建造时间、使用年限、建筑性质、老旧建筑、危险建筑、基地面积过小的建筑、道路、停车场的分布等（图4-6）。

通常的灾害危险度判断，按照城市和地区特性设定评价项目和方法，进行灾害危险度的评价。评价分两个层面，即城市层面和地区层面。城市层面的评价，评价对象主要包括干线道路和公园等主干性城市设施的分布，市区内易燃烧地区的分布，市域避难设施的分布等。地区层面的评价，评价对象主要包括地区的防灾能力，建筑物与相邻建筑的空间关系，地区内道路等的分布状况，火灾的危险性情况，消防设施分布和紧急避难的困难性，防灾公

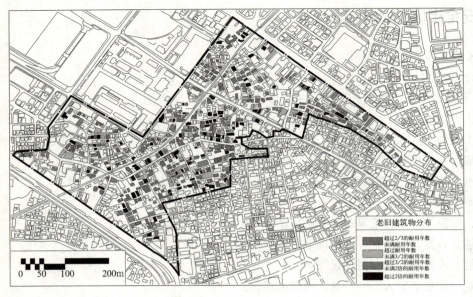

图 4-6 密集街区中的建筑分布现状图

共设施的分布、其他土地利用情况等（图4-7）。

（二）防灾安全街区的整治规划

防灾安全街区的整治规划，内容包括土地利用性质的变更，土地所有权和使用权的调整，老旧建筑物的重建，普通建筑物的防灾性能的加强，防灾公共设施的整治、避难场所和避难道路径的指定、阻燃带的布局，建筑耐火化计划及其实施推进措施等。

在详细规划层面，防灾安全街区规划中的主要内容是对街区内的土地利用性质进行调整，以及对老旧建筑物进行整治；因此，必须与该地区的城市规划、历史街区保护规划、内城更新规划、旧城改造项目的建设紧密结合（图4-8、图4-9）。

（三）老旧建筑物的重建规划

在防灾再开发促进地区，需要制订建筑物重建计划。重建计划的内容包括：建筑物重建的区域范围、重建区的建筑面积、建筑物的地基构造方法、道路的

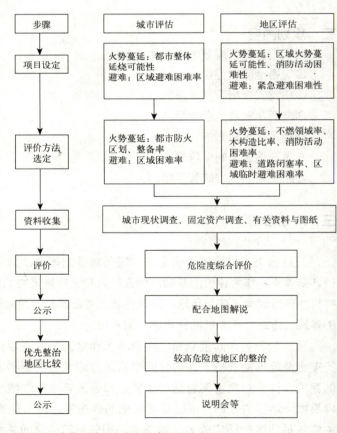

图 4-7 密集型地区灾害危险度评价的流程图

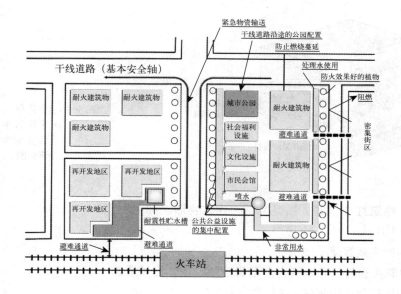

图 4-8 火车站地区的防灾安全街区规划示意图

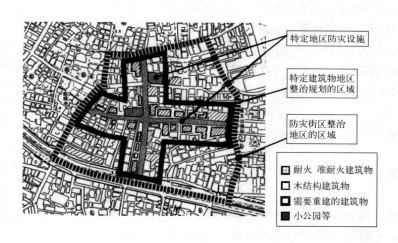

图 4-9 密集型地区中防灾安全街区规划示意图

宽度等；新建建筑物的配置项目、新建建筑物的建筑面积、地基面积、用途、构造方法，建筑设备等；重建区内确保的空地的配置及规模，重建计划的实施时间，重建资金计划等。

（四）地区防火规划

对于特别容易发生火灾的地区，需要划定防火地区的范围，并针对容易发生火灾和引发火势蔓延的建筑物制定相应的防灾规划。具体措施包括：有火势蔓延等危险的建筑物的定位、危险建筑资料收集、危险建筑物拆除计划等。

（五）本区建设控制引导修正

本区建设控制引导修正，是指对本街区内的建设要素控制引导规定（控规要求）按照防灾要求进行梳理和修正。内容包括该区域内建筑性质、建筑

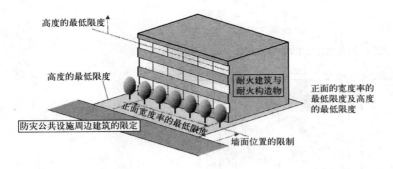

图 4-10 特定防灾安全街区中建筑控制指标示意图

高度、容积率、建筑密度、建筑红线位置、后退区域、建筑物形态和色彩，以及绿化率的控制等（图 4-10）。

（六）防灾安全街区规划的实施管理

在防灾安全街区规划编制实施时，可以结合危旧房改造计划、旧城更新计划、城中村改造计划、历史街区保护规划等，进行防灾安全街区的规划设计。特别是有大量木构造建筑的密集型街区和灾害易发区，建筑物倒塌和大火灾的可能性高，制定防灾安全街区规划的迫切性需求更高。

防灾街区的划定、防灾公共设施的指定，防灾计划的编制，需要征得相关利益方的同意和有关管理部门的批准。防灾安全街区规划中土地使用方式的变更，必须根据有关规定，向相关部门申报。

第七节　防灾社区规划

一、防灾社区的定义与作用

（一）防灾社区的定义

防灾社区是基于地方特性，强调以社区民众为主体，建立社区组织，通过对社区民众的动员，对灾害及其防救知识的学习与训练，凝聚社区共识与力量，并通过改善、整建居住环境，推动减灾和预防措施，降低灾害发生的机会，而当万一发生灾害时，民众也能防止灾情的扩大，降低灾害的损失，并能迅速推动复原与重建。

防灾社区是与自然灾害共存，具有防救灾功能，可持续发展的社区。它是以社区居民为主要参与对象，经由学习与行动的过程推动，着眼于灾前阶段的主动预防工作，进行灾害管理四个阶段相关工作的社区。

（二）防灾社区的作用

①促进民众对灾害的危机意识，并对造成灾害发生、灾情加重的原因、或潜藏的危险因子有所了解与警觉，进而愿意参与消除或改善这些危险因子的行动。

②由民众参与制定与推动社区防灾策略，较容易被民众所了解与接受，而且也比较符合社区的条件和需求。

③由过去灾害的案例可知，大规模灾害发生初期，只有通过民众自救与互助的行动才能发挥即时的功效；因此，推动以社区为主体的灾害防救将更契合大规模灾害发生后的实际情况与需求。

④灾后救援物资的请求、分配，若由社区主导、提出，将更能符合居民需求，避免资源分配不均，而灾后重建由社区组织参与规划，一方面能够激励居民，另一方面则比较容易再现地方文化与地区特色。

⑤强调由社区做起，由下而上的灾害防救工作，将强化社区力量，降低对政府救灾的过度依赖性。

⑥社区为主体的灾害防救工作不但可以减少灾害的发生，而且可以促进社区意识、凝聚社区力量，营造安全优质的环境，进而扩展到社区产业、文化、健康等社区营造的课题。

二、规划内容

防灾社区是城市防灾系统的基石，在平时的防灾工作可以减少灾时可能造成灾害的原因，而于灾害发生时，则扮演着第一线、第一时间救灾的重要角色。防灾社区规划的内容要点包括：

①灾前的准备与应变计划；
②灾时的应变互助计划；
③灾后恢复重建的参与计划；
④防灾社区规划实施的推动策略。

三、规划方法

（一）灾前的准备与检查

1. 风险辨别

①居民彼此认识、了解社区的特性。
②通过社区组织举办灾害危险性的学习。
③检查社区内可能或容易发生灾害的地点，并绘制社区风险图。
④确认避难道路线沿途及避难空间附近的潜在灾害。

结合风险概念，社区灾害风险的分析架构如图4-11所示。此图是对照天然灾害风险评估公式，将社区灾害风险分为灾害因子、易致灾性、承受能力三部分。灾害因子分析主要针对自然灾害的发生频率以及规模进行计算，而易致灾性分析主要以灾损的计算为表现方式，其计算项目为所有在受灾范围内可能损失的人或财产，包括直接或间接的损失；承受能力主要是社区对灾害承受的程度，与灾害预警、通信能力、防灾教育、防灾组织的组成等因素有关。

2. 灾害知识的学习

①举办座谈演讲、社区会议或工作坊，来学习灾害相关知识，以及防灾应变行动。

②基于危险辨认的结果，引导居民思考提出防救灾上的需求；确定将要讨论的人、地、灾情类型的范围。

③确认活动的总题目的。谨慎、详细撰写活动的具体目标，目标需简单、明确，而且可以预测，并且要说明活动中谁（Who）、做什么（What）、要做到什么程度、何时达成（When）等项目。

④模拟灾害时的情境，撰写灾害事件的主要部分及细节，以让学习活动具有真实性。

⑤针对上述事件细节列出预期行动，并包括行动中角色的扮演及如何进行。

⑥决定灾害时讯息的传递方法与方式。

⑦进行上述各项学习操作内容的演练。

⑧基于操作内容与演练结果，共同制定日后的社区防救灾计划与措施。

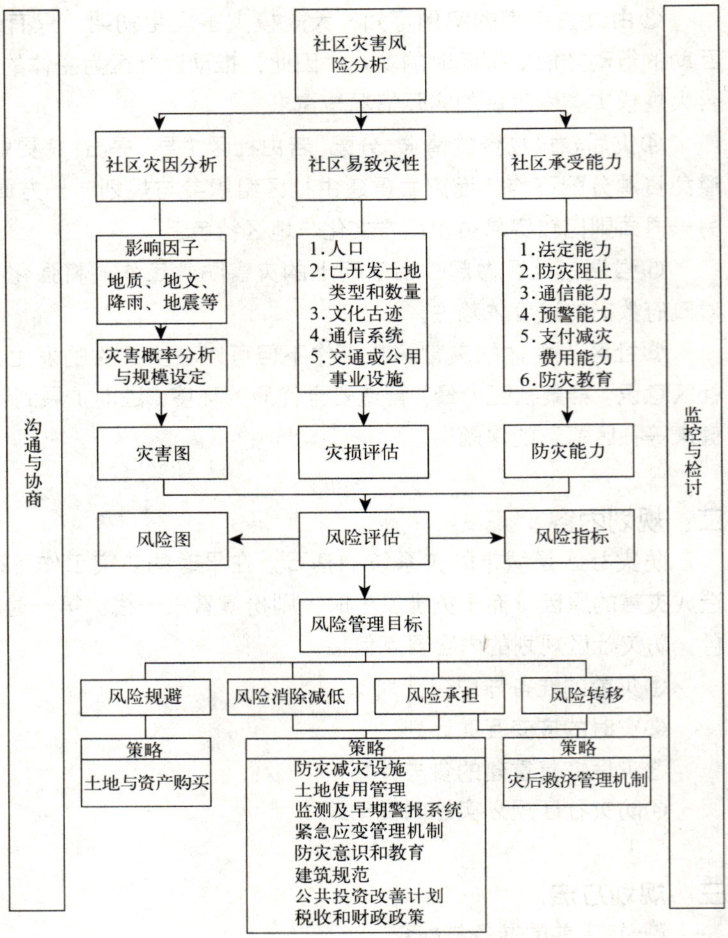

⑨依据既定的计划与措施，展开平日的社区环境改善工作、灾时紧急应变所需的器材或物质的储备，并定期进行共同的学习训练。

图 4-11　社区风险分析架构图

3. 建立防救组织

根据社区的需求与条件，并基于上述计划，建立适当的社区防救灾组织，以推动并落实各项防灾准备，并成为灾时紧急应变的主体；这种防救灾组织应包括社区内各种可能的行动者，并予以分组编班，例如指挥班、资讯班、抢救班、医疗救护班、炊食班、总务班等。

（二）灾时的应变互助计划

灾害发生时，不应只顾自己及家人的安危，应以平时训练所学的救灾知识技能，根据预先制订的防救计划与组织方式，尽快展开初期抢救与紧急应变工作，如灭火、救人、照顾弱势人群等；搜集各种灾害信息，并向相关单位传报，协助外来救助人员进行救灾工作。

（三）灾后恢复重建的参与计划

一方面善于利用现有防救灾组织或社区组织进行组织动员，另一方面配合有关单位进行初期的复原工作，如受灾状况、灾民分布的调查、环境整顿、照顾伤患或分配救济物品等。

(四) 推动策略

1. 开展减灾示范社区创建活动

推进基层减灾工作,开展综合减灾示范社区创建活动。加强社区灾害监测预警能力建设,完善城乡社区灾害应急预案,组织社区居民积极参与减灾活动和预案演练,建立社区灾害信息员和志愿者队伍。不断完善城乡社区减灾基础设施,全面开展城乡民居减灾安居工程建设。在台风、风暴潮、洪涝、地震、滑坡、泥石流和沙尘暴等灾害高风险区和大中城市,建设社区避难场所示范工程。加强城乡社区居民家庭防灾减灾准备,建立应急状态下社区弱势群体保护机制,全面提高城乡社区综合防御灾害的能力。

2. 推动社区建立减灾工作机制

在各级政府的推动下,城市社区逐步建立健全负责社区减灾工作的组织,制定规范的减灾工作制度,制定突发灾害发生时保护儿童、老年人、病患者、残疾人等弱势群体的对策,建立起有效的减灾工作机制。

3. 指导社区制定灾害应急救助预案并定期演练

基层政府根据《国家突发公共事件总体应急预案》、《国家自然灾害救助应急预案》以及地方政府制定的应急预案,结合社区所在区域环境、灾害发生规律和社区居民特点,指导社区制定社区灾害应急救助预案,明确应急工作程序、管理职责和协调联动机制。社区在政府有关部门的支持、配合下,经常组织社区居民开展形式多样的预案演练活动。

4. 加强社区减灾公共设施和器材装备建设

通过政府财政支持和社会积极参与,社区利用公园、绿地、广场、体育场、停车场、学校操场或其他空地建立应急避难场所,设置明显的安全应急标识或指示牌,建立减灾宣传教育场所(社区减灾教室、社区图书室、老年人活动室)及设施(宣传栏、宣传橱窗等),配备必需的消防、安全和应对灾害的器材或救生设施工具,使减灾公共设施和装备得到健全和完善。

5. 组织社区开展减灾宣传教育活动

社区结合人文、地域等特点,定期开展形式多样的社区居民减灾教育活动,在社区宣传教育场所经常张贴减灾宣传材料,制订结合社区实际情况的减灾教育计划,社区居民的防灾减灾意识和社区综合减灾能力得到提高。

第五章 城市综合防灾规划管理

第一节 城市综合防灾规划管理体制

一、我国现行防灾管理体制与应急管理机制

(一) 现行防灾管理体制

我国的综合防灾管理体制概括起来就是：政府统一领导，上下分级管理，部门分工负责，属地管理为主；以地方为主，中央为辅。简单地讲，就是"单灾种管理"。

政府统一领导，是指由政府统一负责制定、实施有关防灾管理的政策、法规和规划，对防灾管理的各项措施实施领导、决策、指挥、监督和协调等职能。

上下分级管理，是指中央负责特大救灾问题的决策管理，各级政府负责本行政区域防灾管理工作，并根据灾害大小，明确各级的责任。比如，中央帮助救特大灾，省级负责救大灾，地级负责救中灾、县级负责救小灾。

部门分工负责，是指政府内的防灾管理职能部门、辅助救灾部门，及救灾决策指挥机构和临时性的灾害管理协调机构。按照各自的职责，分兵把口，解决灾害带来的问题。防灾管理职能部门直接负责防灾、减灾、救灾和灾后恢复等活动。其中，中央政府各部门依其职责各负其职，解决救灾中的各类问题。

民政部在救灾方面的具体职责是：组织救灾工作，制定救灾法规政策并组织实施；掌握发布灾情，组织考察灾区、慰问灾民，指导灾区开展生产自救；管理拨发救灾款物，接收、分配国内捐赠和国外援助的救灾款物；承担中国国际减灾十年委员会办公室的日常工作；开展农村救灾合作保险。

辅助救灾部门是政府系统内的部分职能机构，由于它们自身特有的技术专长、业务范围、拥有的资源、设备和队伍，以及主管事务的特殊性，而承担起紧急救灾中的特殊任务。主要有：铁路、航运、交通、邮电、林业、水利、市政、园林、商业、卫生、财政、公安、红十字会、银行、保险公司、审计部门等。这些部门和机构在重大自然和技术灾害发生后承担了交通、航运、通信、工程抢险、抢修、物质供应、医疗救护、卫生防疫、接收国际有关援助、社会治安、提供救灾资金和贷款、保险理赔、对救灾款物的使用实施审计监督等任务和职能。

救灾决策指挥机构分为常设机构和临时性机构两类。它们的共同特点是：当灾害发生后，由各级行政首长亲自负责抗灾救灾工作。

常设性的救灾决策指挥机构有：国家森林防火总指挥部，设在林业部内。地方各级政府根据实际需要，组织有关部门和当地驻军设立森林防火指挥部，负责本地区的森林防火工作；国家防汛抗旱总指挥部，设在水利部内。我国几大主要江河流域长江、黄河、淮河、珠江、松花江等，设立由有关省、自治区、直辖市政府及该流域管理机构负责人等组成的防汛指挥机构。地方政府根据需要，设立由有关部门、驻军、预备役部队等负责人组成的防汛指挥部。与国务院上述防灾管理职能部门相对应，县级以上地方各级政府也设有对口的防灾管理职能部门。这些部门受同级政府领导，在业务上又受上级对口职能部门的领导，以此构成了一个横向与纵向沟通结合的防灾管理体制。

临时性的救灾决策指挥机构主要有三类：第一类是为应对灾害性地震、突发性重大工业事故，中央政府或地方政府有关部门会同驻军、武警部队的负责人组成的临时性的抗灾救灾指挥机构。第二类是当出现全国性的重大灾害时，由国务院有关部门的负责人组成抗灾救灾领导小组，协调全国的抗灾救灾活动，如1991年的华东大水灾时，成立了由田纪云副总理为组长的领导小组，成员来自国务院各有关部门。第三类是某些部门、行业为对付重大自然、技术灾害，在本部门或行业设立的救灾指挥机构，如邮电通信、交通运输、工程建设等行业的临时救灾机构，以领导本部门、本行业的抗灾救灾业务和为抗灾救灾服务。

在地方这一层次上，上海和厦门等多个城市已将人防办改为民防办（局）的牌子，与国际民防组织相对接。以上海为例，上海市民防办根据《人民防空法》和《上海市民防条例》等法律法规，结合城市建设的新情况，实施了战时防空袭、平时防灾救灾的职能转变；并制定了《上海市灾害事故应急处置总体预案》和各灾种分预案以及《应急手册》等；成立了市减灾领导小组，减灾领导小组办公室的日常工作由市民防办公室负责，进一步明确了市民防办在城市综合防灾中的牵头协调作用；上海综合减灾的新体系已完成向区县的延伸，并正在向街道和镇延伸。如在2011年的厦门市政府机构改革中，市人防办由议事协调机构调整为政府工作部门，并加挂民防局的牌子，今后人民防空不仅承担战时保护人民的职责，而且承担平时造福人民的使命，不仅要具备战备效益，而且要具备社会效益和经济效益。人民防空的工程资源、警报资源、指挥通讯资源、宣传教育资源、疏散区域资源等，为应对和处置突发公共事件、抢险救灾、应急救援和经济社会发展服务。

2005年1月，"国家减灾委员会"成立，是国务院领导下的部际议事协调机构，其主要任务是：研究制定国家减灾工作的方针、政策和规划，协调开展重大减灾活动，指导地方开展减灾工作，推进减灾国际交流与合作。其成员由国务院有关部委局、军队、科研部门和非政府组织等34个单位组成，并成立了专家委员会。国家减灾委员会主任由国务院领导担任，办公室设在民政部。

（二）现行减灾救灾工作机制

在长期的减灾救灾实践中，我国建立了符合国情、具有特色的减灾救灾工作机制。中央政府构建了灾害应急响应机制、灾害信息发布机制、救灾应急物资储备机制、灾情预警会商和信息共享机制、重大灾害抢险救灾联动协调机制和灾害应急社会动员机制。各级地方政府建立相应的减灾工作机制。

1. 灾害应急响应机制

中央政府应对突发性自然灾害预案体系分为三个层次，即：国家总体应急预案、国家专项应急预案和部门应急预案。政府各部门根据自然灾害专项应急预案和部门职责，制定更具操作性的预案实施办法和应急工作规程。重大自然灾害发生后，在国务院统一领导下，相关部门各司其职，密切配合，及时启动应急预案，按照预案做好各项抗灾救灾工作。灾区各级政府在第一时间启动应急响应，成立由当地政府负责人担任指挥、有关部门作为成员的灾害应急指挥机构，负责统一制定灾害应对策略和措施，组织开展现场应急处置工作，及时向上级政府和有关部门报告灾情和抗灾救灾工作情况。

2. 灾害信息发布机制

按照及时准确、公开透明的原则，中央和地方各级政府认真做好自然灾害等各类突发事件的应急管理信息发布工作，采取授权发布、发布新闻稿、组织记者采访、举办新闻发布会等多种方式，及时向公众发布灾害发生发展情况、应对处置工作进展和防灾避险知识等相关信息，保障公众知情权和监督权。

3. 灾情预警会商和信息共享机制

建立由民政、国土资源、水利、农业、林业、统计、地震、海洋、气象等主要涉灾部门参加的灾情预警会商和信息共享机制，开展灾害信息数据库建设，启动国家地理信息公共服务平台，建立灾情信息共享与发布系统，建设国家综合减灾和风险管理信息平台，及时为中央和地方各部门灾害应急决策提供有效支持。

4. 重大灾害抢险救灾联动协调机制

重大灾害发生后，各有关部门发挥职能作用，及时向灾区派出由相关部委组成的工作组，了解灾情和指导抗灾救灾工作，并根据国务院要求，及时协调有关部门提出救灾意见，帮助灾区开展救助工作，防范次生、衍生灾害的发生。

5. 灾害应急社会动员机制

国家已初步建立以抢险动员、搜救动员、救护动员、救助动员、救灾捐赠动员为主要内容的社会应急动员机制。注重发挥人民团体、红十字会等民间组织、基层自治组织和志愿者在灾害防御、紧急救援、救灾捐赠、医疗救助、卫生防疫、恢复重建、灾后心理支持等方面的作用。

（三）现行应急管理体制

自新中国成立以来，我国应急管理体制应对的危机范围逐渐扩大，其覆盖面从以自然灾害为主逐渐扩大到覆盖自然灾害、重大疫情、生产事故和社会危机四个方面。应对危机的方式从被动的"撞击－反应"式危机处置逐渐演变为从前期预防到后期评估的危机全过程管理。危机管理体制从专门部门应对单一灾害过渡到综合协调的危机管理，从议事协调机构和联席会议制度的协调过渡到政府专门办事机构的协调。在政府行政管理机构不做大的调整的情况下，一个依托于政府办公厅（室）的应急办发挥枢纽作用，协调若干个议事协调机构和联席会议制度的危机管理的新体制初步确立。

相关链接：深圳市应急管理体制

为提高政府处理突发事件的能力，探索国防动员和应急指挥的有机融合，在2009年深圳市政府机构改革中组建应急管理办公室。将应急指挥中心、民防委员会办公室（地震局）、安全管理委员会办公室的安全生产综合协调职责，整合划入应急管理办公室。应急管理办公室挂安全管理委员会办公室（安全生产监督管理局）、民防委员会办公室（地震局）牌子。不再保留应急指挥中心。应急办为市政府工作部门，由市政府办公厅归口联系。

深圳市应急办的工作总体思路主要包括三个方面：一是统筹规划、整合资源，建立和完善与城市功能相适应的统一指挥、分类管理、功能齐全、运转

第五章 城市综合防灾规划管理

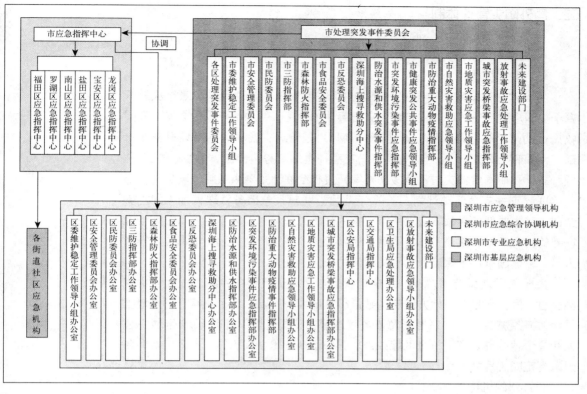

图 5-1 深圳市突发公共时间应急组织体系图

高效的应急管理体系，全面加强应急能力建设，妥善处置各类突发公共事件。二是构建安全生产监管新机制、新体制，强化督促、指导和协调，全面落实政府各监管部门的监管责任。三是在重点开展重点区域、重点领域、重大安全隐患整治的同时，通过执法监督、政策引导、宣传推广、指导服务等途径，督促各部门推动企业全面落实安全生产主体责任，建立和完善自我管理、自我约束的长效机制，实现安全生产持续改善，减少和避免各类事故的发生（图5-1）。

（四）我国现行城市防灾管理体制存在问题

就我国现行的城市防灾管理体制而言，存在着如下问题和不足：一是防灾管理机构分散，不同类型灾害的防治工作，归口不同的行政主管部门进行具体管理；二是不同阶段不同层面的防灾管理工作由不同的机构进行管理，与防灾、救灾、减灾与灾后恢复重建工作的对应管理机构没能统一；三是重视灾时的应急救援，忽视灾前的综合预防。灾时的应急救援指挥部属于临时性机构，缺乏常设性的机构进行统一管理。

由此可见，我国现行灾害管理体制存在着管理机构松散、日常性的协调工作偏弱、效率偏低的问题。为了加强综合防灾管理，未来应当由现在的重视灾时应急工作，转向同时也重视日常的综合防灾工作，将综合防灾管理工作常态化。

二、国外防灾管理体制

（一）美国防灾管理体制

1. 美国防灾管理行政机构架构

（1）联邦机构

美国的法律规定，对影响到全国的灾害事件采取紧急行动的最终决策权属于美国总统。总统可以宣布重大灾害事件的发生，并动员全国的力量，开展救援行动。而联邦紧急事务管理署（FEMA）是管理灾害事务的常设联邦政府部门，该部门成立于1979年，它将不同灾害种类的事务整合在一个集中的部门。《罗伯特·斯泰佛减灾与紧急援助法案》授权给联邦紧急事务管理署负责大部分的联邦灾害应急行动计划。2003年3月，联邦紧急事务管理署加入国土安全部。其主要任务是领导应对所有灾害的预防工作，在灾害发生后有效地管理联邦的应急行动和重建工作；同时，还发起灾前减灾行动计划，培训应急行动人员，管理国家洪水保险计划和美国消防局。

由于美国地域范围广阔，各个地区的自然地理气候条件相差很大，灾害类型也不同，而且美国地方政府的数量极其庞大，所以，为了更有针对性地指导地方开展减灾工作，联邦紧急事务管理署在美国全境部署有10个区域办公室和2个地区办公室，每个区域办公室服务于多个州，其工作人员直接帮助各州来制定减灾规划。

（2）州的机构

州一级管理减灾规划的机构一般称为"紧急事务管理办公室（OES）"，下设总部、紧急事务处置中心和若干个分部。其主要职能在灾前、灾中、灾后三个阶段有所不同。

①在灾前的准备阶段：落实联邦政府的有关政策性规定，制定州的减灾规划，负责管理州域内各个地方的减灾规划的审批；建立预案系统和信息沟通系统；组织人员培训。

②在灾中的应急阶段：指导州有关部门和地方政府制定处置紧急事件；管理和分配用于紧急事件的救助物资。

③灾后的重建阶段：作为联邦政府和地方政府的联络协调机构，指导紧急事件处置后的重建和秩序恢复工作。

职能划分的明确，是开展减灾工作的前提，对提高地方减灾工作的有效性起到良好的推动作用。

（3）地方机构

在地方层面，处置紧急事件机构的名称众多，它们直接领导和开展紧急事件的处置工作。美国所有的紧急事务报警电话一律拨打911，许多地方直接把这一机构称之为911报警中心。

以洛杉矶市为例，该市的灾害管理体系是一个多层次的网络体系，主要由市长、紧急事务组织（EOO）、紧急事务委员会（EOB）、紧急管理委员会（EMC）、紧急预防部门（EPD）、紧急事务中心（EOC）组成。其中，市长是该体系的最高领导者。为了实现最大化地利用有限的城市资源来应对紧急情况的目标，洛杉矶市在1980年成立了紧急事务组织（EOO），该组织处于市长和紧急事务委员会（EOB）的直接领导之下。

2. 美国防灾管理运作体系架构

FEMA建立的灾害预防与应变管理概念，贯彻于其运作规划与任务执行架构中，称之为综合灾变管理（Comprehensive Emergency Management, CEM）概念与整合灾变管理系统（Integrated Emergency Management System, IEMS），依相关顺序分别有减灾纾缓（mitigation）、风险抑制（risk reduction）、灾害预防（prevention）、灾前准备（preparedness）、紧急应变（response）、复原重建（recovery）六个工作项目。

(1) 减灾纾缓

减灾纾缓是灾害管理工作的基石，在灾变发生之前就能洞烛机先，消弭灾害因子或提出适当的警告以疏散可能发生的损失。FEMA所建立的灾害纾缓体系，乃分别针对地震、飓风、水库、洪水等具有潜在威胁的灾源，从工程技术与社会经济等不同层面，提供加强抵抗力的解决方案。减灾的目的就是减少灾害给居民生命和财产所带来的长期威胁。具体策略包括：推广坚实的建筑设计和工程施工；向减少自然灾害的一切行动提供拨款；通过培训计划、出版物和研讨会教育公众；帮助将受灾灾民的家园和企业搬离高危险地区；鼓励业主将其楼房建筑在洪水警戒线以上的地方，并考虑购买洪水保险；制作风险评估图来帮助地方规划人员进行有效的小区规划。

(2) 风险抑制

广义来说，风险抑制是所有灾害纾缓工作的目标，FEMA主要通过灾害保险的方式，抑制国土或个人环境的危险化。

(3) 灾害预防

由于并非所有的灾变都可预防，但是许多因为疏忽而导致的灾变却造成严重的后果。尤其是许多任务作业、交通意外，以及火灾。FEMA辖下负责灾害预防业务的重要单位，是联邦消防管理局，主要负责防火与意外事件预防工作。

(4) 灾前准备

灾前动员准备的概念是针对灾害发生时，不论个人、组织或政府组织能确保自身安全并有效反应。生存并在灾害中迅速重建，取决于预先的计划，因此这个阶段概念强调发展应变计划，以应对灾害带来的危险。FEMA建议的动员准备，包括计划、训练、演习、灾害相关信息交流、小区与家庭应变计划等。具体项目如：在所有美国领土拨款制订紧急事件计划、帮助各州设置紧急事件中心、在FEMA的紧急事件管理学院培训处理紧急事件的专业人员、各州和地方的官员，各州和地方的开发课程，用卫星通过紧急事件教育网络（EENET）向人们提供培训；帮助人们在类似真正灾害的情况下工作的演练；通过辐射灾变整备计划协调核电厂的紧急事件处理计划和演练；协助将化学储备物质、有毒物质的运输和储藏而引起的危险减少到最低水平。

(5) 紧急应变

不论何时，当灾害所带来的破坏超出了某个地方、州资源的承受程度时，这个州可向总统要求提供联邦援助，可从国会设立的特别基金中获得援助。总统宣布发生灾情时，FEMA 通过下列方式提供帮助：评估灾情；灾害援助计划；对贷款和拨款申请的批准和支付进行管理；联邦和州政府灾害现场办公室指派人员；协调参与救灾的其他联邦单位；通过 FEMA 出版的报纸《重建时报》、互联网站、《重建频道》的节目和电台网络让公民了解灾情。更深入地讲，灾害发生后能迅速部署人力与设备进行抢救，并撤离持续危险区的民众予以快速妥善安置，是紧急应变阶段的工作目标。当灾变规模无法由地方政府处理时，会通过总统发布灾区命令的方式，由 FEMA 直接主导救灾。

(6) 复原重建

复原重建的目标包含基础建设、设施运作以及受灾民众生活的重新安排，其中更包括复杂的个人与政府的财政问题，因此是相当长期的工作。FEMA 在复原重建部分，对于国民生活的复原提供了灾害援助的制度，以协助灾区民众生活机能与经济能力的复苏。

(二) 日本防灾管理体制

日本防灾管理行政机构架构

日本灾害防救的组织架构，基本上是依据《灾害对策基本法》在中央设置中央防灾会议、在都道府县设置都道府县防灾会议、在市町村设置市町村防灾会议，成一个三级制的防灾体系，而灾害发生时则成立灾害对策本部。

(1) 中央防灾会议

灾害对策基本法在维持既有行政组织的前提下，中央在总理府成立中央防灾会议。中央防灾会议设于总理府，由内阁总理兼任会长，中央防灾会议的委员则由内阁总理大臣、国务大臣及防灾专家学者选任。另为调查专门事项，中央防灾会议设置专门委员，专门委员是由内阁总理就相关行政机关、指定公共事业职员或具有防灾学识经验者指派。中央防灾会议掌理指定与推行防灾基本计划、紧急灾害时制订与推行紧急应对相关措施计划、应内阁总理的咨询、审议防灾相关重要事项及其他依法令的规定属于其权限的事务。

中央防灾会议的任务：要求相关行政机关首长、地方行政机关首长、地方公共团体首长及其他执行机关、指定公共事业、指定地方公共事业及其他相关人员提供数据、表达意见及其他必要的协助；在必要时就其任务劝告或指示地方防灾会议或地方防灾会议协调会。

(2) 都道府县防灾会议

依据灾害对策基本法，都道府县设置都道府县防灾会议，由都道府县知事（县、市长）担任会长，委员则是由该都道府县全部或部分辖区的地方行政机关首长或其指定的职员、警备该都道县府辖区的陆上自卫队总监或其指定部队或机关首长、该都道府县教育委员会的教育长、警视总监或该都道县府警察本部长、经知事任命的该都道府县辖区内的市町村长及消防机关首长、该都道府县内部职员及辖区内执行业务的指定公共事业或指定地方公共事业的职员担任。都道府县防灾会议为调查专门事项设置专门委员，是由知事就地方行政机关等职员及具有防灾学识经验者选任。

都道府县防灾会议的任务为制订与推行都道府县地区防计划、搜集信息、联络调整都道府县与相关指定行政机关、市町村、指定公共事业及指定地方公共事业间有关该灾害的应变措施及灾害复原事项、制订及推动重大灾害的紧急应对相关计划等。

(3) 市町村防灾会议

市町村为制订及实施该市町村的地区防灾计划，应设置市町村防灾会议。市町村防灾会议如经由数市町村协议，得共同设置一个市町村防灾会议，这是因为避免因市町村的辖区过小而失其效益。但是市町村防灾会议的设置并非必然，如经都道府县知事征询都道府县防灾会议认可后，得依政令不必设置。

有关市町村防灾会议的组织与任务，准用有关都道府县防灾会议组织与任务的规定。消防为市町村基层单位的业务。地震灾害等大规模灾害对策，则由国、都、县或市町村对策本部，统筹救援、医疗、消因应灾等工作。

(4) 灾害对策本部

都道府县及市町村于辖内全部或部分地区，在灾前或灾时，如认为有必要采取灾害预防措施或灾害应变对策，地方行政首长咨询防灾会报的意见，依都道府县或市町村地区防灾计划，成立灾害对策本部，针对灾害采取灾害预防及灾害应变措施，作迅速且适当的应变，指示所属单位作必要的处置。

灾害对策本部由都道府县知事或市町村长担任召集人，其余副召集人、中心职员及其他职员，由都道府县知事或市町村长指派所属职员担任。都道府县知事或市町村长，为便于灾区处理该灾害对策本部的部分事务，得依都道府县地区防灾计划或市町村地区防灾计划的规定，于灾害对策本部内，另设置灾害现场对策本部。灾害对策本部任务为：

①综合调整所辖区域内各级防灾机关团体、公共事业防灾应急对策。
②实施地域防灾计划所定的灾害预防、应变、善后措施。
③其他依法令或防灾计划所定的事项。

(5) 非常灾害对策本部

国家发生剧烈紧急灾害时，内阁经会议决定，发生重大灾害时，内阁总理大臣依该灾害的规模及其他状况，认为有推行相关灾害应变措施的必要时，须于总理府设置临时的非常灾害对策本部。并应立即公告中心名称、管辖区域、设置场所及期间。该中心废止时，亦应立即公告其主旨。非常灾害对策本部召集人由国务大臣担任。综理非常灾害对策本部事务，指挥监督所属职员。另设置副召集人、中心职员及其他职员、由内阁总理大臣就指定行政机关职员或指定地方行政机关首长或其职员中指派。副召集人襄助召集人，并于召集人发生事故时代理其职务。

非常灾害对策本部的任务为：

①联络调整管辖区域内指定行政机关首长、指定地方行政机关首长、地方公共团体首长及其他执行机关、指定公共事业及指定地方公共事业，依防灾计划采取灾害应变措施。

②发生重大灾害所制订紧急应对相关计划的实施事项。

③属非常灾害对策本部召集人权限事务。

④其他依法令规定属权限事务。

非常灾害对策本部，依召集人的规定，于辖区内，为便于办理该中心事务，于重大灾害灾区，设置非常灾害现场对策本部，并向国会报告，同时应立即公告中心名称、管辖区域、设置场所及期间。该中心废止时，亦应立即公告其主旨。重大灾害现场对策本部设置召集人、中心职员及其他职员，由非常灾害对策本部召集人，就非常灾害对策本部副召集人、中心职员及其他职员中指派。非常灾害现场对策本部召集人，承非常灾害对策本部召集人的命令，掌理非常灾害现场对策本部事务。

(6) 紧急灾害对策本部

因受阪神、淡路大震灾的影响，《灾害对策基本法》于1995年12月增列第28条之2、3、4、5、6项，规定有关紧急灾害对策本部的设置。当发生特别异常且激烈的重大灾害，内阁总理大臣认为有必要采取有关该灾害的应变措施时，须向内阁会议提案，临时于总理府设置紧急灾害对策本部，并应立即公告中心名称、管辖区域、设置场所及期间。该中心废止时，亦应立即公告其主旨。若设置紧急灾害对策本部时，总理府已设置有关该灾害的非常灾害对策本部或当该非常灾害对策本部裁撤时，该紧急灾害对策本部应立即接管该非常灾害对策本部的任务。紧急灾害对策本部设置召集人，由内阁总理大臣担任，综理紧急灾害对策本部事务，指挥监督所属职员。另设副召集人、中心职员及其他职员。副召集人，由国务大臣担任，襄助紧急灾害对策本部召集人，并于紧急灾害对策本部召集人发生事故时，代理其职务；中心职员由内阁总理大臣就已指定为该中心召集人、副召集人以外的国务大臣及国务大臣以外的指定行政机关首长中指派。紧急灾害对策本部职员以外的其他职员，由内阁总理大臣就指定行政机关职员或指定地方行政机关首长或职员中指派。

紧急灾害对策本部的任务为：①联络调整管辖区域内指定行政机关首长、指定地方行政机关首长、地方公共团体首长及其他执行机关、指定公共事业及指定地方公共事业，依防灾计划采取灾害应变措施。②发生重大灾害所制订紧急计划之实施事项。③属紧急灾害对策本部召集人权限事务。④其他依法令规定属权限事务。

紧急灾害对策本部，依召集人的规定，于辖区内，为便于办理该中心的部分事务，须向内阁会议提案。于紧急灾害灾区，设置紧急灾害现场对策本部，并向国会报告，同时应立即公告中心名称、管辖区域、设置场所及期间。该中心废止时，亦应立即公告其主旨。紧急灾害现场对策本部设置召集人、中心职员及其他职员,由紧急灾害对策本部召集人,就紧急灾害对策本部副召集人、中心职员及其他职员中指派。紧急灾害现场对策本部召集人,承紧急灾害对策本部召集人之命令,掌理紧急灾害现场对策本部事务。

在都道府县或市町村之辖区内发生灾害或有发生灾害时,都道府县或市町村得设置灾害对策本部;发生重大灾害或异常且激烈的重大灾害时,则由内阁总理大臣于总理府设置临时的非常灾害对策本部及紧急灾害对策本部。而为便于处理灾害现场事务,非常灾害对策本部及紧急灾害对策本部,得在灾区现场设置灾害现场对策本部。

2000年底,通过中央政府机构改革。其中,原主管防灾业务的国土厅与运输省、建设省与北海道开发厅合并为国土交通省;并特别于内阁中设置危机管理防灾大臣,统筹处理跨部会的灾害防救业务,而其主要的幕僚工作,则将原隶属于国土厅防灾局提升层级,设置专责的政策总括官(防灾担当)来担任。日本新内阁的防灾担当,主要推动的业务分别由五名参事官负责,包括:防灾总括担当、灾害预防担当、地震火山对策担当、灾害复旧复兴担当、灾害应变对策担当。

三、城市综合防灾规划管理体制建构

(一)城市规划中的城市综合防灾规划管理

城市规划中的综合防灾规划管理工作,包括规划的编制、审批和实施。具体而言,针对城市总体规划层面的综合防灾总体规划、控制性详细规划层面的综合防灾控制导引,以及修建性详细规划层面的防灾空间和防灾设施的详细规划等,应纳入相对应的各层次城市规划的编制中。规划的审批由相对应的城市规划主管部门负责。涉及具体防灾空间与设施的建设项目的实施,则由规划部门和相关建设管理部门共同进行管理。由规划部门负责审批该建设项目的选址、用地、建设方案、防灾条件等内容,并依据上位规划和相关规定颁发该项目规划建设所必须的"一书两证"。由此可见,城市规划中的城市综合防灾总体规划、控制性详细规划层面的综合防灾控制导引是防灾空间和防灾设施建设的规划审批依据。

(二)全方位的城市综合防灾管理体制建构

全方位的城市综合防灾管理体制的建构,需制定国家层面的综合防灾法,并以此确定我国城市综合防灾管理体制。目前,我国的防灾法规基本上是针对单灾种的防灾法规,如《中华人民共和国防震减灾法》、《中华人民共和国防洪法》、《中华人民共和国消防法》、《中华人民共和国人民防空法》等,没有制定综合防灾法规,导致我国的综合防灾管理体制无法得到健全。因此,城市综合防灾管理体制的建构,制定国家层面的综合防灾法是基本前提。

城市综合防灾管理体制建构,需要建立集中统一的防灾管理部门,对所有灾害的预防、应急救援与恢复重建工作进行统一协调管理。必须对现有的分散的防灾管理机构进行有效整合,建立强有力的管理机构,以提高防灾管理的

效率，最大程度地有效降低各种灾害给城市带来的风险，减少灾害损失。

具体而言，就是需要完善各级防灾机构的设置和建立良好的管理体制，建立健全省、市、县三级综合减灾协调机构。在国家层面，由国务院专设机构对全国重大灾害的防灾、救灾和减灾工作进行统一管理，特别是一些重大的区域性和流域性灾害；在省级层面，需要针对省域范围内的主要灾种，将相关管理部门的防灾、救灾与减灾工作进行有效整合。

在城市层面，由城市政府专设机构组织编制和实施管理全方位的城市综合防灾规划。该机构的设置可有两种途径：一是在现有基础上，对某些防灾管理机构进行职能强化和提升，例如可以强化应急办或民防局的管理职能，由城市政府主要领导担任领导职务，以提升该机构的权威性；或者将应急办与人防办合并，组成新的管理机构，**扩大其管理权限**；二是在现有众多单灾种防灾管理机构之上，再新设立一个**综合的、集中统一**的防灾管理机构，或称"综合防灾委员会"，由城市政府主要领导担任该委员会主任，类似于日本的防灾会议，起到统筹协调作用，负责城市**综合防灾规划的审批**，保障该规划的实施；并对各专业部门的单灾种规划进行**协调**。

该常设机构的职能包括：组织编制、审查和监督实施城市综合防灾规划、审查各专业部门的防灾规划，协调各项防灾规划；监督各项防灾规划的实施，对各类防灾空间和防灾设施的正常运转进行监督检查；建立综合防灾专家库，构建统一的综合防灾管理信息平台；对防灾专项资金制订筹措计划并进行分配，协调各类防灾专业管理部门的日常性防灾减灾工作。该机构对各类单灾种防灾规划进行统筹协调，平时定期对各级各类防灾空间和防灾设施进行监测、检查、督促维护；灾时，应急指挥、调配救灾资源；灾后，统筹恢复重建工作，监督恢复重建项目实施。

第二节　城市综合防灾规划组织编制与审批管理

一、城市综合防灾规划组织编制的目标

城市规划中的综合防灾规划的组织编制，是城市人民政府为了实现一定时期经济、社会和环境发展目标，为市民创造安全有序的生活和工作的空间环境，制定城市综合防灾规划的过程。

组织编制城市综合防灾规划和编制城市综合防灾规划是两个不同的概念。前者是对编制城市综合防灾规划的组织管理工作，属于城市规划管理部门的职能范畴；后者是城市综合防灾规划的编制工作，是城市综合防灾规划编制单位的工作任务。

城市综合防灾规划组织编制和审批管理是城市规划管理的一项重要工作。城市综合防灾规划是城市综合防灾空间与设施发展布局的计划。制定城市综合防灾规划的目的是用以指导和规范城市防灾空间和设施的建设与管理，促进城市经济、社会和环境的全面协调和可持续发展。制定城市综合防灾规划是城市

规划组织编制和审批管理的主要工作任务之一。

城市综合防灾规划组织编制和审批管理的目的任务，是由城市规划管理的行政职能和城市规划的特点所决定的。

①落实城市经济、社会发展目标及其要求。城市综合防灾规划是城市规划的重要组成部分，制定城市综合防灾规划是政府的工作职能之一。城市综合防灾规划的制定的目的是为了实现一定时期城市经济、社会和环境发展目标，是保障城市安全、健康地可持续发展的重要手段。城市综合防灾规划的编制必须落实城市宏观发展要求。城市综合防灾规划的组织编制和审批管理目的，就是通过城市综合防灾规划的组织编制和审批过程中的相关环节，对城市政府提出的经济、社会和环境发展目标及其方针政策加以落实。

②贯彻执行城市规划法律规范和方针政策，以及相关防灾法规政策的要求。城市综合防灾规划必须依据相关法规制定，这既要靠城市综合防灾规划编制单位的自觉执行，也要通过城市规划管理部门事先告知、事中检查和事后评估加以落实。

③协调解决城市规划和各灾种防治规划编制过程中的重大矛盾。城市综合防灾规划编制要对城市用地进行适宜性评定，对城市发展中各项空间性和设施性物质要素进行统筹安排，每一项物质要素背后都涉及相关方面的权益和有关管理部门的要求。在社会主义市场经济条件下利益趋于多元化，要保证城市布局结构的合理，必然涉及相关方面权益的统筹协调。因此，城市综合防灾规划的编制需要征求相关方面的意见。对于这些意见，属于一般技术性的问题，城市综合防灾规划编制单位可以协调解决；对于某些重大问题，则需要政府部门出面协调，达成共识。对于难以达成共识的问题，则需要进行综合分析，提出建议，报告城市政府协调，以利于城市综合防灾规划编制工作的进行；同时，也能推进城市综合防灾规划组织编制和审批的民主化和法制化。

④促进城市综合防灾规划编制水平的不断提高，促进城市综合防灾规划编制内容的科学化。城市综合防灾规划编制水平反映在城市综合防灾规划的科学性和实用性。提高城市综合防灾规划编制水平，既要靠编制人员的努力，也要靠城市规划管理部门组织推动。例如，组织有关方面专家评估、论证，集思广益，使城市综合防灾规划编制得更加合理、完善。又例如，有针对性地组织有关城市综合防灾规划专题研究，加强城市综合防灾规划的技术储备。再例如，倾听人民代表、政协委员、社会公众以及城市综合防灾规划实施管理部门对城市综合防灾规划编制的意见和建议等。

二、城市综合防灾规划组织编制与审批管理的特征

城市综合防灾规划编制与审批管理具有以下一些特征：

(1) 准立法行为

城市综合防灾规划是城市总体规划的重要组成部分，是规范城市发展和城市各项防灾空间设施建设的，一经批准便具有法律效力，具有普遍的约束力，

具有准立法的属性。理解城市综合防灾规划编制与审批管理的准立法性目的，一是要维护城市综合防灾规划的严肃性和相对稳定性；二是积极促进城市综合防灾规划的法制化。

(2) 政府意志的体现

城市综合防灾规划的制定是政府的职能。无论规划的组织编制还是审批，都是一种政府行为。其审批程序也体现国家和城市政府对城市综合防灾建设和发展的调控意图。

(3) 有机的组织过程

城市综合防灾规划的编制既要适应经济、社会发展的需要，又要适应经济、社会发展水平，必须符合党和政府的路线、方针、政策。

(4) 动态的连续过程

城市综合防灾规划一经批准必须保持相对稳定，任何单位和个人不得随意修改，方能发挥城市综合防灾规划对城市发展和综合防灾空间设施建设的指导作用。随着城市经济、社会的发展，经过一定时期之后，原有城市综合防灾规划的某些内容已经不能适应城市发展的要求，则需要根据新的情况对原有城市综合防灾规划进行调整，这种调整必须根据法定程序进行。

三、城市综合防灾规划的组织编制主体与操作程序

城市综合防灾规划的组织编制主体是城市人民政府，这是因为城市综合防灾规划是城市总体规划的重要组成部分，涉及城市未来用地选择和防灾空间设施系统建设的大局，要通盘考虑城市建设的各方面内容，必须站在城市发展整体利益和长远利益的立场上，统筹安排，综合部署。

1. 总体规划层面的城市综合防灾规划的组织编制主体

直辖市和设市建制的城市的综合防灾规划由城市人民政府负责组织编制。县级以上人民政府所在地的城市综合防灾规划，由县级人民政府负责组织编制。

2. 详细规划层面的城市综合防灾规划的组织编制主体

详细规划层面的城市综合防灾规划的组织编制主体是城市人民政府，但在实际工作中由于详细规划覆盖的面比较广，组织工作量比较大，专业技术要求比较高，因此一般由城市人民政府委托或法律授权城市规划主管部门进行具体的组织编制工作。

四、城市综合防灾规划组织编制的程序和操作要求

(一) 项目立项、咨询与委托

1. 立项与委托

①政府组织编制的城市综合防灾规划、防灾公园体系规划、防灾街区规划、疏散避难体系规划等项目应纳入年度编制计划；

②各级人民政府应把城市综合防灾规划编制经费纳入本级公共财政预算，予以保证；

③组织编制单位项目立项,向地方城市规划主管部门申请《规划编制指引》或规划设计要点;

④受理组织编制单位申请《规划编制指引》之后,地方城市规划主管部门应提出包括规划编制的范围、年限依据和专业技术要点等方面内容的要求。《规划编制指引》将作为审查规划编制方案的依据之一;

⑤凡属政府投资的城市综合防灾规划类编制项目,应按照招投标及采购的有关规定,比优确定具备相应资质的城市规划编制单位承担编制工作。因特殊情况不实行招投标的,应报市政府批准;

⑥标书及组织招标评标工作由地方城市规划主管部门技术科负责。标书可委托相关单位起草,城市规划主管部门审核,并报分管局领导审批;

⑦城市综合防灾规划编制项目的委托实行备案制度。《项目委托书》由组织编制单位负责填写,负责人签字,并加盖公章后报地方城市规划主管部门备案。《项目委托书》由地方城市规划主管部门统一印制,并统一编号、归档;

⑧组织编制单位按规定填写《规划设计项目委托书》,报地方城市规划行政主管部门备案;市外规划编制单位向地方城市规划主管部门登记备案;

⑨规划编制单位向组织编制单位提交规划项目设计准备书,组织编制单位与规划编制单位签订规划编制项目合同书。

2．规划设计单位资质要求

①承担城市综合防灾规划编制业务的单位必须具有与承担任务要求相符的城市规划设计资质;规划编制组织单位不得将规划编制任务委托给不符合资质管理和资格管理要求的规划编制单位、外商投资城市规划服务企业。

②注册地在本市以外(含香港和澳门特别行政区、台湾地区以及国外)的城市综合防灾规划设计单位承担本市规划区范围内城市综合防灾规划编制任务的,应当按照有关规定领取相应的资质证书,并到市规划管理部门登记备案。

③所有承担城市综合防灾规划的规划设计单位,在开始编制规划之前,需要与城市规划主管部门签署保密协议,所有需要保密的现状资料和规划成果不得违反《保密法》等相关法规。

(二)城市综合防灾规划项目的编制与设计程序

①规划编制单位在组织编制单位协助下,向有关各级政府、职能部门及专业单位进行走访座谈、收集资料、咨询意见等现状调查工作。

②城市综合防灾规划的编制应当与城市总体规划,以及各单灾种防治规划相衔接,彼此协调。

③城市综合防灾规划的编制内容应全面,深度应适当。

④向组织编制单位提交各阶段规划方案前,要征询有关单位意见。规划编制单位提交给组织编制单位的初次方案,须提交两个以上方案,并提出推荐方案的意见。

⑤编制单位在提交正式成果之前,应与项目委托方进行多次的沟通交流,并召开相关单位协商会、专家论证会和听取公众意见。

（三）城市综合防灾规划项目的报批与审查程序

城市综合防灾规划的审批管理，就是在城市综合防灾规划编制完成后，城市综合防灾规划组织编制单位按照法定程序向法定的规划审批机关提出规划报批申请，法定的审批机关按照法定的程序审核并批准城市综合防灾规划的行政管理工作。编制完成的城市综合防灾规划，只有按照法定程序报经批准之后，方才具有法定约束力。

1. 综合防灾规划审批的主体

（1）区域综合防灾体系规划的审批主体

全国综合防灾体系规划，由国务院城市规划主管部门报国务院审批。

省域综合防灾体系规划，由省或自治区人民政府报经国务院同意后，由国务院城市规划主管部门批复。

市辖市域、其他市域、县域综合防灾体系规划，纳入城市和县级人民政府驻地镇的总体规划，按照总体规划审批权限审批。

（2）总体规划层面的城市综合防灾规划的审批主体

城市综合防灾规划的审批主体是国务院和省、自治区、直辖市和其他城市规划主管部门，按照法定的审批权限进行审批。市人民政府审批市管辖的县级人民政府所在地镇的综合防灾规划。县级人民政府审批其他建制镇的综合防灾规划。

（3）详细规划层面的城市综合防灾空间设施体系规划的审批主体

详细规划层面的一般由城市人民政府审批。已编制分区规划的城市的详细规划，除重要地区的详细规划由城市人民政府审批外，其他一般地区的详细规划可以由城市人民政府授权城市规划主管部门审批。

（4）村镇层面的综合防灾规划的审批主体

村庄、集镇综合防灾规划，经乡级人民代表大会审查同意，由乡级人民政府报县级人民政府批准。

2. 项目报批

①规划编制与设计项目的审查实行分阶段管理，按规划方案、规划草案两个阶段进行审查，组织编制单位须分阶段送审。规划编制与设计项目草案阶段呈报的设计文件，须符合国家和省市相关法规，并符合地方城市规划主管部门发出的《规划编制指引》或规划设计要点的要求。

②城市综合防灾规划草案审查、征询公众意见：规划编制单位根据地方城市规划主管部门书面审查意见进行修改。修改、完善最后的规划草案，按规定公开征询公众意见。提交的城市规划草案，规划编制单位应当在文件扉页注明单位资质等级和证书编号。

③总体规划阶段的城市综合防灾规划在报请审批前，规划编制组织主体面向社会大众组织不少于15天的公示，涉及国家秘密的除外。详细规划阶段的城市综合防灾空间与设施规划设计中强制性内容的调整，审批前必须进行公示或听证。

3. 项目审查

①由组织编制单位向地方城市规划主管部门申请审查,并提交城市综合防灾规划方案成果及组织编制单位对方案的评价意见。

②规划编制成果报批时,一般应提供以下材料:关于报审规划设计项目方案成果的报告;规划管理部门的城市综合防灾规划编制技术要求、中间审查意见;综合防灾规划设计项目方案成果一览表;主要成果文本、说明书等文字资料以及方案图;用于报审的规划图纸。

③地方城市规划主管部门受理方案后,应组织评审人员或专家召开城市综合防灾规划项目进评审会。

④评审会的组织按以下程序进行:凡须会审的项目,应提前提交地方城市规划主管部门汇总;地方城市规划主管部门制订评审会议计划,提前3天发出书面通知并派发相关资料送达参会人;评审会由因故不能参加会议的,可向对会审项目提出书面意见,同时执行评审会议决定。

⑤评审会会议(不含专家评审会)按以下程序进行:主持人介绍评审会会议项目的主要内容和评审要求;规划编制单位介绍方案和答疑,并在评审会上使用电子文件进行汇报讲解;地方城市规划主管部门介绍初审意见;会议讨论,参会人发表意见;会议总结(由地方城市规划主管部门负责小结,并组织签署评审意见);组织单位在评审会之后,提出书面评审意见,反馈给有关政府职能部门、规划组织单位和城市综合防灾规划的编制单位。其中,市政府或地方城市规划主管部门作为规划组织单位的,书面评审意见反馈给规划编制单位。如为第二次以上方案评审,评审会主要按前次方案提出的评审意见中存在问题进行审核。

⑥规划编制单位应按评审会提出的评审意见,修改完善方案。在修改方案提交组织编制单位前,还须征询有关部门意见。

⑦组织编制单位对拟上报审批的城市综合防灾规划项目正式方案,在上报前须组织召开专家评审会。专家由地方城市规划主管部门邀请,或由规划组织单位邀请、并由地方城市规划主管部门认可。

⑧城市综合防灾规划实行行政审查与专家审查相结合。专家技术审查由规划行政主管部门负责组织,以无记名投票方式表决,与会专家1/2以上表决同意视为通过。城市综合防灾规划经市规划行政主管部门组织专家审查、依法公示和市级有关部门行政审查后,由市人民政府负责征求市人民代表大会常务委员会意见。详细规划阶段的城市综合防灾空间规划设计由市规划行政主管部门负责审查。

4. 项目公示与存档程序

①规划成果由组织编制单位呈报上级审批机关批准后执行。在规划获得批准后,规划编制组织主体可以通过本地区主要新闻媒体、政府部门网站或公共场所,及时将已获批准的城市综合防灾规划及调整方案向社会公布,涉及国家秘密的除外。

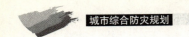

②城市综合防灾规划批准后需报送备案的，应完成下列材料的备案报送工作：批复文件、规划文本和规划图纸。

（四）城市综合防灾规划项目的调整程序

所谓城市综合防灾规划的调整，是指城市人民政府根据城市经济建设和社会发展所产生的新情况和新问题，按照实际需要，对已经批准的城市综合防灾规划所规定的防灾空间布局和防灾设施各项内容进行局部的或重大的变更。城市综合防灾规划的调整同样需要按照法定的程序进行审批。

城市综合防灾规划的重大变更是指，由于城市发展的外部环境和内部动因发生了较大的变化，使得原来已经批准的城市综合防灾规划的空间设施布局和各项控制要素明显不适应城市发展的需要，需要对城市综合防灾规划进行整体性或系统性的改变。

城市综合防灾规划的局部变更是指，在不影响规划的整体格局和基本原则的前提下，只对综合防灾规划的一些局部的或具体的控制要素进行改变。

上述变更的共同点都是对城市综合防灾规划的内容做出变更，但两者之间的变更内容的广度和深度，是明显不同的，要区别对待。对于规划的调整一定要慎重，预先做好调整的可行性分析与研究，并及时与上级规划审批部门沟通，取得共识。

1. 总体规划阶段

对总体规划阶段的城市综合防灾规划进行调整，下列重要内容的调整由市规划行政主管部门负责征求市级有关部门、有关区（县）人民政府意见并组织专家审查后，报市人民政府审批：

①城市总体规划发生变化，对城市的防灾分区和防灾空间结构布局产生较大影响的。

②重大项目的规划建设，对周边环境的安全防灾造成较大影响的。

③调整规划的市级、区级避难中心的位置和用地范围；调整主、次疏散干道的规划红线位置。

④调整重大防救灾公共设施位置和布局体系。

⑤调整重大市政工程设施的位置和用地范围。

⑥调整重大危险源布局和调整重大次生灾害源防治规划。

⑦调整老旧街区等防救灾困难地区的边界调整。

2. 详细规划阶段

对详细规划阶段的城市综合防灾空间规划设计的重要内容进行调整，中心城区域内的由市规划行政主管部门审批；中心城区域外由区（市）县级规划行政主管部门审批，获得批准后，报送市规划行政主管部门备案。

对详细规划阶段的城市综合防灾空间规划设计进行调整，下列重要内容进行调整，由原审批机关审批：调整各类防灾空间的土地主要用途、各个地块允许的建设总量，绿地率、公共绿地面积规定、主要避难场地和疏散通道布局等。

第三节 城市综合防灾规划实施管理

城市综合防灾规划实施管理，就是按照法定程序编制和批准的城市综合防灾规划，依据国家和各级政府颁布的城市规划管理与防灾有关法规和具体规定，采用法制的、社会的、经济的、行政的和科学的管理方法，对城市防灾空间和设施的各项用地和建设活动进行统一的安排和控制，引导和调节城市综合防灾的各项建设事业有计划、有秩序地协调发展，保证城市综合防灾规划实施。形象地讲，就是通过有效手段安排当前的各项防灾建设活动，把城市综合防灾规划设想落实在土地上，使其具体化并成为现实。

城市综合防灾规划实施管理是依法行政的过程，通过行政管理手段，把城市政府制定的城市综合防灾规划目标逐步地贯彻下去，把城市综合防灾规划实施管理作为城市政府及其城市规划主管部门的重要职能。

城市综合防灾规划实施管理的过程就是具体实施城市综合防灾规划的过程。城市规划区内的各项防灾空间设施的建设用地和建设工程，必须符合城市综合防灾规划要求，服从城市规划管理。

城市综合防灾规划实施管理的过程，需要综合运用法制的、社会的、经济的、行政的和科学的方法，妥善协调各个方面的关系，包括需要与可能、近期与远期、局部与整体、地上与地下、新区与旧区、保护与发展、生产与生态、主体与配套、内容与形式、继承与创新、重点与一般、条条与块块以及区域与城市、城市与乡村等。通过综合平衡、协调、控制，追求社会、经济、环境的综合效益，处理好有关方面的关系，使各项当前防灾建设得以实现。

城市综合防灾规划实施管理的具体对象主要是各项当前防灾空间设施的建设用地和建设工程。每一项用地和工程都要经过立项申报、规划审查、征询意见、协调平衡、审查批准、办理手续及批后管理等一系列的程序和具体运作，其关键的环节和重要标志是核发"一书两证"，即建设项目选址意见书和建设用地规划许可证、建设工程规划许可证。

城市综合防灾规划的实施管理，需要严格执法、有序进行，采取有效制度和手段，营造一个高效、和谐、健康的正常工作环境，排除各方面的干扰，依法惩处各种违法行为，杜绝各种不正之风，维护好公共利益，使各项防灾空间设施的建设用地和建设工程能够依法按照城市综合防灾规划要求得以落实和正常进行，树立城市综合防灾规划的严肃性和权威性，才能确保城市综合防灾规划的顺利实施。

一、城市综合防灾规划实施管理的原则与任务

城市综合防灾规划实施管理是一项综合性、复杂性、系统性、实践性、科学性很强的技术行政管理工作，直接关系着城市综合防灾规划目标能否顺利实施。为了把城市综合防灾规划实施管理搞好，在城市综合防灾规划实施管理中应当严格遵循下列基本原则：

1. 合法性原则

合法性原则是社会主义法制原则在城市规划行政管理中的体现和具体化。行政合法性原则的核心是依法行政，其主要内容，一是规划管理人员和管理对象都必须严格执行和遵守法律规范，在法定范围内依照规定办事；二是规划管理人员和管理对象都不能有不受行政法调节的特权，权利的享受、义务的免除都必须有明确的法律规范依据；三是城市综合防灾规划实施管理行政行为必须有明确的法律规范依据。

对于城市规划区内的各项防灾空间设施建设活动，都要严格依照《城乡规划法》的有关规定进行规划管理，也就是要以经过批准的城市规划和有关的城市规划管理法规和防灾法规为依据，防止和抵制以言代法、以权代法的行为，对一切违背城市规划和有关管理法规的违法行为，都要依法追究当事人应负的法律责任。

2. 合理性原则

合理性原则的存在有其客观基础。由于现代国家行政管理活动呈现多样性和复杂性，特别是像城市综合防灾规划实施这类行政管理工作，专业性、技术性很强，立法机关没有可能来制定详尽的、周密的法律规范。为了保证城市综合防灾规划的实施，行政管理机关需要享有一定程度的自由裁量权，即根据具体情况，灵活应对复杂局面的行为选择权。此时，规划管理机关应在合法性原则的指导下，在法律规范规定的幅度内，运用自由裁量权，采取适当的措施或做出合适的行政决定。

行政合理性原则的具体要求是，行政行为在合法的范围内还必须合理。即行政行为要符合客观规律，要符合国家和人民的利益，要有充分的客观依据，要符合正义和公正。例如抢险救灾工程可以先施工后补办相关许可证。

3. 程序化原则

要使城市综合防灾规划实施管理遵循城市发展与规划建设的客观规律，就必须按照科学的审批管理程序来进行。也就是要求在城市规划区内的各种防灾建设活动，都必须依照《城乡规划法》的规定，经过申请、审查、征询有关部门意见和批报、核发有关法律性凭证及批后管理等必要的环节来进行，否则就是违法。这样就可以有效地防止审批工作中的随意性，切实制止各种不按科学程序进行审批的越权和滥用职权的行为发生。

4. 公开化原则

经过批准的城市综合防灾规划要公布（需要保密的内容除外），一经公布，任何单位和个人都无权擅自改变，一切与城市综合防灾规划有关的土地利用和建设活动都必须按照《城乡规划法》的规定进行。相应的还需要将城市综合防灾规划管理审批程序、具体办法、工作制度、有关政策和审批结果以及审批工作人员的身份和责任公开，从而将城市综合防灾规划实施管理工作过程置于社会监督之下，促使城市综合防灾规划行政主管部门提高工作效率并公正执法，同时也可以使规划管理工作的行政监督检查与社会监督相结合，运用社会管理手段，更加有效地制约和避免各种违反城市综合防灾规划实施的因素发生。

  5. 加强批后管理的原则

  要保证城市综合防灾规划能够顺利实施，各级城市规划主管部门就必须将监督检查工作作为城市综合防灾规划实施管理工作的一项重要内容抓紧、抓好。加强监督检查，一是要做好防灾空间设施建设活动的批后管理，促使正在进行中的各项建设严格遵守城市规划主管部门提出的规划要求；二是要做好经常性的日常监督检查工作，及时发现和严肃处理各类违反城市综合防灾规划的违法活动；三是做好城市规划主管部门执法过程中的监督检查，及时发现并纠正偏差，严肃处理各种违法渎职行为，督促提高城市综合防灾规划实施管理的质量水平。

二、城市综合防灾规划实施管理机制

  1. 城市综合防灾规划行政管理机制

  纵观世界各国，城市综合防灾的规划、建设和管理都是城市政府的一项主要职能。在城市综合防灾规划的实施中，行政机制具有最基本的作用。城市综合防灾规划主要是政府行为，要很好地发挥规划实施的行政机制，规划行政机构就要获得充分的法律授权。只有在行政权限和行政程序有明确的授权，有国家强制力为后盾，公民、法人和社会团体支持和服从国家行政机关的管理等条件下，行政机制才能发挥作用，产生应有的效力。

  2. 城市综合防灾规划财政支持机制

  财政是关于利益分配和资源分配的行政权利和行为，在城市综合防灾规划实施中有重要作用。政府可以按城市综合防灾规划的要求，通过公共财政的预算拨款，直接投资兴建某些重要的城市防灾空间和设施，特别是城市重大避难中心、重要防救灾公共设施和重要基础工程设施等项目，或者通过资助的方式促进公共工程建设。政府还可发行财政债券来筹集城市防救灾建设资金，加强城市综合防灾建设，通过税收杠杆来促进某些防灾类项目的投资和建设活动，实现城市综合防灾规划的目标。

  3. 城市综合防灾规划法律保障机制

  法律在促进城市综合防灾规划实施过程中体现为：

  ①通过行政法律、法规为城市综合防灾规划行政行为授权，并为行政行为提供实体性、程序性依据，从而为调节社会利益关系，维护经济、社会、环境的健全发展提供法定依据。在日本，城市规划在确定了公共设施的位置以后，所在地块的建设活动就会受到相应的限制，对综合防灾规划管理机关和公众都具有相同的约束力。公共设施的实施机构被依法授予强制征地的权利，当设施所在地块的建造要求得不到土地业主同意时，可以要求实施机构征购所在地块。

  ②公民、法人和社会团体为了维护自己的合法权利，可以依据对城市综合防灾规划行政机关做出的具体行政行为提出行政诉讼。

4. 城市综合防灾规划社会监督机制

城市综合防灾规划实施的社会监督机制是指公民、法人和社会团体参与城市综合防灾规划的制定，以及监督城市综合防灾规划的实施。在国外，公众参与与制度和规划复议制度为社会公众提供了解情况、反映意见的正常渠道；公众参与是城市规划体现公众利益的重要环节，是监督城市规划实施的保证。20世纪60年代和70年代以后，公众参与陆续成为各国城市规划编制和实施的法定程序。各国的规划法中都有规划的编制、公布、审批及诉讼等程序中公众参与的相关条款：1968年日本的《城市规划法》新增了公众参与条款，1987年德国的《建设法典》，新加坡1962年颁布的《总体规划条例》和1981年颁布的《开发申请条例》，在这方面都有相应的规定。各国的公众参与过程不尽相同，但一般都分为信息公开、听取公众意见、仲裁处理、处理决定生效等几个环节。归纳起来，公众参与有三个要点：一是必须规范政府的规划信息发布方式；二是规范公众反映意见的方式和途径；三是规范对公众意见的处理方式。

三、城市综合防灾规划实施行政管理措施

城市综合防灾规划实施管理的具体对象主要是各项当前防灾空间设施的建设用地和建设工程。每一项用地和工程都要经过立项申报、规划审查、征询意见、协调平衡、审查批准、办理手续及批后管理等一系列的程序和具体运作，其关键的环节和重要标志是核发"一书两证"，即建设项目选址意见书和建设用地规划许可证、建设工程规划许可证。

（一）建设项目选址意见书

1. 设置依据及适用范围

为保证城市规划区内的防灾空间和设施建设工程的选址和布局符合城市综合防灾规划要求，依据《城乡规划法》，由城市规划主管部门核发《建设项目选址意见书》。

在城市规划区内进行防灾空间、设施和工程项目的建设，办理规划选址、计划立项、土地出让、确定土地规划用途、旧区防灾改造等项目，应向城市规划主管部门申请办理《建设项目选址意见书》。

2. 申报材料

①《建议项目选址意见书》申请表；

②单位机构代码证或工商营业执照；

③拟选址位置现状地形图、勘测定界图；

④有关部门对选址的意见，土地意见函，各类灾害防救工作行政主管部门对该建设项目的初审意见；

⑤相应资质规划设计单位或专业设计部门提出的选址认证报告；

⑥计划部门的立项批复或有权部门批准的相关文件；

⑦原址新征用地或改变原有土地使用性质的须提供原有土地证和界址

点图；

⑧重要防灾空间、设施和工程的可行性研究报告，或项目建议书等。

3. 建设项目选址申请书内容要求

建设项目选址申请书主要包括以下内容：

①建设项目的基本情况：主要是防灾空间、设施和工程的建设项目名称、性质用途，用地与建设规模，主入口位置、供水与能源的需求量，通信保障设施、防灾措施、设防等级标准等。

②建设项目规划选址的主要依据：经批准的项目建议书、建设项目与城市规划布局协调、建设项目与城市交通、通信、能源、市政规划的衔接与协调等。

③建设项目选址、用地范围和具体规划要求。

4. 申办程序

①建设单位在工作日持有关材料到地方城市规划主管部门或建设管理服务中心窗口申报。

②窗口工作人员在核收申报材料时，如发现有可以当场更正的错误的，允许申请人当场更正；如发现材料不齐全或不符合要求，当场告知申请人需补正的全部内容。

③窗口工作人员在核收申报材料时，应进行项目建设报件登记并注明收件内容及日期。

④申报材料经窗口工作人员核收后，将申报材料转项目经办人。

⑤项目经办人接到窗口转来的申报材料，经审核认为需补正相关文件，一次性书面告知申请人需补正的全部内容转窗口，通知申请人补正材料后重新申报。

⑥经审核申报材料合格后，项目经办人进行现场踏查，符合选址要求的项目，报送地方城市规划主管部门报审办理。不符合规划要求的项目，由经办人填写退件说明转窗口发件。

（二）建设用地规划许可证

1. 设置依据及适用范围

为保证城市规划区内的防灾空间、设施、工程建设符合城市综合防灾规划，依据《城乡规划法》，由城市规划主管部门核发《建设用地规划许可证》，作为建设单位向土地主管部门申请征用、划拨和有偿使用土地的法律凭证。

已取得《建设项目选址意见书》的建设项目，通过国有土地招标、拍卖、挂牌方式取得国有土地使用权的兼有防灾功能的建设项目，需办理规划设计方案审查、核定规划用地位置和界限，应申请办理《建设用地规划许可证》。

2. 申报材料

①申办《建设用地规划许可证》申请人须提交建设用地规划许可申请，并按要求提供所规定的文件、图纸、资料进行申报；

②建设用地规划许可证申请表；

③计划部门的立项批复或有权部门批准的相关文件；

④《建设项目选址意见书》及附件；

⑤项目合同；

⑥经国土资源部门确认的、具有测绘资质的单位测绘1：500或1：1000勘测定界图（现状地形，城市统一坐标、统一高程，包括各类地上、地下管线、建构筑物位置），同时提供一份电子材料；

⑦关于办理《建设用地规划许可证》的法人授权委托书及经办人身份证复印件等。

3. 申办程序

①凡在城市规划区内进行防灾空间、设施、工程建设需要申请用地的，必须持国家批准建设项目的有关文件，向城市规划主管部门提出定点申请；

②城市规划主管部门根据用地项目的性质、规模等，按照城市规划的要求，初步选定用地项目的具体位置和界限；

③根据需要，征求有关行政主管部门对用地位置和界限的具体意见；

④城市规划主管部门根据城市规划的要求向用地单位提供规划设计条件；

⑤审核用地单位提供的规划设计总图；

⑥建设单位在工作日持有关材料到地方城市规划主管部门窗口申报；

⑦窗口工作人员在核收申报材料时，如发现有可以当场更正的错误的，应允许申请人当场更正；如发现材料不齐全或不符合要求，应当场告知申请人需补正的全部内容；

⑧窗口工作人员在核收申报材料时，应进行项目建设报件登记并注明收件内容及日期；

⑨申报材料经窗口工作人员核收后，将申报材料转项目经办人；

⑩项目经办人接到窗口转来的申报材料，经审核认为需补正相关文件，一次性书面告知申请人需补正的全部内容转窗口，通知申请人补正材料后重新申报；

⑪经审核申报材料合格后，项目经办人进行现场踏查，符合规划要求的项目，由项目经办人完成会签工作，之后经窗口将《建设用地规划许可证》核发给项目单位；经研究不符合规划要求的报件，由项目经办人填写"退件通知"经窗口回复建设单位；

⑫如在办理《建设用地规划许可证》过程中，发现该建设项目直接关系他人重大利益的，应当书面告知申请人、利害关系人；申请人、利害关系人有权进行陈述和申辩；

⑬如申请人、利害关系人提出需要听证的，应当举行听证；

⑭申请人要求变更《建设用地规划许可证》内容的，应重新提出申请，按照规定程序换领《建设用地规划许可证》。

建设用地规划许可应当包括标有建设用地具体界限的附图和明确具体规划要求的附件。附图和附件是建设用地规划许可证的配套证件，具有同等的法律效力。附图和附件由发证单位根据法律、法规规定和实际情况制定。

（三）建设工程规划许可证

1. 设置依据及适用范围

为保证城市规划区内建设工程符合城市规划要求，依据《城乡规划法》，由城市规划主管部门核发《建设工程规划许可证》。作为许可建设各类防灾工程的法律凭证，同时也是防灾工程建设活动过程中，接受城市规划主管部门监督检查的法律依据。

已取得《建设用地规划许可证》的建设项目，在申请办理《建设工程规划许可证》之前，需办理建筑设计方案和管网综合规划方案审查。

2. 申报材料

申办《建设工程规划许可证》申请人须提交建设工程申请，并按要求提供所规定的文件、图纸、资料进行申报。

（1）方案初审阶段

①建设单位办理《建设工程规划许可证》的申请表；

②计划部门的立项批复或有权部门批准的相关文件；

③《建设用地规划许可证》及国有土地合同；

④《建设用地规划设计条件单》；

⑤按《建设用地规划设计条件》要求，经具有相应资质的设计单位完成的建筑设计方案及以上资料的电子材料；

⑥关于办理《建设工程规划许可证》的法人授权委托书及经办人身份证复印件等。

（2）建设工程审核阶段

①会签完成的城市规划审查联络单及附图；

②《建设用地批准书》；

③消防审查意见书；

④人防工程审查意见书；

⑤建筑设计方案审定后按审定方案完成的建筑施工图建筑部分及基础图纸、在现状地形图上叠加绘制的建设工程总平面图、同时提供一份电子材料；

⑥道路管线工程须提供道路管线规划设计图纸、文件；

⑦建设项目涉及的有关协议或保证书。

3. 申报程序

凡在城市规划区内新建、扩建和改建具有重要防灾功能的建筑物、构筑物、道路、管线和其他工程设施的单位与个人必须持有关批准文件向城市规划主管部门提出建设申请；城市规划主管部门根据城市综合防灾规划提出建设工程规划设计要求。

（1）方案初审阶段

①建设单位在工作日持有关材料到地方城市规划主管部门窗口申报；

②窗口工作人员在核收申报材料时，如发现有可以当场更正的错误的，应允许申请人当场更正；如发现材料不齐全或不符合要求，应当场告知申请人

需补正的全部内容；

③窗口工作人员在核收申报材料时，应进行项目建设报件登记并注明收件内容及日期；

④申报材料经窗口工作人员核收后，当日将申报材料转项目经办人；

⑤项目经办人接到窗口转来的申报材料，经审核认为需补正相关文件，应一次性书面告知申请人需补正的全部内容转窗口，通知申请人补正材料后重新申报；

⑥经审核申报材料合格，由项目经办人完成现场踏查后，对建设单位报送的规划建筑设计方案及文字说明初审，并提交局业务例会审议、经审查批准后，项目经办人核发城市建设规划审查联络单、附图，并在方案图上加盖初审合格章，经窗口转建设单位到环保、土地、消防、民防、园林建设等有关部门会签及委托具有相应资质的设计单位进行施工图设计。

(2) 建设工程审核阶段

①完成会签及施工图纸设计的项目材料经地方城市规划主管部门窗口提交项目经办人。项目经办人对建设单位报审的建设工程规划总平面图、建设工程单体建筑施工图进行审查；

②审查合格后，项目经办人完成局内会签，由规划部门核发《建设工程规划许可证》经窗口回复项目单位。经研究不符合规划要求的报件，由规划部门填写"退件通知"回复建设单位；

③如在办理《建设工程规划许可证》过程中，发现该建设工程直接关系他人重大利益的，应当书面告知申请人、利害关系人。申请人、利害关系人有权进行陈述和申辩；

④如申请人、利害关系人提出需要听证的，应当举行听证；

⑤申请人要求变更《建设工程规划许可证》内容的，应重新提出申请，按照规定程序办理建设工程规划变更手续。

建设工程规划许可证所包括的附图和附件，按照建筑物、构筑物、道路、管线以及个人建房等不同要求，由发证单位根据法律、法规规定和实际情况制定。附图和附件是建设工程规划许可证的配套证件，具有同等法律效力。

(四) "一书两证"申办方式的改革

为了方便行政相对人，国内许多城市对建设项目的申办方式进行了改革，实行建设项目的审批一个窗口对外，职能部门之间实行并联审批等措施，大大压缩了审批时限，方便了行政相对人。

以厦门市建设项目审批为例：①申办人持建设单位委托书和身份证明，到建设服务中心受理窗口领取（也可以从网上下载）项目报批申请表；②提交申办项目所需的有关文件、图纸和资源。经窗口审查符合申报要求后，发给建设单位收件回执单作为取件凭证；③建设单位持收件回执单在规定的取件日期到发件窗口领取批文或批件。建设项目"一书两证"办理总时限也进行了两次大的改革，由最初的审批时限 120 天压缩为 68 天，最后压缩为 25 个工作日。

其中选址意见书办理 12 个工作日；设计方案审批并同时核发用地规划许可证（或单独审批工程设计方案、单独核发用地规划许可证）为 8 个工作日；核发建设工程规划许可证为 5 个工作日。抗震、消防、人防、市政园林等职能部门在"一书两证"办理期间同时并联审批或核准，最后统一由建设管理服务中心统一发件，极大提高了行政审批效率。

第四节 城市综合防灾规划建设档案管理

一、城市综合防灾规划与建设档案工作的任务

1. 城市综合防灾规划与建设档案工作的性质

(1) 城市综合防灾规划与建设档案工作是一项专业性的工作

首先，城市综合防灾规划建设档案是城市综合防灾规划建设多种专业活动的记录。城市综合防灾规划建设档案工作者要了解和掌握这些专业活动的基本知识与专业技术，才能做好管理与服务工作。其次，城市综合防灾规划建设档案工作本身是一项专门性的工作。它是遵循着城市综合防灾规划建设档案的运动规律和科学原则、方法进行的。它有自己独特的科学体系和工作规律。

(2) 城市综合防灾规划建设档案工作是一项管理性的工作

城市综合防灾规划建设档案工作是对城市综合防灾规划建设档案的收集、保管、编目、检索、提供利用与信息开发工作，这些工作的性质是一种管理活动。另外，城市综合防灾规划建设档案工作在一个城市或一个具体单位是和管理工作紧密相联的，只有把城市综合防灾规划建设档案工作的基本要求纳入到管理工作制度中，落实到管理制度的执行中，才能建立起健全的城市综合防灾规划建设档案工作。

(3) 城市综合防灾规划建设档案工作是一项服务性的工作

收集、管理城市综合防灾规划建设档案的目的是为了使城市综合防灾规划建设档案为城市建设时各项工作服务。这就决定了城市综合防灾规划建设档案工作是一项服务性的工作。它为城市综合防灾规划建设提供技术凭证、基础资料、历史及现状查询等，是城市综合防灾规划建设和管理中不可缺少的一项工作。

(4) 城市综合防灾规划建设档案工作是一项社会性的工作

①城市综合防灾规划建设档案的来源具有社会性。城市建设专业机构、社会组织、企业事业单位和公民都是城市综合防灾规划建设档案的形成者。

②城市综合防灾规划建设档案的服务对象具有社会性。城市综合防灾规划建设档案不仅服务于城市建设活动，也服务于展览、编史修志、文化教育等各项社会活动。城市综合防灾规划建设档案不仅服务于机构、组织，也向公民个人开放，特别是随着改革开放的深化，城市综合防灾规划建设档案的社会服务功能将越来越强。

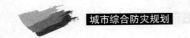

2. 城市综合防灾规划建设档案工作的任务

通常所说的城市综合防灾规划建设档案工作,是指城市综合防灾规划建设档案馆和城市建设档案室所从事的城市综合防灾规划建设档案业务工作。是按照科学原则和方法要求管理档案,为城市建设各项工作服务。为做好档案的管理,还需要在文件材料的形成过程中对文件材料的形成、质量、积累进行监督,为管理工作打下基础。

具体任务可以概括为以下几项:

①监督、指导档案的形成与积累;

②进行档案法规、规范建设;

③接收移交进馆(室)的档案;

④对接收的档案进行整理、鉴定、保管、统计、编目;

⑤进行档案的保护、修复、复制以及现代化开发工作;

⑥进行档案信息的编研工作;

⑦开展声像档案工作;

⑧开展借阅利用服务工作;

⑨城市档案宣传、教育与培训工作;

⑩档案学术研究工作。

3. 城市综合防灾规划建设档案的作用

城市综合防灾规划建设档案是城市综合防灾规划建设全过程的宏观与微观的真实记录,因此,城市综合防灾规划建设档案是城市建设的信息源。城市综合防灾规划建设档案的作用主要表现在以下几个方面:

(1) 城市综合防灾规划建设档案是城市综合防灾规划、建设、管理的重要基础和依据。因为档案是城市综合防灾规划建设历史与现状及全过程的记录,所以,要进行新的城市综合防灾规划和建设,就必须以城市综合防灾规划建设档案记载的信息作为规划与建设的基础材料,特别是城市综合防灾规划建设档案中的勘测资料、规划资料都是进行新规划的重要前提。城市综合防灾规划管理是在建成区的基础上进行管理的,因此,掌握城市情况,特别是掌握地下管线与隐蔽工程的情况是进行针对性管理,做好管理工作的基本前提。现代化的大城市,城市状况极其复杂,要综合解决诸如疏散避难、危险源布局、次生灾害防治、重要防救灾设施选址等问题,必须认真依照城市综合防灾规划建设档案提供的信息进行管理。

(2) 城市综合防灾规划建设档案是城市防灾、抗灾、减灾和灾后重建的重要依据。1976年的唐山大地震使城市变为废墟,为尽快恢复供水、供电和道路交通,城市建设档案部门及时为抢修工作提供了全市地形图、道路管网图等档案材料,使修复工作得以顺利进行,保证了灾后及时恢复城市功能和人民生活。城市综合防灾规划建设档案在每一个城市必须有一个集中统一的管理场所,而且这个场所要求绝对安全,以便在发生严重灾害时,档案安全无恙,保证及时提供利用。

（3）城市综合防灾规划建设档案是城市综合防灾规划建设技术与经验的重要储备形式。不论城市如何变化、如何发展，城市综合防灾规划建设档案都真实、准确地记录下城市综合防灾工作具体过程的客观情况，因此，城市综合防灾规划建设档案里包含了大量的城市建设技术成果，积累了大量的设计、施工、管理人员的智慧与方法，积累了丰富的防灾管理工作经验。而且这种积累完全是第一手的，没经过任何编辑加工的原始材料。城市综合防灾规划建设档案的这一技术、经验储备形式的特点使城市综合防灾规划建设档案成为了解城市防灾历史过程，研究防灾技术、编写城市综合防灾规划建设史料的可以信赖的参考材料和依据材料。

城市综合防灾规划建设档案的作用是多方面的，档案积累得愈完整，开发手段越先进，宣传与服务工作越主动，城市综合防灾规划建设档案的作用就发挥得越好，人们对城市综合防灾规划建设档案的认识与理解也越深。因此，搞好积累，做好开发，扩大宣传，主动参与是发挥城市综合防灾规划建设档案作用的重要途径。

二、城市综合防灾规划与建设档案的范围类型与内容构成

（一）城市综合防灾规划建设档案的范围类型

1. 城市灾害与防救灾工作档案

①灾害档案。包括城市历史上发生的各类灾害事件的时间、地点、规模等级、影响范围、持续时间、财产损失、人员伤亡等资料。

②救灾档案。包括城市历史上发生的各类救灾事件的时间、地点、灾民安置与救助、救灾工程、救灾车辆与机械设备、救灾物资的组织、运输与发放、捐赠款物的使用情况等资料。

③灾后重建资料。包括灾后临时安置点建设、永久安置区规划建设、灾后恢复重建规划、灾区恢复建设等资料。

2. 城市综合防灾规划建设档案

①城市综合防灾规划基础材料。包括城市历史沿革、经济、人口、资源、地形、地质、地震、土壤、植被、水文、气象、地名等方面的历史、现状、统计和勘测材料等。

②城市综合防灾规划档案。包括总体规划层面的城市综合防灾规划（图纸、文本、说明书等）；详细规划层面的防灾空间规划设计（现状图、规划图、说明书等）等。

③区域综合防灾规划方面的档案。包括区域或流域的防灾研究、防灾空间规划方案、规划调查的现状材料和科研分析材料等。

3. 城市防灾建设工程档案

①工业建筑工程防灾档案。包括工厂、矿山、动力厂（站）、工业输送管道等工程项目的防灾档案。

②民用建筑工程防灾档案。包括办公楼、宾馆、体育馆、展览馆、图书馆、

医院、影剧院、广播电视台、园林、住宅、学校、商业和服务业等工程项目的防灾档案。

③市政基础工程防灾档案。包括给水、排水、煤气、热力、电力、电信工程档案等工程项目的防灾档案。

④交通运输工程防灾档案。包括城市道路、公路、铁路、地下铁路、地下过街道、桥梁、车站、码头、港口、机场等工程项目的防灾档案。

⑤水利工程防灾档案。包括河湖、水库、水渠、防洪工程等的防灾档案。

⑥城市战备工程档案。包括与城市建设有关的人防工程、军事地下管线和其他有关的隐蔽工程档案等。

以上工程防灾档案的内容包括工程项目从决策、设计、施工到竣工验收整个过程中形成的档案。

4. 城市建设勘测档案

城市建设勘测档案是对城市范围内的地质、地物、地貌进行勘察测量中形成的档案材料，是进行城市综合防灾规划、建设及其管理的重要依据。包括大地测量、航空测量形成的地形、水文地质等方面的档案。

5. 城市综合防灾规划建设管理档案

①城市综合防灾规划管理档案包括防灾空间、设施、工程的建设用地划拨、征地，建筑工程设计、施工和发放许可证；防灾空间用地范围内的违章建筑管理和违规土地使用管理等方面的档案；

②生态敏感区、地质灾害易发区、火灾隐患点等的管理和科研方面的档案；

③被列为国家及省市重点保护范围的名胜古迹、风景区、古建筑、城市雕塑、纪念碑（馆）等的防灾建设档案资料；

④市政基础设施的防灾管理方面的档案；

⑤城市防灾规划建设科研档案。包括专题研究报告、著作、防灾各专业课题研究成果、专业论文等。

（二）城市综合防灾规划建设档案的内容构成

城市综合防灾规划建设档案包括总体规划层面的城市综合防灾规划档案、详细规划层面的城市防灾空间设计档案、城市防灾空间和设施的建设工程档案、城市综合防灾规划基础资料。

1. 城市总体规划层面的城市综合防灾规划档案

凡是在城市总体规划阶段产生的综合防灾规划资料经过整理归档，都应作为档案保存。其主要内容包括：

①上级人民政府对城市总体规划（含城市综合防灾规划）的批复；

②城市人民政府向上级人民政府报送的城市总体规划（含城市综合防灾规划）文本、报告；

③城市总体规划批准后，市政府和市人民代表大会关于贯彻执行城市总体规划（含城市综合防灾规划）的决定或通告；

④城市综合防灾规划方案评价、鉴定材料;

⑤城市总体规划（含城市综合防灾规划）报上级审批之前，同级人民代表大会的审议意见;

⑥市政府在城市总体规划（含城市综合防灾规划）从编制到上报审批之前形成了的系列主要材料;

⑦在城市综合防灾规划编制之前及编制过程中，搜集和调查到的所有基础资料;

⑧城市综合防灾规划说明书;

⑨城市综合防灾规划产生的各种规划图、分析图、城市综合防灾规划实施材料、城市综合防灾规划历史方案材料、城市综合防灾规划模型、照片、录音带、录像带等。

上述内容是大、中型城市综合防灾规划档案包含的内容范围。对于小城市的综合防灾规划，由于工程设施和工程项目内容比较简单，所以形成的档案资料也随之减少，有的材料可以合并或简化。

2. 详细规划层面的城市防灾空间设施的建筑工程档案

详细规划层面的城市防灾空间设施的建筑工程档案主要包括：

①各项防灾空间和设施的建设标准、定额、指标材料;

②报请审批各类防灾规划和各类防灾空间设施设计的报告及批复文件;

③各类防灾空间和设施规划设计的说明书;

④在编制过程中，搜集和调查到的规划区现状基础资料、灾害资料及防灾工程现状资料等。

⑤对各类防灾规划和设计项目的评价、鉴定材料;

⑥各种设计图纸，如现状图、各类防灾空间总平面布置图、鸟瞰图、危险源布局图、出入口分布图、疏散避难体系规划图、防救灾公共设施布局图、定线图、透视图等;

⑦各类防灾空间设施的规划与设计项目的附件及模型、照片、录音带、录像带等。

3. 城市综合防灾规划建设基础资料

为了使城市综合防灾规划能够满足城市建设发展的需要，使规划内容具有较高的科学性和现实性，在编制规划之前要对城市或区域的自然、社会和现实条件等方面的资料进行收集、整理和综合分析，以便全面了解、掌握城市或区域的基本状况和发展条件，为综合防灾规划编制提供科学的依据。

收集的资料范围包括：

①各种比例的地形图;

②全市各区县的现状和规划人口资料;

③地质结构、地质灾害分布、地震动参数、断裂带分布、历史地震和地质灾害事件等地质和地震图文资料;

④气象资料;

⑤水文资料、水库大坝分布、洪泛区分布等;

⑥各类灾害事件的历史资料;

⑦全市城乡用地评定图文资料;

⑧各类市政基础设施现状资料;

⑨现状与规划的消防站、历史火灾分布地图与现有火灾安全隐患点、危险源分布等消防的图文资料;

⑩各级政府、公安局、医疗卫生、粮库等资料;

⑪全市各级各类学校、公园、绿地、广场、体育场馆、游乐场所、寺庙、集市、公共停车场的位置、用地面积与建筑面积、建设年代、设防标准、建筑质量性能等资料;

⑫城市地下空间资料;

⑬城市大规模人流集散点的相关资料;

⑭城市高层建筑密集区的相关资料;

⑮城市风景名胜古迹、文保单位、历史街区、危旧房、城中村、弱势群体集中的居住和公共类建筑等的图文资料;

⑯郊区居民点分布的基本情况资料;

⑰相关各类防灾规划、防灾工程设施的资料;

⑱国家、省市的各级政策法规等。

三、城市综合防灾规划与建设的信息管理系统平台

（一）城市综合灾害数据库

城市综合灾害数据库是进行城市综合防灾管理的基础性工具之一。

数据库中灾害类型应包括当地有文字记录以来所有的灾害类型,例如各种自然灾害和人为灾害等。

灾害数据信息包括各类灾害发生的时间、频率、持续时间、地点、影响范围、损失程度、以及各类灾害的空间与时间特征等。

（二）城市综合防灾信息管理平台

城市综合防灾信息管理平台是进行城市综合防灾管理的操作平台。该平台由基础数据层、专题数据层、规划层、文件管理层等组成。其中,基础数据层包括地理信息数据及与系统有关的共用基础数据库;专题数据层包括编制本规划用到的各专题数据库;规划层包括规划图件、规划文本说明等;文件管理层包括文件查询、输入、输出、帮助等管理;有条件时可在系统的层次结构中建立辅助分析与决策层,支持专题中的数值模拟或辅助对策。

城市综合防灾信息管理平台应具有以下基本功能:

①显示各种图件的图形信息、图形要素的空间位置,以及不同图层的组合显示;

②图形查询、属性查询和属性与图形相结合的交互查询;

③在图形上添加或删除空间信息,局部更新,对图形对应的数据进行修改;
④图形叠加、窗口裁剪、专题提取;
⑤可按用户需要提供多种形式的统计方式,并输出报表和图表;
⑥可根据用户需要输出各种基础地理图、专题图和综合图,也可将当前图形区内或查询结果的属性数据列表输出。城市综合防灾信息管理平台应具备便于使用的技术说明和维护管理文件,有条件时对数据信息申报和更新制度作出具体规定。平台的配置和开发应满足城市综合防灾实施管理的要求。

第五节 城市综合防灾规划实施的保障措施

一、立法措施

全面推进综合防灾法律法规体系建设,进一步制定、修订有关减轻自然灾害和灾害救助等方面的法律法规;积极推动制定国家综合防灾法、防灾规划规范、相关技术标准和管理标准。各地区应依据有关法律、行政法规,结合实际制定或修订减灾工作的地方性法规和地方政府规章。全面规范减灾工作,提高依法减灾的水平。加强综合防灾发展战略和公共政策的研究与制定。

例如,首先,在国家层面,积极推动《综合防灾对策基本法》和《城市综合防灾规划标准》的出台,以及涉及灾害救助、应急行动、灾后恢复重建、灾后保险、灾害财政补贴等方面的法律法规。

其次,在一些灾害应急预案的基础上,促进出台应对各类新灾害的对策法规,例如《气象灾害对策法》、《地震防护应对法》、《风灾水灾综合防治法》、《石油泄漏对策法》、《海洋灾害对策法》、《重大交通事故对策法》、《重大生产性事故对策法》等。

再次,在地方层面,应制定综合防灾规划和各类灾害防治的规划与管理条例、实施细则,并出台相关政策,建立实施保障机制。

最后,组织编制地方综合防灾规划,并通过合法的渠道进行审批,使其具有应有的法定效力,未经法定程序不得随意变更或修改。

二、资金保障

1. 加大减灾投入力度,建立多渠道投入机制

将综合防灾事业纳入地方国民经济和社会发展规划,保障综合防灾事业公益性基础地位,地方各级政府的减灾投入要与国民经济和社会发展相协调,建立以财政投入为主体,社会捐赠和灾害保险相结合的多渠道投入机制。各级政府要根据减灾工作需要和财力可能,加大对综合防灾事业的投入力度,并按照政府间事权划分纳入各级财政预算;适当提高灾害救助标准,完善救灾补助项目;广泛动员社会力量,加强社会捐助工作,大力促进慈善事业发展,多渠道筹集减灾资金。

地方各级人民政府应积极推进国家综合防灾规划目标和各项任务的落实，并根据本行政区域经济和社会发展的情况、对综合防灾的实际需求，编制本级综合防灾规划，制定和实施综合防灾专项规划，提高专项投入，确保专款专用。

2. 加强灾害保险工作

重视灾害保险对综合防灾作用的政策研究和试点工作。鼓励公民和企业参加保险；不断总结并完善自然灾害保险与财政补贴相结合的风险防范与救助机制，统筹考虑巨灾风险分散机制，逐步加大保险对灾害损失的经济补偿和转移分担功能。

3. 建立救灾应急资金拨付机制

包括自然灾害生活救助资金、特大防汛抗旱补助资金、水毁公路补助资金、内河航道应急抢通资金、卫生救灾补助资金、文教行政救灾补助资金、农业救灾资金、林业救灾资金在内的中央抗灾救灾补助资金拨付机制已经建立。积极推进救灾分级管理、救灾资金分级负担的救灾工作管理体制，保障地方救灾投入，有效保障受灾群众的基本生活。

三、技术保障

注重科技在综合防灾中的重要作用，通过制定专门的综合防灾科技发展规划、建立科技应急机制、实施科技项目等措施，不断提高综合防灾的科技水平。针对自然灾害预警预报、应急响应、恢复重建、减灾救灾、信息平台等各个环节存在的问题，统筹布局，强化薄弱环节，逐步建立和完善综合防灾科技支撑体系。

增强灾害科学基础研究的原始创新能力，改善研究的软硬件设施，建设结构合理的科技人才队伍，保障灾害科技的可持续发展。通过加强综合防灾重大科技问题的基础研究和关键技术攻关研究，综合防灾基础性工作和科技条件平台建设。

加强综合防灾的科学研究与技术创新，促进科技成果在综合防灾领域的应用。加强综合防灾关键技术研发，深入研究各灾种之间、灾害与生态环境、灾害与社会经济发展的相互关系，研究制定综合防灾减灾中长期科技发展战略。加快遥感、地理信息系统、全球定位系统和网络通讯技术的应用，以及综合防灾高技术成果转化。加大对综合防灾的科技资金投入。建设综合防灾的技术标准体系，提高综合防灾的标准化水平。鼓励科研工作者和科技团体积极参与综合防灾领域的科学研究和学术交流。

推动减灾科技成果转化，使科学技术更直接地服务于减灾救灾。重点创新和推广服务于减灾的科技、装备、设备、救灾物资、医疗和卫生防疫用品；充分利用国家科技项目已有的成果，推进高科技救援设备、通信设备、节水灌溉和抗旱等技术应用；促进信息采集、获取、传输、分析处理技术在综合防灾领域的综合利用，提升综合防灾科技水平。

1. 构建立体监测体系，提高监测预警预报能力

逐步完善各类自然灾害的监测预警预报网络系统。在完善现有气象、水文、地震、地质、海洋和环境等监测站网的基础上，适当增加监测密度；提高遥感数据获取和应用能力，建设卫星遥感灾害监测系统；构建包括地面监测、海洋海底观测和空－天对地观测在内的自然灾害立体监测体系。推进监测预警基础设施的综合运用与集成开发，加强预警预报模型、模式和高新技术运用，完善灾害预警预报决策支持系统。注重加强洪涝、干旱、台风、风雹、沙尘暴、地震、滑坡、泥石流、风暴潮、赤潮、林业有害生物灾害等频发易发灾害，以及高温热浪等极端天气气候事件的监测预警预报能力建设。建立健全灾害预警预报信息发布机制，充分利用各类传播方式，准确、及时发布灾害预警预报信息。

2. 实施减灾工程，提高灾害综合防范防御能力

近年来，国家实施防汛抗旱、防震抗灾、防风防潮、防沙治沙、生态建设等一系列重大减灾工程。未来，还需要继续建设一系列重大防灾工程项目，涉及大江大河治理工程、农村困难群众危房改造工程、中小学危房改造工程、中小学校舍安全工程、病险水库除险加固工程、农村饮水安全工程、水土流失重点防治工程、生态建设和环境治理工程、建筑和工程设施的设防工程、公路灾害防治工程等。

全面落实防灾抗灾减灾救灾各专项规划，抓好防汛抗旱、防震抗震、防风防潮、防沙治沙、森林草原防火、病虫害防治、三北防护林、沿海防护林等减灾骨干工程建设。重点加强对中小河流、中小水库和滑坡、泥石流多发地区的综合治理，加大农田水利基础设施投入力度，加强台风洪涝地震多发地区防灾避灾设施建设，有效提高大中型工业基地、交通干线、通信枢纽和生命线工程的防灾抗灾能力。制定土地利用规划、城市规划以及开展灾后恢复重建，要充分考虑减灾因素。按照土地利用总体规划要求和节约集约利用土地原则，统筹做好农业和农村减灾，工业和城市减灾以及重点地区的综合防灾专项规划编制与减灾工程建设，全面提高灾害综合防范防御能力。

3. 加强自然灾害风险隐患和信息管理能力建设

全面调查国家、区域和城市重点区域各类自然灾害风险和减灾能力，查明主要的灾害风险隐患和减灾薄弱环节，基本摸清城市综合防灾减灾能力底数，建立完善自然灾害风险隐患数据库，建设多尺度、多灾种的风险评估模型库，建立国家及重点区域灾害风险管理平台，形成国家及重点区域灾害风险监测评估业务运行系统。对区域、城市重点区域各类自然灾害风险进行评估，编制全国综合灾害风险图，灾害高风险区及重点区域灾害风险图，以此为基础，开展对重大项目的灾害综合风险评价试点工作。完善灾情统计标准，建立自然灾害灾情统计体系，建成国家、省、市、县四级灾情上报系统，健全灾情信息快报、核报工作机制。建立减灾委协调，相关部门的灾害信息沟通、会商、通报制度。充分利用各有关部门的基础地理信息、经济社会专题信息

和灾害信息，建设灾害信息共享及发布平台，加强对灾害信息的分析、处理和应用。

四、管理保障

1. 应急救助响应机制

根据灾情大小，将中央应对突发自然灾害划分为四个响应等级，明确各级响应的具体工作措施，将救灾工作纳入规范的管理工作流程。灾害应急救助响应机制的建立，基本保障了受灾群众在灾后24小时内能够得到救助，基本实现"有饭吃、有衣穿、有干净水喝、有临时住所、有病能医、学生有学上"的"六有"目标。

2. 加强自然灾害应急救援指挥体系建设

建立健全统一指挥、分级管理、反应灵敏、协调有序、运转高效的管理体制和运行机制。加强自然灾害救助应急预案编制和修订工作，基本形成纵向到底、横向到边的预案体系。加强地方救灾物资储备网络建设。

3. 完善各级政府、政府部门、大型企业和重点危险源等各类灾害的应急预案

适度推进重点城市人口密集场所、社区应急预案和家庭应急对策的编制；加强应急预案的检查和落实，应急检查与培训制度，适时组织地震应急演习；完善国家、省、市和现场应急指挥系统，加强政务信息系统建设，建立突发事件应急联动与共享平台，确保政务、指挥系统畅通；开展灾害风险研究，编制城市综合灾害风险图。

五、教育保障

1. 防灾教育

2008年5月12日，汶川发生8.0级特大地震，损失影响之大，举世震惊。由此，从2009年开始，把每年的5月12日设立成我国的"防灾减灾日"。在防灾减灾日期间，开展多样的防灾宣传活动。除了短时间集中的防灾宣传教育外，更重要的是需要将此项工作日常化和常态化。

①开展中小学防灾减灾专题活动。宣传周期间，全国中小学普遍开展一次防灾减灾专题活动。通过组织防灾减灾演练、主题班会、板报宣传、观看防灾减灾影视作品等活动，开展形式多样的防灾减灾宣传主题活动，提高学生防灾减灾素养。

②开展各类防灾减灾教育活动。针对本地本部门主要灾害风险，立足群众广泛参与，有针对性地向广大干部和群众介绍灾害基本知识、防灾减灾基本常识和避险自救互救的基本技能。

③开展形式多样的防灾减灾演练。针对公共安全、突发事件、应急救援、卫生防疫、自救互救、转移安置等内容，针对特定人群，因地制宜地组织开展

形式多样的各类防灾减灾演练。针对消防安全、生产安全、医疗救护等内容,开展有针对性的技能培训和技能练兵活动。

④开展"防灾减灾日"集中宣传活动。宣传周期间,各类媒体集中开展各类防灾减灾宣传活动。开发一系列减灾宣传教育产品,编制系列减灾科普读物、挂图、音像制品和宣传案例教材。通过开设专栏、专题,播出有关专题片和影视节目,报道各地活动开展情况、防灾减灾措施经验以及取得的成绩,宣传防灾减灾政策法规,营造防灾减灾舆论氛围。红十字会等社会团体积极开展急救培训,普及急救知识和技术,在提高全社会防灾减灾意识和能力方面发挥重要作用。

2. 减灾的社会参与

(1) 推动慈善事业的发展

城市政府应重视社会力量在城市综合防灾工作中的地位和作用,积极支持和推动社会力量参与减灾事业,提高全社会综合防灾的意识和能力。地方政府及时发布灾情和灾区需求信息,加强引导,规范管理,提供保障服务,不断完善社会动员机制,统筹安排政府资源和社会力量,形成优势互补、协同配合的抗灾救灾格局。积极推动捐助活动日常化和社会化。

(2) 鼓励志愿者

鼓励并引导志愿者参与减灾行动。在社区层面,针对普通民众和社会团体,鼓励成立各种灾害志愿者组织,开展各种志愿防灾救灾活动。研究制订减灾志愿服务的指导意见,全面提高减灾志愿者的减灾知识和技能,促进减灾志愿者队伍的发展和壮大。充分发挥群众团体、红十字会等民间组织、基层自治组织和公民在灾害防御、紧急救援、救灾捐赠、医疗救助、卫生防疫、恢复重建、灾后心理支持等方面的作用。

(3) 减灾的国际合作

积极参与减灾领域的国际合作,建立和完善国际减灾合作机制,加强国际减灾能力建设,在重大灾害中相互援助。与国际减灾组织建立紧密的合作关系,派遣专家参与联合国灾害评估队,执行灾害评估任务,积极参与联合国搜索与救援咨询活动,积极推进全球灾害应急救援领域的合作。积极参与国际性重大灾害的救援工作,建立大灾时接受国际救援的机制。

3. 建立人才培养体系,提高综合防灾工作人员素质

(1) 把综合防灾纳入国民教育体系

加强人才培养教育,充分利用高校的综合防灾研究与学科优势培养多层次防灾减灾人才。加强综合防灾学科体系建设,按照现有的财政管理体制支持防灾减灾技术类本专科院校,以及开设防灾减灾管理和技术专业的院校,提高人才培养质量。将综合防灾人才队伍建设纳入国家人才队伍建设发展规划,逐步建立综合防灾的国民教育体系和培训平台。

(2) 加强综合防灾专业队伍的培育和发展

加强综合防灾专业人才教育培训体系建设。以公安、武警、军队为骨干

和突击力量，以抗洪抢险、抗震救灾、森林消防、海上搜救、矿山救护、医疗救护等专业队伍为基本力量，以企事业单位专兼职队伍和应急志愿者队伍为辅助力量的应急救援队伍体系初步建立。提高教育培训能力，开展全方位、多层次的综合防灾科技教育，提高综合防灾工作者整体素质；加大经费、装备投入，提高各级综合防灾队伍特别是基层队伍的应急救援能力；立足综合防灾工作的实际需要，整体规划、统筹协调，整合优化人才队伍结构，实现综合防灾人才队伍和专家队伍的协调发展；构建全民参与综合防灾的安全文化氛围，培育和发展社会公益组织和志愿者团体，积极参与综合防灾工作。

(3) 把防灾减灾纳入干部培训规划

全国各级行政学院、干部学院根据人才队伍建设的需要，开设综合防灾和应急管理的专门培训课程。筹建国家应急管理人员培训基地，对政府中高级公务员、各类企事业单位高层管理人员、高层次理论研究人员开展综合防灾和应急管理培训。

参考文献

[1] 李树华. 防灾避险型城市绿地规划设计 [M]. 北京：中国建筑工业出版社，2010.
[2] 姚国章. 日本灾害管理体系：研究与借鉴 [M]. 北京：北京大学出版社，2009.
[3] 仇保兴. 灾后恢复重建规划汇编 [M]. 北京：中国建筑工业出版社，2009.
[4] 仇保兴. 震后重建案例分析 [M]. 北京：中国建筑工业出版社，2008.
[5] 沈荣华. 国外防灾救灾应急管理体制 [M]. 北京：中国社会出版社，2008.
[6] 戴慎志. 城市工程系统规划 [M]. 北京：中国建筑工业出版社，2008.
[7] 全国城市规划执业制度管理委员会. 科学发展观与城市规划 [M]. 北京：中国计划出版社，2007.
[8] 高庆华等. 中国减灾需求与综合减灾——《国家综合减灾十一五规划》相关重大问题研究 [M]. 北京：气象出版社，2007.
[9] 翟宝辉等. 城市综合防灾 [M]. 北京：中国发展出版社，2007.
[10] 金磊. 城市安全之道——城市防灾减灾知识十六讲 [M]. 北京：机械工业出版社，2007.
[11] 马强. 走向"精明增长" [M]. 北京：中国建筑工业出版社，2007.
[12] 赵成根. 国外大城市危机管理模式研究 [M]. 北京：北京大学出版社，2006.
[13] 尚春明，翟宝辉. 城市综合防灾理论与实践 [M]. 北京：中国建筑工业出版社，2006.
[14] （美）斯皮罗·科斯托夫. 城市的形式 [M]. 北京：中国建筑工业出版社，2005.
[15] 何振德，金磊. 城市灾害概论 [M]. 天津：天津大学出版社，2005.
[16] 孙群郎. 美国城市郊区化研究 [M]. 北京：商务印书馆，2005.
[17] 谭纵波. 城市规划 [M]. 北京：清华大学出版社，2005.
[18] 马德峰. 安全城市 [M]. 北京：中国计划出版社，2005.
[19] 丁石孙. 城市灾害管理 [M]. 北京：群言出版社，2004.
[20] 汝信，陆学艺，李培林. 2005年：中国社会形势分析与预测——社会蓝皮书 [M]. 北京：社会科学文献出版社，2004.
[21] 滕五晓等. 日本灾害对策体制 [M]. 北京：中国建筑工业出版社，2003.
[22] 万艳华. 城市防灾学 [M]. 北京：中国建筑工业出版社，2003.
[23] 朱喜钢. 城市空间集中与分散论 [M]. 北京：中国建筑工业出版社，2002.
[24] 科技部，国家计委，国家经贸委，灾害综合研究组. 灾害·社会·减灾·发展 [M]. 北京：气象出版社，2000.
[25] 顾朝林，甄峰，张京祥. 集聚与扩散：城市空间结构新论 [M]. 南京：东南大学出版社，2000.
[26] 范宝俊. 中国自然灾害与灾害管理 [M]. 哈尔滨：黑龙江教育出版社，1998.
[27] 金磊. 城市灾害学原理 [M]. 北京：气象出版社，1997.
[28] 郭强等. 灾害大百科 [M]. 太原：山西人民出版社，1996.

[29] 马宗晋. 中国减灾重大问题研究 [M]. 北京：地震出版社，1993.
[30] 杨达源，闫国年. 自然灾害学 [M]. 北京：测绘出版社，1993.
[31] 陈弘毅. 消防学 [M]. 中国台北：鼎茂图书出版公司，2000.
[32]（日）梶秀树，冢越功. 都市防災学 [M]. 京都：学芸出版社，2007.
[33]（日）防災行政研究会. 防災六法 [M]. 东京：ぎょうせい，2006.
[34]（日）萩原良巳，岡田憲夫，多々納裕一. 総合防災学への道 [M]. 京都：京都大学学術出版会，2006.
[35]（日）都市防災実務ハンドブック編集委員会. 震災に強い都市づくり・地区まちづくりの手引 [M]. 东京：ぎょうせい，2005.
[36]（日）石塚义高. 都市防災工学 [M]. 东京：プログレス，2005.
[37]（日）防災都市づくり研究会. 都市再生のための防災まちづくり [M]. 东京：ぎょうせい，2003.
[38]（日）災害対策制度研究会. 図解日本の防災行政 [M]. 东京：ぎょうせい社，2003.
[39]（日）都市緑化技術開発機構編. 防災公園技術ハンドブック [M]. 东京：公害対策技術同友会，2000
[40]（日）都市緑化技術開発機構編. 防災公園計画・設計ガイドライン [M]. 东京：大蔵省印刷局，1999.
[41]（日）建設省都市局都市再開発防災課. 都市再開発・防災実務必携 [M]. 东京：ぎょうせい社，1998.
[42]（日）京都大学防災研究所. 地域防災計画の実務 [M]. 东京：鹿島出版社，1997.
[43]（日）鹿島都市防災研究会. 地震防災と安全都市 [M]. 东京：鹿島出版社，1996.
[44]（日）吉井博明. 都市防災 [M]. 东京：讲谈社，1996.
[45]（日）室崎益辉. 建築防災、安全 [M]. 东京：鹿島出版会，1993.
[46] 陈喆，张建. 北京通州新城公共安全规划评析 [J]. 华中建筑，2008(11).
[47] 杨文耀，林伟明. 城市应急避难场所布局研究——以上海市中心城应急避难场所布局规划为例 [J]. 城市规划学刊，2008（2）.
[48] 陈彪，邵泽义，蒋华林. 区域联动机制的建立——基于重大灾害与风险视阈 [J]. 吉首大学学报（社会科学版），2008（5）.
[49] 周俭，夏南凯. 立足跨越发展的都江堰城区灾后恢复重建规划思想——关于空间、时间、形态的关系 [J]. 城市规划学刊，2008（4）.
[50] 沈清基，马继武. 唐山地震灾后恢复重建规划：回顾、分析及思考 [J]. 城市规划学刊，2008（4）.
[51] 胡以志. 灾后恢复重建规划理论与实践：以新奥尔良重建为例，兼论对汶川地震灾后重建的借鉴 [J]. 国际城市规划，2008（4）.
[52] 杨涛. 交通防灾抗灾系统规划建设 [J]. 城市交通，2008（3）.
[53] 奚江琳等. 城市防灾减灾的生命线系统规划初探 [J]. 现代城市研究，2007（5）.
[54] 王江波. 美国地方减灾规划编制方法研究——以洛杉矶市为例 [J]. 国际城市规划，2007（6）.
[55] 沈莉芳，陈乃志. 城市公共安全规划研究——以成都市中心城公共安全规划为例 [J]. 规划师，2006（11）.
[56] 谭跃进，吴俊，邓宏钟等. 复杂网络抗毁性研究综述 [J]. 系统工程，2006（10）.
[57] 周晓猛等. 紧急避难场所优化布局理论研究 [J]. 安全与环境学报，2006（7）.
[58] 李刚等. 基于加权 Voronoi 图的城市地震应急避难场所责任区的划分 [J]. 建筑科学，2006（6）.
[59] 尤建新等. 城市生命线系统的非工程防灾减灾 [J]. 自然灾害学报，2006（5）.
[60] 马东辉. 城市抗震防灾规划的研究和编制 [J]. 安全，2006（4）.
[61] 王积建. 美军以"五大作战理论"博弈未来信息化战争 [J]. 国防科技，2006（2）.

[62] 顾林生等. 通州新城：安全城市规划实践 [J]. 北京规划建设，2006（1）.
[63] 王静爱等. 中国城市自然灾害区划编制 [J]. 自然灾害学报，2005（14）：6.
[64] 顾林生. 城市综合防灾与危机管理 [J]. 中国减灾，2005（8）.
[65] 金磊. 城市生命线系统防灾备灾能力极待提高 [J]. 安全，2005（4）.
[66] 顾林生. 东京大城市防灾应急管理体系及启示 [J]. 防灾技术高等专科学校学报，2005（2）.
[67] 魏利军，多英全，吴宗之. 城市重大危险源安全规划方法及程序研究 [J]. 中国安全生产科学技术，2005（1）.
[68] 金磊. 东京城市综合减灾规划及防灾行政管理 [J]. 现代职业安全，2004（10）.
[69] 滕五晓. 试论防灾规划与灾害管理体制的建立 [J]. 自然灾害学报，2004（3）.
[70] 朱煌武. 阪神大震后的日本震灾防御：安徽省城市防震减灾代表团赴日考察见闻 [J]. 地震学刊，1998（3）.
[71] 孙绍骋. 中国的灾害管理体制与城市综合防灾减灾 [J]. 城市问题，1997（6）.
[72] 黄育馥. 社会学灾害研究 [J]. 国外社会科学，1996（6）.
[73] 村桥正武. 关于神户市城市结构及城市核心的形成 [J]. 国外城市规划，1996（4）.
[74] 卢毓骏. 适应防空的都市计划 [J]. 市政评论，1937：38.
[75] 陈亮全，詹士梁，洪鸿智. 都市地区震灾紧急路网评估方法之研究 [J]. 都市与计划，2003（1）.
[76] 周天颖，简甫任. 紧急避难场所区位决策支持系统建立之研究 [J]. 水土保持研究，2001（3）.
[77] 黄定国. 都市防灾整体计画架构系统建立之研究 [J]. 台北科技大学学报. 1998（31）：1.
[78] 廖明川. 火灾时人类之心理与行为研究 [J]. 警学丛刊. 1984（14）：3.
[79] 王江波，苟爱萍. 有关城市综合防灾规划的几个基本概念 [C]. 规划50年——2006中国城市规划年会论文集，2006.
[80] 建设部科学技术委员会. 城市综合防灾减灾战略与对策论文集 [C]. 北京：中国建筑工业出版社，1996.
[81] 张学圣，廖晋贤，李佳蓁，黄辉. 紧急医疗救护案件区位特性与救援设施空间检讨之研究：以台湾台南市为例 [C]. 第九届海峡两岸城市地理信息系统学术论坛论文集，2006.
[82] 丁育群，蔡绰芳. 九二一震灾对都市空间防灾规划问题探讨 [C]. 工程界谈九二一大地震研讨会论文集，2000.
[83] 李威仪，钱学陶，李咸亨. 台北市都市计划防灾系统之规划 [J]. 都市计划学会论文集，1997.
[84] （日）国土交通省住宅局市街地建筑课、市街地住宅整备室. 重点密集市街地の整備 [J]. 市街地再开发. 2010(2) 第478号.
[85] Sternberg, E. George C. L. Meeting the Challenge of Facility Protection for Homeland Security[J]. Homeland Security and Emergency Management, 2006, 3(1).
[86] Farish, M. Disaster and decentralization:American cities and the Cold War[J]. cultural geographies, 2003 (10).
[87] John J. Kiefer. Urban Terrorism: Strategies for Mitigating Terrorist Attacks Against the Domestic Urban Environment. Old Dominion University. doctoral dissertation, 2001.
[88] Lavell, A. Natural and Technological Disasters: Capacity Building and Human Resource Development for Disaster Management: Concept Paper, 1999.
[89] Bethke, L. Good, J. Thompson, P. Building capacities for risk reduction. UN Disaster Management Training Programme, 1997.
[90] 张翰卿. 安全城市规划理论与方法研究 [D]. 上海：同济大学博士学位论文，2009.

[91] 王江波. 我国城市综合防灾规划编制方法研究：美国经验的借鉴 [D]. 上海：同济大学硕士学位论文，2006.

[92] 王平. 中国农业自然灾害综合区划研究的理论与实践 [D]. 北京：北京师范大学博士学位论文，1999.

[93] 张丽如. 都市型工业区缓冲绿带绿化模式之研究：以台中县大里工业区为例 [D]. 彰化：大叶大学硕士学位论文，2008.

[94] 曾一岚. 防灾生活圈规划之研究 - 以竹东镇为例 [D]. 新竹：交通大学硕士学位论文，2007.

[95] 曾亮. 都市防灾避难据点适宜性评估之研究：以嘉义县民雄乡为例 [D]. 台中：逢甲大学硕士学位论文，2007.

[96] 吕政谚. 地方都市防灾空间系统规划之研究：以民雄乡为例 [D]. 云林：云林科技大学硕士学位论文，2007.

[97] 李杰谕. 都市防灾机制应用与检讨改进：以嘉义市为例 [D]. 嘉义：中正大学硕士学位论文，2006.

[98] 陈丽娟. 从跨域管理观点论述灾害防救组织：以行政院灾害防救委员会为例 [D]. 台北：世新大学硕士学位论文，2006.

[99] 戴瑞文. 地震灾害之防灾系统空间规划及灾害潜势风险评估之研究：以彰化县员林镇为例 [D]. 台南：成功大学硕士论文，2006.

[100] 林书存. 都市防灾公园设施细部设计准则之研究 [D]. 新竹：中华大学硕士学位论文，2006.

[101] 侯鹏曦. 防震灾存活路网设计模型 [D]. 新竹：交通大学博士学位论文，2006.

[102] 吴亭烨. 土石流防灾小区承受度评估之研究 [D]. 台中：中兴大学硕士学位论文，2006.

[103] 罗亿田. 防救灾社区推动机制之研究 [D]. 台北：台北科技大学硕士学位论文，2006.

[104] 谢钰滢. 紧急医疗体系医院建置户外暂时医疗场所之灾害应变能力评估与建议 [D]. 台中：逢甲大学硕士学位论文，2006.

[105] 许哲瑞. 地震损失推估于震灾初期搜救及收容资源量化需求之应用 [D]. 台北：台北科技大学硕士学位论文，2006.

[106] 张文昌. 南投县社区防灾之研究 – 从政策执行观点探讨 [D]. 南投：暨南国际大学硕士学位论文，2006.

[107] 苏杨模. 高雄县灾害防救体系之研究 [D]. 高雄：中山大学硕士学位论文，2005.

[108] 李佩甄. 都会区震灾建物损害评估与路段阻塞模拟分析之研究 [D]. 台中：逢甲大学土地管理研究所硕士论文，2005.

[109] 陈明湖. 地震灾损评估系统应用于地区灾害防救计划之研究 [D]. 台北：台北科技大学硕士论文，2005.

[110] 张威杰. 以都市防灾观点探讨车站特定区都市设计规范之研究：以嘉义市火车站特定区为例 [D]. 台南：成功大学硕士学位论文，2004.

[111] 钟佳欣. 都市旧市区紧急性避难据点之区位配置研究 [D]. 台南：成功大学硕士学位论文，2004.

[112] 包升平. 都市防灾避难据点适宜性评估之研究：以嘉义市为例 [D]. 台南：成功大学硕士学位论文，2004.

[113] 林淑镁. 地方层级都市安全防灾规划内容架构与地震灾害评估模式之研究 [D]. 台北科技大学硕士学位论文，2003.

[114] 杨国安. 老旧都市实质空间防救灾避难系统规划之研究：以苗栗市旧都市计划范围为例 [D]. 新竹：中华

大学硕士学位论文，2003．

[115] 何谨余．坡地小区防灾管理能力评估指标之研究 [D]．台南：成功大学硕士学位论文，2003．
[116] 周芳如．从都市型水灾探讨防救灾避难圈规划之研究 [D]．新竹：中华大学土木工程研究所硕士论文，2003．
[117] 马士元．整合性灾害防救体系架构之探讨 [D]．台北：台湾大学博士学位论文，2002．
[118] 冯宗盛．GIS 在土壤液化分析与查询信息化之应用 [D]．基隆：海洋大学河海工程研究所硕士论文，2002．
[119] 涂佩菁．都市生活圈防灾规划原则之研究：以士林生活圈为例 [D]．台北：台北科技大学硕士学位论文，2002．
[120] 潘国雄．大规模地震灾害时防灾公园评估基准之研究 [D]．桃园：中央警察大学硕士学位论文，2001．
[121] 庄智雄．救灾圈域划设决策支持系统之研究 [D]．台中：朝阳科技大学硕士学位论文，2001．
[122] 魏雅兰．本土性防灾社区形成要素之探讨：以长青、龙安、蜈蚣社区为例 [D]．台北：台湾大学硕士学位论文，2001．
[123] 郭香吟．都市防灾公园空间更新计划模拟研究：以台北市文山区景华公园为例 [D]．台北：台北科技大学硕士学位论文，2001．
[124] 李佩瑜．由邻里单元观点探讨震灾时救灾避难圈之规划 [D]．台南：成功大学硕士论文，2000．
[125] 施博原．建立紧急医疗资源空间分布评估指标：台中彰化医疗区之比较研究 [D]．彰化：彰化师范大学硕士学位论文，2000．
[126] 张文侯．台北市防灾避难场所之区位决策分析 [D]．台北：台湾大学硕士学位论文，1997．
[127] 张哲嘉．紧急医疗网路系统之建立．彰化：大业大学硕士论文，1997．
[128] Lindsay. J.R. Exploring the interface of urban planning and disaster management[D]. University of Manitoba，1993．
[129] 中国气象局，国家发改委．国家气象灾害防御规划（2009～2020 年）[R]．2010．
[130] 武汉市城市规划设计研究院等．武汉市抗震防灾规划（2010～2020 年）[R]．2010．
[131] 解放军理工大学等．南京市城市总体规划修编城市综合防灾规划专题研究 [R]．2009．
[132] 南京工业大学等．南京市城市总体规划修编城市抗震防灾规划专题研究 [R]．2009．
[133] 国务院．中国 21 世纪议程——中国 21 世纪人口、环境与发展白皮书 [R]．1994．
[134] 行政院灾害防救委员会．防灾社区教材与指导手册 [R]．2006．
[135] 陈建忠．桃园县龙潭石门地区都市防灾空间系统规划示范计画 [R]．台北：建筑研究所，2005．
[136] 行政院农业委员会水土保持局．土石流自主防灾示范社区建立及推动 [R]．2004．
[137] 洪鸿智，詹士梁．都市市地区有效避难路线与救灾路径评估方法之研究（Ⅲ）：与 HAZ-Taiwan 整合应用 [R]．台北：建筑研究所，2001．
[138] 黄定国．安全都市防救灾计划 [R]．教育顾问室，2001．
[139] 李威仪，何明锦．都市计划防灾规划手册汇编 [R]．台北：建筑研究所，2000．
[140] 郭琼莹，王秀娟．都市开放空间放在避难系统建立的研究：防灾公园绿地系统规划及设置 [R]．台北：营建署，2000．
[141] 陈亮全．参与式社区防救灾学习推展：以台北市文山区明兴社区为例第一到第三阶段成果报告书 [R]．2000．

[142] 曾明逊,詹士梁. 都市地区避难救灾路径有效性评估之研究(二):地区避难路径与据点之配合[R]. 台北建筑研究所,2000.

[143] 陈建忠,詹士梁. 都市地区避难救灾路径有效性评估之研究[R]. 台北:建筑研究所,1999.

[144] 李威仪,钱学陶. 从都市防灾系统中实质空间防灾功能检讨(二):学校、公园及大型公共设施等防救灾据点[R]. 台北:建筑研究所,1999.

[145] 何明锦,黄定国. 都市计画防灾规划作业之研究[R]. 台北:建筑研究所,1997.

[146] Degg, M. Natural disasters: Recent trends and future prospects[R]. Disaster Research Center, University of Delaware, 1992.

[147] Anonymous (2005). Review of the Yokohama Strategy and Plan of Action for a Safer World. Paper presented at: World Conference on Disaster Reduction (Kobe, Hyogo, Japan).

[148] 中华人民共和国国务院新闻办公室. 中国的减灾行动. [EB/OL]. http://www.gov.cn/zwgk/2009-05/11/content_1310227.htm

[149] 国务院办公厅. 国家综合减灾"十一五"规划. [EB/OL]. http://news.xinhuanet.com/newscenter/2007-08/14/content_6530351.htm

[150] 中国防灾减灾日简介. [EB/OL]. http://www.esafety.cn/zt/fangzaijianzairi/guojijianzairi/jianjie/200905/36479.html

[151] 中国地震科普网. [EB/OL] http://www.dizhen.com.cn/uw/gateway.exe/dizhen/index.html

[152] 深圳市人民政府办公厅. 深圳市突发公共事件应急体系建设"十一五"规划[EB/OL]. http://law.baidu.com/pages/chinalawinfo/1694/62/ddcaba0120b62ade8afef440a6723796_0.html

[153] 国家发展改革委等. 汶川地震灾后恢复重建防灾减灾专项规划[EB/OL]. http://www.scdrc.gov.cn/content1.aspx?NAME=%EB%B4%A8.%D7%A8&RID=4866&TTL=%E3%80%8A%E6%B1%B6%E5%B7%9D%E5%9C%B0%E9%9C%87%E7%81%BE%E5%90%8E%E6%81%A2%E5%A4%8D%E9%87%8D%E5%BB%BA%E9%98%B2%E7%81%BE%E5%87%8F%E7%81%BE%E4%B8%93%E9%A1%B9%E8%A7%84%E5%88%92%E3%80%8B

[154] 国家发展改革委等. 汶川地震灾后恢复重建总体规划. [EB/OL].

[155] 国家汶川地震灾后恢复重建规划工作方案. [EB/OL].

[156] 北京中心城避震及应急避难场所规划纲要. [EB/OL].

[157] 深圳市规划和国土资源委员会。深圳市应急避难场所专项规划(2009~2020)文本(草案). [EB/OL].2009. http://www.szpl.gov.cn/xxgk/fdtz/10/%E5%BA%94%E6%80%A5%E9%81%BF%E9%9A%BE%E5%9C%BA%E6%89%80%E8%A7%84%E5%88%92.pdf

[158] 重庆市主城区突发公共事件防灾应急避难场所规划(2007~2020). [EB/OL]. http://www.cq.gov.cn/zwgk/qwfb/115052.htm

[159] 顾林生,谢映霞,游志斌. 北京新城建设与城市公共安全规划的新实践. [EB/OL]. http://www.safetyplanning.cn/2009/1017/181.html

[160] 中国公共安全规划网. [EB/OL]. http://www.safetyplanning.cn/2009/1016/150.html http://www.shanghai.gov.cn/shanghai/node2314/node15822/node20335/

[161] 宁波市防台风应急预案. [EB/OL].
http://slj.ningbo.gov.cn/fxxx_view.aspx?ContentId=1476&CategoryId=83
[162] 国家气象灾害防御规划（2009—2020年）. [EB/OL].
http://www.china.com.cn/policy/txt/2010-04/01/content_19728232.htm
[163] 中国上海政府网站. [EB/OL].
http://www.shanghai.gov.cn/shanghai/node2314/node15822/node20335/
http://www.shanghai.gov.cn/shanghai/node2314/node15822/node20335/
[164] 张志彤，刘玉忠，许静. 我国台风防御工作进展与对策. [EB/OL].
http://www.fwdqw.com/lw/shx/200906/143125_5.html
[165] 中国地震科普网.
http://www.dizhen.com.cn/uw/gateway.exe/dizhen/index.html
[166] 李威仪. 台北市都市计划防灾系统之规划. [EB/OL]. 1997.
http://apaud.ad.ntust.edu.tw/wp-content/uploads/2010/05/%E5%8F%B0%E5%8C%97%E5%B8%82%E9%83%BD%E5%B8%82%E8%A8%88%E5%8A%83%E9%98%B2%E7%81%BD%E7%B3%BB%E7%B5%B1%E4%B9%8B%E8%A6%8F%E5%8A%83.doc
[167] 黄干忠，夏皓清，叶光毅. 如何建设一个安全都市（三）：都市的主要计划与防灾. [EB/OL].
http://www.housing.mcu.edu.tw/2001paper/H-D1-3.doc
[168] 陈亮全. 自助助人，建立防灾社区. [EB/OL].
http://www.peitou.org.tw/magazine/14/14-6.htm
[169] 陈亮全. 社区防灾的推动. [EB/OL].
http://www.ptcf.org.tw/push/main-2-idea-6.htm
[170] 林峰田. 土地使用减灾空间规划方法. [EB/OL].
http://web.bp.ntu.edu.tw/WebUsers/ftlin/course/gis/%E5%9C%9F%E5%9C%B0%E4%BD%BF%E7%94%A8%E6%B8%9B%E7%81%BD%E7%A9%BA%E9%96%93%E8%A6%8F%E5%8A%83%E6%96%B9%E6%B3%95.pdf
[171] 萧稚燕，彭光辉. 应用台湾地震损失评估系统于都市土地使用防灾策略之研究. [EB/OL].
http://www.ntpu.edu.tw/~clep/papers/1-3.pdf
[172] 洛杉矶市紧急预防部门官方网站. http://www.lacity.org/epd/
[173] 美国联邦紧急事务管理署官方网站. http://www.fema.gov
[174] 国际灾害数据库. http://www.cred.be/emdat
[175] 亚洲减灾中心. http://www.adrc.asia/
[176] 国土交通省都市地域整備局、まちづくり推進課都市防災対策室. 地震危険度マツプ作成マニユアル. 平成18年3月. [EB/OL].
www.mlit.go.jp/crd/city/sigaiti/.../kikendomapmanual.pdf
[177] 加藤孝明. 防災まちづくり支援システムの活用事例と今後の可能性. [EB/OL].
http://www.toshibou.jp/katsudou/nendo/h17/pdf/h17_2.pdf
[178] 足立区防災まちづくり基本計画. [EB/OL].
www.city.adachi.tokyo.jp/034/pdf/d08000013_1.pdf

[179] 京阪神都市圏広域防災拠点整備基本構想の概要.[EB/OL].
http://www.bousai.go.jp/oshirase/h15/030620keihan.html

[180] 东京都防灾会议.东京都地域防灾计画・震灾篇（2007年修订版）.[EB/OL].
http://www.bousai.metro.tokyo.jp/japanese/tmg/plan.htm

[181] 东京都都市整备局.防灾都市づくり推進計画（2008年第6版）.[EB/OL].
http://www.metro.tokyo.jp/INET/KEIKAKU/2004/03/70e3i102.htm

[182] 东京都防灾都市づくり推進計画（2010年版）.[EB/OL].
www.toshiseibi.metro.tokyo.jp/bosai/70k1s101.pdf